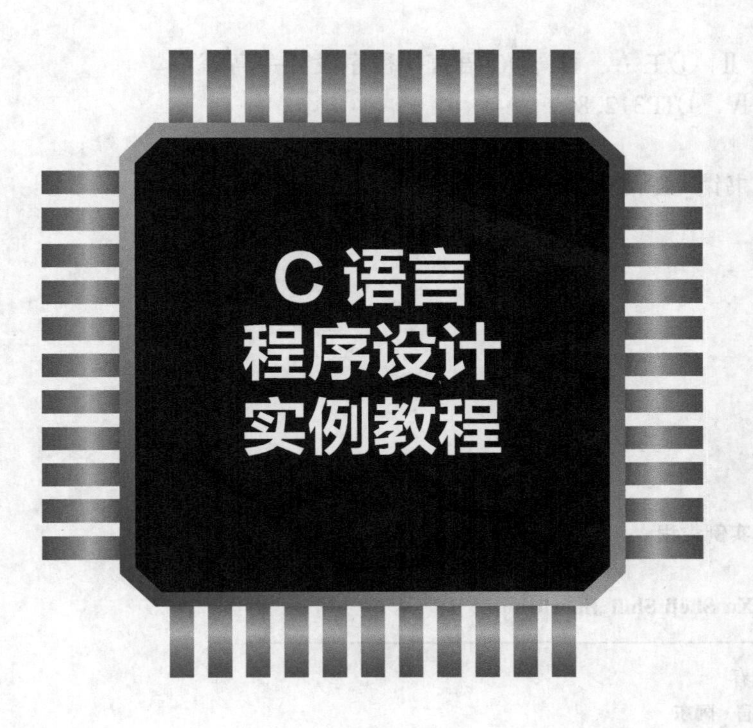

C 语言程序设计实例教程

王 毅 编著

首都经济贸易大学出版社
Capital University of Economics and Business Press
·北 京·

图书在版编目(CIP)数据

C 语言程序设计实例教程/王毅编著. --北京:首都经济贸易大学出版社,2020.11

ISBN 978-7-5638-3149-4

Ⅰ. ①C… Ⅱ. ①王… Ⅲ. ①C 语言—程序设计—高等学校—教材 Ⅳ. ①TP312. 8

中国版本图书馆 CIP 数据核字(2020)第 208233 号

C 语言程序设计实例教程

王毅 编著

C Yuyan ChengXu Sheji Shili Jiaocheng

责任编辑 刘元春

封面设计 风得信·阿东 FondesyDesign

出版发行 首都经济贸易大学出版社

地　　址 北京市朝阳区红庙(邮编 100026)

电　　话 (010)65976483 65065761 65071505(传真)

网　　址 http://www.sjmcb.com

E-mail publish@cueb.edu.cn

经　　销 全国新华书店

照　　排 北京砚祥志远激光照排技术有限公司

印　　刷 北京建宏印刷有限公司

开　　本 787 毫米×1092 毫米 1/16

字　　数 512 千字

印　　张 20

版　　次 2020 年 11 月第 1 版 2020 年 11 月第 1 次印刷

书　　号 ISBN 978-7-5638-3149-4

定　　价 43.00 元

前 言

程序设计是计算机专业的一门重要的课程,学好本课程对于计算机专业其他课程的学习和各种技能的掌握都有很大的帮助。

20 世纪 90 年代以来,C 语言迅速在全世界普及推广。时至今日,C 语言仍然是计算机领域的通用语言之一。在中国,许多高等学校选择“C 语言程序设计”作为基础的程序设计课程。C 语言程序设计在计算机教育和计算机应用中发挥着重要的作用。C 语言既具有高级语言的特点,又具有低级语言的特征,适合开发系统软件,也适合开发应用软件。C 语言语法灵活、书写格式自由、易学易用,深受广大程序设计人员的青睐。

本书主要介绍程序设计基础知识、程序结构设计、数组、函数、指针、结构体和共用体、文件的基础知识,还注重实例应用,每章后面都有实际案例,案例内容承上启下,层层深入。在案例选取上,还做到让复杂问题简单化,让简单问题实用化,旨在树立学生的程序设计思想和培养学生编写与调试程序的能力。本书选择典型案例综合应用,从问题描述、系统功能的描述、模块的划分、总体的设计、程序的实现几个步骤扩展讲解,能充分培养学生的工程实践能力。

本书重在使学生学会从计算机角度思考问题,培养学生逻辑思维能力和面向过程的程序设计方法,使学生不但掌握 C 语言的知识、编程技术和基本算法,更重要的是掌握程序设计的思想和方法,具备利用计算机求解实际问题的基本能力,能灵活应用 C 语言进行程序设计,为后续进一步学习数据结构、面向对象程序设计、现代应用软件的开发打下一定的理论基础及实践基础。

由于编者水平有限,书中难免存在错误和不妥之处,恳请读者批评指正。

下载 PPT 请扫二维码

目　录

1 程序设计概述

本章主要介绍程序和程序设计的概念、程序设计语言的发展历程、算法的基本概念、程序设计的过程、C 语言程序的组成和基本结构,以及简要介绍程序设计基本方法。

通过本章的学习,应掌握程序设计的基本概念,掌握 C 语言程序的基本结构。

1.1 程序和程序设计

1.1.1 程序

程序通常指完成某项事务的执行过程,是一系列有序的工作步骤,它有方式、步骤等含义。在日常生活中,往往强调按程序办事,如“业务流程”“司法程序”等。这些事务中,每个步骤的顺序一般是不能颠倒的,否则将不能顺利地完成这项事务。

现在的计算机可以上网、玩游戏、看电影、听歌等,似乎无所不能,计算机对人们的生活产生了深刻的影响,计算机能完成各种复杂的任务。有些人觉得计算机很神秘,不可思议。其实,计算机执行每一个操作都是按照人们事先指定的内容和步骤进行的。人们事先规定出计算机完成某项工作的操作步骤,每个步骤的具体内容由计算机能够理解的指令或语句来描述,这些指令或语句将告诉计算机“做什么”和“怎样做”。

在用计算机处理问题前要考虑很多的细节,写程序时把每个细节的执行过程都要描述清楚。例如,在用计算机处理 ATM 机取款步骤中,若输入密码不正确时计算机该如何执行,若输入的取款金额多于存款余额又该如何处理等。所有问题在编写程序前都要考虑清楚,明确告诉计算机“怎样做”。计算机的功能虽然强大,但更重要的是程序设计人员开发出的各种简单或复杂的程序。正是这些程序,使计算机更好地为人们服务。

计算机程序是指为实现特定目标或解决特定问题而用计算机语言编写的命令序列的集合。计算机自身是不会做任何工作的,它是按照程序中的有序指令来完成相应任务的。只有用事先编好的程序去控制它,才能让它为人服务。人们为了完成某项具体的任务而编写的一系列指令,并将这一系列指令交给计算机去执行,这个过程称为程序设计。

瑞士计算机科学家尼古拉斯·沃斯(Niklans Wirth)提出了一个著名的公式,该公式表达了程序的实质:

程序=数据结构+算法

即“程序就是在数据的某些特定的表示方式和结构的基础上,对抽象算法的具体描述”。其中,数据结构是指在程序中指定数据的类型和数据的组织形式,算法则是解决某个问题的严格方法。

除了数据结构和算法之外,在编写计算机程序时,还要采用合适的程序设计方法,要用某一种计算机语言来实现,在运行程序时还要有软件环境的支持。因此,上述公式扩充为:

程序=数据结构+算法+程序设计方法+语言工具

即一个应用程序体现了4个方面的成分：采用的描述和存储数据的数据结构，采用的解决问题的算法，采用的程序设计的方法和采用的语言工具与编程环境。

程序设计是一个给出解决特定问题的计算机程序的过程，是软件开发活动中的重要组成部分。程序设计往往以某种程序设计语言为工具，即计算机程序是用程序设计语言编写的。

程序可按其设计目的的不同分为两类：一类是系统程序，它是为了使用方便和充分发挥计算机系统效能而设计的程序，通常由计算机制造厂商或专业软件公司设计，如操作系统、编译程序等；另一类是应用程序，它是为解决用户特定问题而设计的程序，通常由专业软件公司或用户自己设计，如账务处理程序、文字处理程序等。

1.1.2 程序设计语言

程序是由指令序列组成的，告诉计算机如何完成一个具体的任务。由于现在的计算机还不能理解人类的自然语言，所以还不能用自然语言编写计算机程序。人们要使用计算机，使计算机按人们的意志进行工作，就必须让计算机能理解并执行人们给它的指令。这就需要找到一种人和计算机都能识别的语言——程序设计语言。程序设计语言是用计算机能够理解的语言来表达所设计程序的含义，是人与计算机之间进行交流和通信的工具。

计算机能识别和直接运行的指令序列是二进制代码的形式，但二进制代码却令人感到晦涩难懂。为了避免直接面对机器指令，人们设计了众多的程序设计语言，具体可分为低级语言和高级语言，低级语言又包括机器语言和汇编语言。

1.1.2.1 机器语言

机器语言是以二进制代码的形式来表示基本的指令集合，每条指令均为由0和1组成的二进制代码串。用机器语言编写的程序，计算机能直接识别和执行，运算速度快，占用的存储空间小。例如，下面为用机器语言完成1+1(两个数相加)的程序段：

```
10111000
00000001
00000000
00000101
00000001
```

这是一段示意程序片段，不同类型计算机的二进制指令是不一样的。

机器语言具有直接执行和执行速度快的特点，但机器语言存在以下明显的局限性。

(1)程序不容易读写。指令中的二进制代码难以记忆，容易出错，为程序的编写、修改和调试带来了难度。

(2)机器语言程序对计算机硬件的依赖性很强，不容易移植。

(3)指令功能简单，没有按照数据类型分类，与数值计算中的运算符不能对应。

1.1.2.2 汇编语言

针对机器语言中二进制指令不方便识别和记忆的缺点，汇编语言用英文助记符代替机器的操作指令，用标号和符号来表示地址、常量和变量。因为计算机只能识别机器指令，所以需要借助汇编语言翻译程序，将符号化的汇编语言转换成机器指令，才能被计算机执行。

例如,下面为用汇编语言完成1+1(两个数相加)的程序片段:

```
MOV   AX,1
ADD   AX,1
```

汇编语言便于识别和记忆,执行效率也比较高,但没有解决机器语言的后两个局限性,仍然不能让人满意。于是,出现了高级程序设计语言。

1.1.2.3 高级语言

高级语言中的语句一般采用类似人类自然语言中的自然词汇,使得程序更容易阅读和理解。高级语言提供了丰富的数据类型和运算符,语句功能强大,一条语句往往相当于多条指令。高级语言还独立于具体的硬件系统,使得程序的通用性、可移植性和编写程序的效率大大提高。

针对各种应用领域,人们设计了很多种高级语言,其中C语言既具有其他高级语言的优点,又具有低级语言的许多特点。它功能丰富、移植性强、编译质量高,成为应用最广泛的高级语言之一。

同样,计算机也不能直接识别高级语言编写的程序,也需要把高级语言程序转换成机器语言指令,这种转换由编译器提供。不同的高级语言需要不同的编译程序,采用的翻译方法也有所不同,主要有以下两种方式。

(1)编译方式:首先针对具体高级语言(如C语言)开发出一个编译软件,将该种语言程序翻译为所用计算机机器语言的等价程序,即目标程序(二进制代码的形式)。最后由计算机执行这个机器语言程序。

(2)解释方式:首先针对具体高级语言(如Python语言)开发一个解释软件,该软件读入高级语言程序,并能一步一步地按照程序要求工作,完成程序所描述的计算。这种解释软件边解释语句边执行,不生成目标程序。

1.2 算法

1.2.1 算法的概念

算法就是为解决一个具体问题而采取的方法和有限的步骤。计算机算法即计算机所能执行的算法。

计算机算法大致可分为如下两大类。

(1)数值运算算法:解决求数值的问题。例如,判断闰年、求最大公约数、求阶乘、求数列之和等。

(2)非数值运算算法:解决需要用分析推理、逻辑推理才能解决的问题。例如,博弈、查找和分类等。

算法描述了解决问题的方法和途径,采用高效的算法才可能设计出优质的程序。

一个有效的算法应该具有以下特点。

一是有穷性:一个算法应包含有限的操作步骤而不能是无限的。

二是确定性:算法中每一个步骤应当是确定的,而不能是含糊的、模棱两可的。

有零个或多个输入。

有一个或多个输出。

三是有效性:算法中每一个步骤应当能有效地执行,并得到确定的结果。

对于程序设计人员,必须会设计算法,并根据算法写出程序。

1.2.2 算法的描述方式

算法的描述可使用自然语言方式、类似于高级程序设计语言的伪代码、程序流程图、N/S盒图、PAD图等方式。软件开发的不同阶段描述算法的目的不同,应根据需要选择适当的描述方法。

虽然可使用自然语言描述算法,但是因为自然语言具有多义性,难以准确地表达语义,所以自然语言并不适合用来描述规模较大的程序的算法。这里简单介绍几种常用的算法描述方式。

1.2.2.1 流程图

流程图是一个描述算法的控制流程和指令执行情况的有向图。它是一种比较直观的算法描述方式。下面介绍几个常用的流程图符号,如图1-1所示。

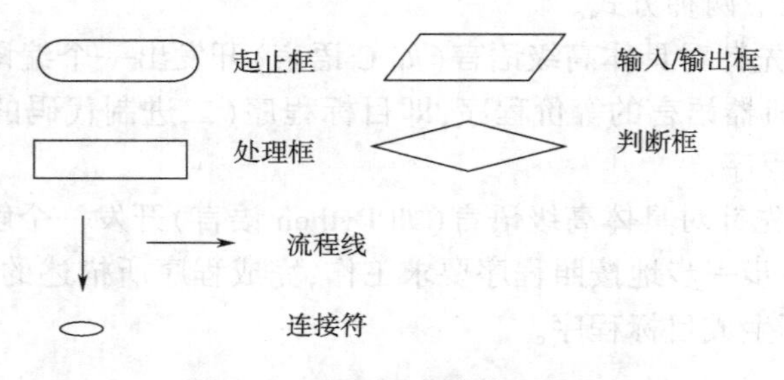

图1-1 流程图中的常用符号

(1)起止框:表示程序的开始或结束。

(2)输入/输出框:表示输入或输出操作。

(3)处理框:表示算法的某个处理步骤。

(4)判断框:表示对给定条件进行判断,根据条件是否成立来决定如何执行。

(5)流程线:带箭头的直线,表示程序执行的流向。

(6)连接符:流程图间断处的连接符号,圈中可以标注一个字母或数字。同一个编号的点是相互连接在一起的,流程图画不下时才会分开画,实际上同一编号的点表示同一个点。使用连接符还可以避免流程线的交叉或过长,使流程图更加清晰。

1.2.2.2 伪码

伪码方式是用介于自然语言与计算机语言之间的文字及符号来描述算法。用伪码描述算法时书写格式比较自由,易于修改,便于向计算机语言过渡,但它不太直观,且容易出现逻辑上的错误。

1.2.2.3 程序设计语言

用程序设计语言描述算法其实就是编写程序。计算机是无法识别流程图或伪码的,因此，用流程图或伪码描述的算法还需要将其转化为程序设计的语言程序（如 C 语言程序）。用程序设计语言描述算法必须遵守相应的语法规则。

1.2.3 简单算法举例

【例 1.1】用流程图描述计算 5！的算法。

算法描述如图 1-2 所示。

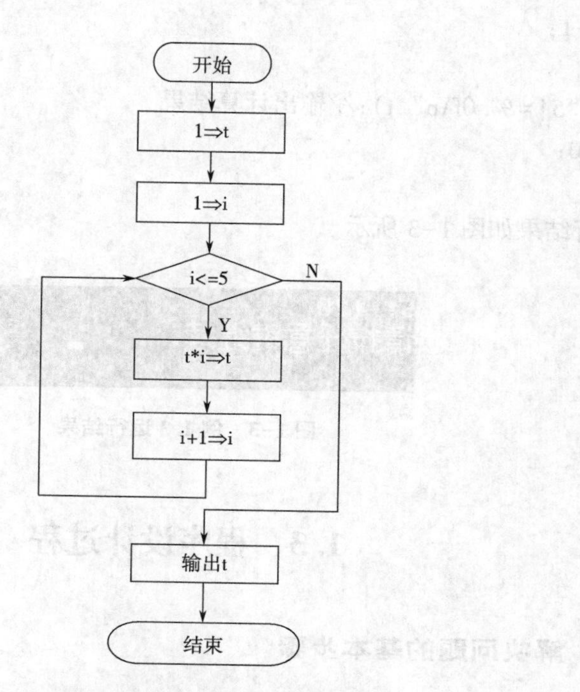

图 1-2 计算 5！的流程图

【例 1.2】用伪码描述计算 5！的算法。

开始
给变量 t 赋初值 1
给变量 i 赋初值 1
当 i<=5 时，重复执行下面的操作：
  使 t=t * i
  使 i=i+1
（循环到此结束）
输出 t 的值
结束

【例 1.3】用 C 语言描述计算 5！的算法。

```
#include <stdio. h>
int main( )
```

```
{
  double t=1;//定义变量 t,初值为 1,存放 5!
  int i=1;//定义循环控制变量 i,初值为 1
  while(i<=5)//在循环中计算 5!
  {
    t=t*i;
    i=i+1;
  }
  printf("5!=%.0f\n",t);//输出计算结果
  return 0;
}
```

程序运行结果如图 1-3 所示。

```
5!=120
请按任意键继续. . .
```

图 1-3　例 1.3 运行结果

1.3　程序设计过程

1.3.1　解决问题的基本步骤

一般来说,用计算机解决问题的过程可分为以下三步。

第一步是分析问题,设计一种解决方案。

第二步是通过程序语言严格描述这个解决方案。

第三步在计算机上调试这个程序,运行程序,看是否真能解决问题。如果在第三步发现错误,那么就需要仔细分析错误原因,弄清原因后退到前面步骤去纠正错误。

1.3.2　C 语言程序的设计过程

进行 C 语言程序设计的过程可以分解为以下几个步骤。

(1)分析问题,确定程序目标。确定程序需要做什么,并设计解决问题的步骤。仔细考虑程序需要的信息、要进行的计算和操作、要反馈的结果信息等。

(2)设计程序。考虑如何组织程序、如何表示数据、数据的处理方法、用户界面信息的显示。

(3)编辑程序。通过 C 语言集成开发环境中的编辑器(如 Visual C++ 2010)或文本编辑器(如记事本、写字板等)编写程序代码。可考虑添加适当的注释信息,这会为后面的调试和维护带来极大的方便。

(4)编译。编译前系统会先执行程序中的预处理命令,生成中间文件。编译时则将该中间文件和C文件转换为机器可识别的二进制代码,生成相应的目标文件(.obj)。在编译过程中要进行词法和语法分析,发现不合法的代码,则以错误(error)或警告(warning)信息进行提示。如果程序编译正确,则进入下一步;如发现错误或警告,就需要设法确定出现问题的位置,回到第3步去修改程序,排除编译中发现的错误,处理警告信息(通常可忽略)。

(5)连接。编译正确完成后,对程序进行连接。把不同的二进制代码片段(程序中包含的文件、多处定义的函数和数据等)连接成完整的可执行文件(.exe)。如果连接发现错误,就需返回前面步骤,修改程序后重新编译。

(6)运行和调试。程序正常连接后,会产生一个可执行文件,可以开始程序的运行和调试。此时需要用一些实际数据考查程序的执行效果。如果执行中出了问题,或发现结果不正确,那么就要设法找出错误原因,并回到前面步骤修改程序,重新编译、连接等。

(7)维护和修改。程序被广泛应用后,可能会发现需要对其进行改进的地方,随着输入数据的增多(调试时所用的考查数据毕竟有限,这时会遇到其他可能情况),或许会出现之前没发现的小问题,也可能想到了更好的实现方式。遇到上述情况,可以重新改编程序。

上述设计过程并不是一条直线的过程,有时需要在不同步骤间来回反复,直到确定程序正确为止。良好的设计习惯会简化设计过程、节省时间。

1.3.3 开发环境简介

为了编译、连接和运行C程序,必须要有相应的编译系统。目前使用的很多C编译系统都是集成环境(IDE)的,把程序的编辑、编译、连接和运行操作全部集中在一个界面上运行,功能丰富,使用方便,直观易用。因为C++是兼容C的,考虑到读者的使用习惯,本书介绍了Visual C++ 6.0和Visual C++ 2010集成环境下编辑、编译、调试和运行程序的方法。本书实例均在Visual C++ 2010集成环境下调试运行。具体编辑、编译、调试和运行程序的方法参见实验一。

1.4 C语言简介

C语言起源于美国贝尔实验室,是从BCPL语言和B语言演化而来的。BCPL语言是1967年由Martinrichards为编写操作系统软件和编译器而开发的语言。1970年,Ken Thompson在模拟了BCPL语言的许多特点的基础上,开发出了简单而且接近硬件的B语言,并用B语言编写了第一个UNIX操作系统。由于B语言依赖于机器,并且过于简单,功能有限,贝尔实验室的D. M. Ritchie在B语言的基础上设计了C语言,于1972年实现了最初的C语言。1973年,Ken Thompson和D. M. Ritchie合作用C语言改写了UNIX。C语言作为UNIX操作系统的开发语言而广为人们所知,当今许多操作系统都是用C语言或C++语言编写的。C语言在保持了BCPL和B语言优点的同时,增加了数据类型和其他功能。

由于C语言与硬件无关,并且设计严谨,用C语言编写的程序能移植到大多数计算机上。C语言在各种计算机上的快速推广导致出现了许多C语言版本,这些版本通常是不兼容的,人们需要一种标准的C语言版本。1983年,美国国家标准化组织(ANSI)成立了

X3J11 技术委员会进行标准化工作,制定了 ANSI C 标准,该标准也被称为 C89(于 1989 年被 ANSI 批准)。国际标准化组织在 ANSI C 基础上进行了改进,采用了 ISOC 标准,通常也被称为 C90(于 1990 年批准)。因为 ANSI 版本是先出现的,人们习惯使用 ANSI C 这一术语。1994 年开始了标准的修订工作,结果产生了 C99 标准。因为有些编译器没有完全实现 C99 的修改,所以有些修改在一些系统上不可用。

C 语言对现代编程语言有着巨大的影响,许多现代编程语言都借鉴了大量 C 语言的特性,例如 C++,它包括了所有 C 的特性,但增加了类和其他特性以支持面向对象编程,Java、C#、Perl 等,都继承了 C 的许多特性。作为一种简短、清楚、高效的程序设计语言,C 语言是应用最广泛的语言之一。它具有以下特点。

第一,简洁紧凑、方便灵活。C 语言仅有 32 个关键字,9 种控制语句。C 语言程序表达方式简洁,书写形式自由,主要由小写字母表示。它把高级语言的基本结构和语句同低级语言的实用性结合起来。

第二,运算符丰富。C 语言包含 34 种运算符,范围广泛。它把括号、赋值、逗号等都作为运算符处理,使得运算类型丰富,表达式类型多样化,可以实现其他高级语言难以实现的运算。

第三,数据类型丰富。C 语言的数据类型有整型、实型、字符型、枚举型和各种构造类型,还允许用户自定义类型。利用这些数据类型可以实现复杂的数据结构,完成各种类型的数据处理。

第四,C 语言是结构化程序设计语言。它具有结构化的控制语句,包含顺序、选择、循环三种基本结构,结构清晰。函数是构成 C 语言程序的基本单位,用函数作为程序模块实现程序的模块化,使程序便于使用和维护。

第五,语法限制不太严格,程序设计自由度大。程序编写者有较大的自由度。

第六,可直接对硬件进行操作。C 语言允许直接访问物理地址,能像汇编语言一样对计算机最基本的位、字节和地址进行操作。它既有高级语言的优点,又具有低级语言的功能,既可以编写系统软件,又可以编写各种应用软件。

第七,生成目标代码质量高,程序执行效率高。许多高级语言的效率比汇编语言低得多。对同一问题,C 语言程序生成的目标代码比汇编程序低 10%~20%。

第八,可移植性好。与汇编语言相比,C 语言适用范围更广泛。它可用于多种操作系统,也适用于多种机型。

在当今众多的计算机编程语言中,C 语言被认为是最受欢迎的语言之一。学习 C 语言有助于更好地理解 C++、Java、C#以及其他基于 C 语言的特性,学习好 C 语言可作为程序设计语言学习的良好开端。

1.4.1 C 语言的字符集与词法符号

1.4.1.1 字符集

字符是组成语言的最基本的元素。C 语言字符集是书写程序时允许出现的所有字符的集合,由字母、数字、空白符和特殊符号组成。

(1)字母:小写字母 a-z,大写字母 A-Z。

(2)数字:0~9 共 10 个。

(3)空白符:空格符、制表符、换行符等统称为空白符。空白符只在字符常量和字符串常量中起作用。在其他地方出现时,只起间隔作用,编译程序对它们忽略不计。因此在程序中使用空白符与否,对程序的编译不发生影响,但在程序中适当的地方使用空白符能提高程序的清晰性和可读性。

(4)特殊符号:运算符、标点、括号和一些特殊字符。

不在字符集中的符号,如汉字或其他可表示的图形符号,可以在两个双引号之间出现,也可以出现在注释行中。

1.4.1.2 词法符号

在 C 语言中使用的词汇分为标识符、关键字、运算符、分隔符、常量、注释符等。

(1)标识符。标识符是用来标识程序中的变量、常量、数据类型、数组、函数等的名称,是合法的字符序列。

C 语言中的标识符必须满足以下语法规则。

第一,标识符只能由字母、数字或下划线组成。

第二,标识符的第一个字符必须是字母或下划线。

第三,标识符区分大小写字母。例如,a 和 A 是两个不同的标识符。

第四,标识符不能与关键字相同,也不能和系统标准库函数同名。

具体使用标识符时还必须注意以下几点。

①以下划线开头的标识符通常用于系统内部,作为内部函数和变量名。

②标识符应根据其所代表的含义命名,以便于阅读和检查。

③应避免使用容易混淆的字符。例如,1(数字 1)与 l(L 字母的小写)等。

④标识符的长度可以是一个或多个字符,标识符的最大长度与语言的编译器有关。有的编译器规定长度不超过 32 个字符,如果前 32 个字符相同,将被认为是同一个标识符。

合法的标识符如:

a_3, student, test2

不合法的标识符如:

3a(开头是数字), f-6(有"-"), s 5(有空格), d6. 4(有"."), int(关键字)。

(2)关键字。关键字又称保留字,是预先定义的、具有特殊意义的标识符。用户不能重新定义与关键字相同的标识符,也不能把关键字作为一般标识符使用。因为编译器会按照固定含义来解析这些关键字。C 语言的关键字共 32 个,大致可分为以下三类。

①类型说明:用于说明变量、函数或其他数据结构的类型。如:int, float, char 等。

②语句定义:用于表示一个语句的功能。如:if, else, do, while, for 等。

③存储类别:用于定义变量的存储方式。如:auto, register, extern, static。

关键字需使用小写字母。如 int 是关键字,而 INT 不是关键字,可以作为变量名或函数名。

(3)运算符。C 语言中含有相当丰富的运算符。运算符由一个或多个字符组成。运算符与变量、函数一起组成表达式,实现各种运算。

(4)分隔符。C 语言中采用的分隔符有逗号和空格两种。逗号主要用在类型说明和函数参数表中,分隔各个变量。空格多用于语句中各单词之间,作间隔符。在关键字和标识符之间必须要有一个以上的空格符作间隔,否则将会出现语法错误。

例如,int x;,用来说明数据类型为整型的变量 x,如果写成 intx;,编译器会把 intx 当成一个标识符处理,造成错误。

(5)常量。常量是 C 语言中直接使用符号标记的数据,它们本身就是数据。如 100、‘B’、“program”。可分为数值常量、字符常量、字符串常量、符号常量等多种。

(6)注释符。注释是对程序代码的说明。C 语言程序的注释有如下两种。

/ * 注释内容 * /

此格式用于注释一个程序块,注释内容可以是英文字母、数字及汉字的一行或多行。

//注释内容

此格式用于注释一行,在一行中“//”后面的内容都将被注释。

注释可出现在程序中的任何位置,它是为便于编程者和阅读程序的人理解程序的意义而设置的。注释仅是写给人看的,而不是写给编译器看的。程序编译时,不对注释做任何处理,目标代码中不含注释。在学习和编写程序过程中,需要养成良好的标注注释的习惯。另外在调试程序中对暂不使用的语句也可用注释符括起来,使编译器跳过不做处理,待调试结束后再去掉注释。

1.4.2 C 语言程序的基本结构

先看一个简单的 C 语言程序例子。

【例 1.4】一个简单的 C 语言程序示例。

```
#include <stdio. h>//预处理
void main( )      //主函数
{
  printf("Welcome to you!  \n");
}
```

从这个例子可以看到,一个 C 语言程序的基本结构分为以下两个部分。

一部分是以#号开头预处理部分(程序中第一行),说明程序中要用到 C 语言系统提供的库函数[如程序中用到 printf( )输出函数]时,要将所对应的头文件(如 stdio. h)包含进来。注意这里用的是尖括号“<>”。

另一部分称为函数(程序中其余几行),它是程序的基本部分,用于描述程序所完成的工作。程序中的 main( )函数称为主函数。

该程序的运行结果就是输出一行信息“Welcome to you!”。程序运行结果如图 1-4 所示(图中最后一行显示的“ 请按任意键继续 . . . ”是 VC++ 2010 自动添加的)。

```
Welcome to you!
请按任意键继续. . .
```

图 1-4 例 1.4 运行结果

C 语言程序的结构具有以下特点。

(1)一个 C 语言程序可以由一个或多个文件组成。

(2)程序中可以有预处理命令(如#include 命令),预处理命令通常放在程序的最前面。

(3)C 语言程序是由一个或多个独立的函数构成的,函数是构成 C 语言程序的基本单位。

(4)一个 C 语言程序必须包含一个主函数 main(),也只能有一个主函数。程序从 main()函数开始执行,也在 main()结束。

(5)函数包含两部分,一个是函数的首部;另一个是函数体。函数的首部包括函数名、函数类型和用圆括号"()"括起来的形参说明;函数体是用花括号"{}"括起来的函数执行部分。

(6)函数体中包含各种语句,语句是程序的基本执行单位。每一个语句都以分号";"作为结束。但预处理命令、函数头和花括号"}"后不能加分号。

1.4.3 C 语言程序的书写规则

C 语言是自由格式语言,一行可以写多个语句,一条语句也可以写在多行,在书写时可随意安排格式,如换行、添加空格等,格式变化不影响程序意义。

为了便于阅读和维护程序,更好地体现程序的层次结构,书写所采用的通用规则如下。

(1)程序一般用小写字母书写。

(2)一行一般写一条语句。

(3)在程序里适当加入空行,分隔程序的不同部分。

(4)同层次不同部分对齐排列,下一层次的内容通过适当退格(在一行开始加空格),使程序结构更清晰。

(5)在程序里增加一些说明性信息,即添加注释。

开始学习程序设计时就应养成良好的书写习惯,以便能够写出结构清晰、便于阅读理解和维护的程序。

1.5 程序设计方法

程序设计方法对程序设计的质量有非常重要的影响。程序设计方法先后经历了三个主要阶段:非结构化程序设计阶段、结构化程序设计阶段和面向对象的程序设计阶段。

非结构化程序设计方法由于其诸多的弊端,现已基本淘汰。目前,程序设计的方法有两大类:面向过程的结构化程序设计方法和面向对象的程序设计方法。

1.5.1 结构化程序设计

结构化程序设计方法是基于模块化、自顶向下、逐步细化和结构化编码等程序设计技术而发展起来的。它强调程序设计风格和程序结构的规范化,提倡清晰的结构,有助于程序设计思想的形成和理解。C 语言就是属于结构化程序设计语言。

面向过程的结构化程序设计的核心思想是功能的分解。解决实际问题时,首先要做的工作就是将问题分解为若干个功能模块。其基本思路是,对实际问题进行分析,先从整体出发,把一个较复杂的问题分解为若干个相对独立的子功能,对每个子功能可以再细化为若干个低一层的子功能,直到子功能便于在计算机上实现,这就是自顶向下、逐步细化的解决问题的方法。结构化程序设计方法主要使用顺序、选择和循环三种基本的控制结构来实现这些功能模块。

1.5.2 面向对象程序设计

面向对象技术是当今比较流行的软件设计与开发技术,主要包括面向对象分析、面向对象设计、面向对象编程、面向对象测试,以及面向对象软件维护等。面向对象程序设计技术的提出,主要是为了解决传统程序设计方法所不能解决的代码重用问题。

面向对象程序设计是建立在结构化程序设计基础之上的程序设计方法,其最重要的变化是程序设计围绕数据来设计,而不是围绕操作本身。在面向对象程序设计中,将程序设计为一组相互协作的对象,而不是一组相互协作的函数。

对象是面向对象程序设计中的一个重要概念。所谓"对象"就是对客观存在事物的一种表示,是包含现实世界物体特征的抽象实体,是物体属性和行为的一个组合体。从程序设计的角度看,对象是指将数据和使用这些数据的一组基本操作封装在一起的统一体,它是程序的基本运行单位,具有一定的独立性,其他对象的操作不能使该对象的数据隐藏起来。

面向对象程序设计中的另一个重要概念是类。类是具有相同操作(功能)和相同数据(属性)的集合。类是对一类具有相同特征和行为事物(对象)的抽象表示。对象是某个类的具体实现。这样,面向对象程序设计以类作为构造程序的基本单位,具有封装、数据抽象继承、多态性等特征。

1.6 案例应用

任务描述:感受计算机执行指令的过程。

在 VC++2010 集成环境中输入如下程序并进行编辑、运行和保存。

```
#include <stdio. h>
#include <windows. h>
void main( )
{
    printf("现在执行第一条指令,等待 5 秒(执行第二条指令)后,\
    执行第三条指令,你猜是什么? \n");
    Sleep(5000);//延时 5 秒
    printf("你是位有智慧的学生!(按任意键可以结束^ ^)\n");
    getchar( );//等待按键指令
    printf("再见! \n");
}
```

程序运行结果如图 1-5 所示。

```
现在执行第一条指令，等待5秒（执行第二条指令）后，执行第三条指令，你猜是什么？
你是位有智慧的学生！（按任意键可以结束^_^）

再见！
请按任意键继续. . .
```

图 1-5 程序运行结果

本章小结

本章介绍了程序设计的一些基础知识，主要内容如下。

（1）程序、程序设计的概念。程序是指完成某项事务的执行过程，是一系列有序的工作步骤。人们为了完成某项具体的任务而编写一系列指令，并将这一系列指令交给计算机去执行，这个过程称为程序设计。

（2）程序设计语言是用计算机能够理解的语言来表达所设计程序的含义，是人与计算机之间进行交流和通信的工具，包括机器语言、汇编语言和高级语言。

（3）算法的基本概念和描述方法。算法就是为解决一个具体问题而采取的方法和有限的步骤。

（4）程序设计过程。遵循人们解决问题的一般步骤，即分析问题并设计解决方案、用程序语言来描述解决方案、由计算机来执行程序，以完成任务。

具体的 C 语言程序设计过程可分为以下几个步骤：分析问题，定义程序目标；设计程序；编辑程序；编译；连接；运行和调试；维护和修改。

（5）C 语言程序的基本结构主要由两大部分组成：预处理和函数部分。函数包括函数头和函数体，函数体中包含说明部分和语句部分。

（6）程序设计方法包括面向过程的结构化程序设计方法和面向对象的程序设计方法。

面向过程的结构化程序设计方法，其核心思想是功能的分解，将问题求解过程看作对数据进行加工的过程，使用自顶向下、逐层细化的方法。

面向对象的程序设计方法是建立在结构化程序设计基础之上的程序设计方法，最重要的变化是程序设计围绕数据来设计，而不是围绕操作本身。在面向对象程序设计中，将程序设计为一组相互协作的对象，而不是一组相互协作的函数。

习　题

1. 简述程序和程序设计的概念。
2. 简述程序设计语言的分类。列举几种当前流行的程序设计语言。
3. 简述标识符的构成规则。
4. 简述 C 语言程序的基本组成结构。
5. 用流程图描述 s = 1+2+3+…+100 的算法。

2　数据类型、运算符与表达式

C 语言的数据结构是以数据类型的形式体现的。C 语言具有丰富的数据类型。本章主要介绍 C 语言的数据类型，常量与变量的概念及应用，运算符的使用，表达式的求值，不同数据类型之间的转换和混合运算，以及基本的输入与输出函数。

通过本章的学习，读者应掌握基本类型数据的处理，熟悉运算符的优先级和结合性，以及数据类型转换的规则，掌握数据的输入与输出方法。

2.1　数据类型

人们通常将各种数据如数值、文本、声音和图形等输入并存储到计算机中，并进行相应的处理。计算机程序的工作都与这些数据有关，如输入数据、输出数据、存储数据、对数据进行各种计算等。所处理的数据可能很简单，也可能很复杂，数据之间存在某种内在联系。为了方便地处理这些数据，计算机程序设计语言需要提供一种数据机制以便在程序中更好地表示它们，以反映出数据的有关特征和性质。

C 语言采用这样一种数据机制，即把要处理的数据对象划分为一些类型，每个类型是一个数据值的集合。例如，int 类型表示所有整数值的集合。因此，C 语言一方面提供了一组基本数据类型，包括 int、double 等，用于对基本数据的表示和使用；另一方面又提供了数据构造机制，提供一组可以由基本数据类型或数据构造更复杂的数据类型或数据的手段。反复使用这些手段可以构造出任意复杂的数据结构，以满足复杂数据处理的需要。

C 语言具有非常丰富的数据类型，包括基本数据类型、构造数据类型、指针类型和空类型，如图 2-1 所示。C 语言不仅提供了这些标准数据类型，还允许用户根据需要自定义类型。

2.1.1　基本数据类型

C 语言的基本数据类型包括整型、实型、字符型和枚举型。没有小数部分的数就是整数类型，而加了小数点的数则是实型（也称浮点数类型），字母或者符号更广泛地说是字符类型。对人们来说，它们的区别在于书写形式，而对于计算机，它们的存储方式是不同的。

2.1.1.1　整型

在 C 语言中，整型是比较常用的数据类型。针对不同的用途，C 语言提供了多种整数类型，可分为基本整型（int，简称整型），短整型（short）和长整型（long）。上述类型又分为有符号型（signed）和无符号型（unsigned），即数值是否可以取负值，构成了 6 种不同的整数类型。各种整数类型占用的内存空间大小不同，所提供数值的范围也不同，如表 2-1 所示。

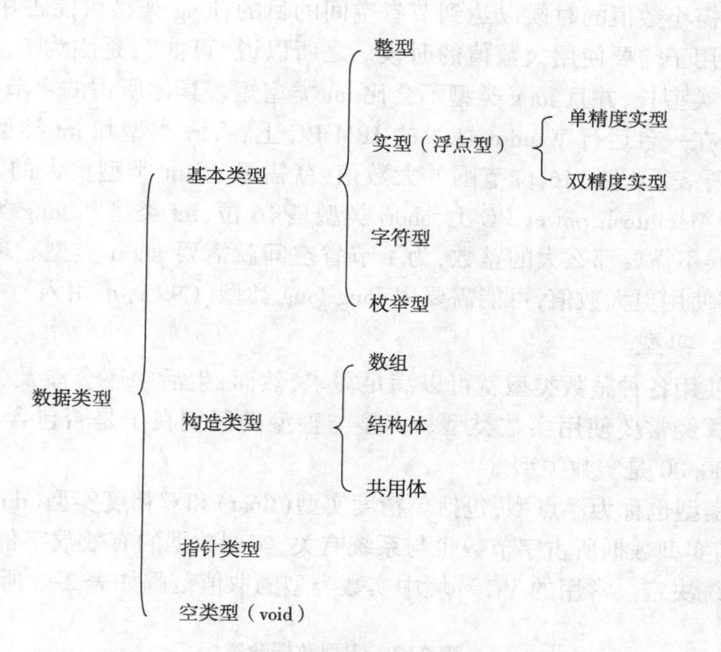

图 2-1　C 语言数据类型

表 2-1　整型数据分类

类型名称	类型说明符	所占字节数	取值范围	
有符号基本整型	[signed] int	4	-47483648~2147483647	$-2^{32-1}\sim 2^{32-1}-1$
有符号短整型	[signed] short [int]	2	-32768~32767	$-2^{16-1}\sim 2^{16-1}-1$
有符号长整型	[signed] long [int]	4	-47483648~2147483647	$-2^{32-1}\sim 2^{32-1}-1$
无符号基本整型	unsigned [int]	4	0~4294967295	$0\sim 2^{32}-1$
无符号短整型	unsigned short [int]	2	0~65535	$0\sim 2^{16-1}-1$
无符号长整型	unsigned long [int]	4	0~4294967295	$0\sim 2^{32}-1$

注：[ ]内的关键字可以省略。

需要说明的是，数据存储时在内存中所占字节数与具体的机器及系统有关，与具体的编译器也有关系。如 int 类型，表 2-1 中所列为 int 类型数据在 32 位系统中 VC 下所占字节数，但是在 Turbo C 下 int 只占 2 个字节。编程时，可以用运算符 sizeof( )求出所使用环境中 int 类型究竟占用几个字节。

整数类型是以二进制数据形式存储的。例如，整数 15 的二进制表示为 1111，在 2 个字节（16 位）中存储它需要将前 12 位置为 0，后 4 位置为 1，而在 4 个字节（32 位）中存储它则需要将前 28 位置为 0，后 4 位置为 1。

一般 int 类型会满足对整数的大多数需求，而 short 类型可能占用比 int 类型更少的存储空间,适用于仅需小数值的时候以达到节省空间的目的;long 类型可能占用比 int 类型更多的存储空间,适用于需要使用大数值的时候。之所以说“可能”,是因为 C 语言仅保证 short 类型不会比 int 类型长,并且 long 类型不会比 int 类型短。具体所占的字节数与机器及系统有关系。例如,在一台运行 Windows3.1 的 IBM PC 上,short 类型和 int 类型都是 16 位,long 类型是 32 位,要表示超出 16 位范围的大数值,就需要比 int 类型更大的 long 类型。而在 Windows XP 或 Macintosh power PC 上,short 类型是 16 位,int 类型和 long 类型长度相同,都是 32 位,有时候不需要那么大的整数,为了节省空间就需要 short 类型。现在 64 位处理器越来越普及,要使用更大数值,可能需要用 long long 类型(C99 标准引入)。

2.1.1.2　实型

多数时候使用各种整数类型就可以满足需求,然而,生活中还会涉及整数之外的数,如财务和数学计算经常要使用实数类型。实型与整型的区别在于是否包含小数部分,如 100 是整数类型,100.00 是实数类型。

C 语言中实型也称为浮点型,包括单精度实型(float)和双精度实型(double)。

同样,存储实型数据所占字节数也与系统有关,实型数据的有效数字位数和数值范围由具体实现的系统决定。常用的 VC 环境中实数类型的取值范围如表 2-2 所示。

表 2-2　实型数据分类

类型名称	类型说明符	所占字节数	有效数字	取值范围(绝对值)
单精度实型	float	4	6~7 位	$3.4\times10^{-38}\sim3.4\times10^{38}$
双精度实型	double	8	15~16 位	$1.7\times10^{-308}\sim1.7\times10^{308}$

不同于整型数据的存储方式,实型数据按指数形式存储,分为小数部分(尾数)和指数部分(阶码)分别存放,如图 2-2 所示。

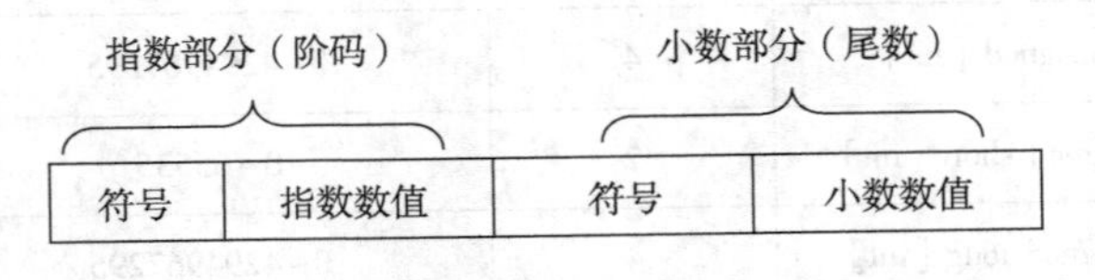

图 2-2　实型数据的存储方式

小数部分占得位数越多,能表示的数值的有效数字越多,其精度越高;指数部分占得位数越多,表示的数值的范围越大。

实型数据的存储空间是有限的,所以精度也是有限的,有效位数以外的数字将被舍去,因此会存在误差。为了满足比 double 类型更高的精度要求,C99 标准提供了长双精度(long double)类型。C 语言并没有规定 long double 类型具体占用多少位,只保证了不少于 double 类型所占的位数。在不同系统中 long double 类型可能占用 8 个、10 个或 12 个字节。

在 VC 中,单精度 float 类型占 4 个字节,提供 7 位有效数字,绝对值的取值范围为 $3.4\times10^{-38}\sim3.4\times10^{38}$;双精度(double)占 8 个字节,提供 16 位有效数字,绝对值的取值范围

为 $1.7\times10^{-308}\sim1.7\times10^{308}$。

2.1.1.3 字符型

在数据处理中,C 语言还有一种基本类型——字符类型,类型说明符为 char。字符型数据只占 1 个字节,只能存放 1 个字符,无法存放多个字符组成的字符串,字符串的概念将在后面章节中介绍。

为了处理字符,计算机使用一种数字编码,用特定的整数表示特定的字符。应用最广泛的编码是 ASCII 码(America Standard Code for Information Interchange,美国信息交换标准码)。在 ASCII 码中,整数值 97 代表小写字母 a。

字符型数据在存储时并不是将字符本身放到内存中去,实际上是将该字符对应的 ASCII 码值转换成二进制形式放到存储单元中。由于这种与整型数据类似的存储方式,在 1 个字节(0~255)范围内,字符型数据和整型数据可以通用。字符型数据和整型数据之间可以进行算术运算,一个字符型数据可以按字符形式输出,也可以按整数形式输出。

标准 ASCII 码值的范围是 0~127,只需 7 位就可以表示。1 个字节容纳标准 ASCII 编码是绰绰有余的,许多系统提供的扩展 ASCII 编码都是使用 8 位存储单元。许多字符集大大多于 127 甚至远多于 255 个值。例如,商用的 Unicode 字符集建立了一个能表示世界范围内多种字符集的系统,目前已有字符超过 96000 个。

2.1.1.4 枚举型

枚举(enumeration)类型是 C 语言提供的一种用户自定义类型。如果一个数据对象只有几种可能的取值,可以将这些值一一列举出来,即定义为枚举类型。枚举是用标识符表示的有限个整数常量的集合,这些标识符都有明确的含义,每个用户自定义标识符对应一个整数常量值。如果没有指定起始值,默认枚举常量的起始值为 0,后面的值依次递增 1。枚举常量用关键字 enum 定义,定义的格式为:

enum 枚举类型名{枚举常量 1,枚举常量 2,……,枚举常量 *n*};

例如:

```
enum months{JAN,FEB,MAR,APR,MAY,JUN,JUL,AUG,SEP,OCT,NOV,DEC};
```

定义了一种类型 enum months,其中的标识符被自动设置为 0 到 11,要使标识符的值为 1 到 12,定义方式如下:

```
enum months{JAN=1,FEB,MAR,APR,MAY,JUN,JUL,AUG,SEP,OCI
NOV,DEC};
```

第 1 个值被设置为 1,后面的值依次递增,即 1 到 12。枚举定义中的标识符必须唯一,每个标识符的值也可以明确指定。

2.1.2 构造数据类型

C 语言的基本数据类型并不能满足实际应用中的所有需求,用户可以利用整型、实型、字符型这些基本数据类型构造满足需要的数据类型,即构造类型。构造类型包括数组类型、结构体类型和共用体类型。它们的定义和使用将在后面章节详细介绍。

2.1.3 其他数据类型

2.1.3.1 指针类型

指针是一种特殊的数据类型,也是很重要的一种数据类型,指针的值指的是内存中的地址值。指针的使用非常灵活,可以有效地表示各种复杂的数据结构。指针的定义和使用将在第6章详细介绍。

2.1.3.2 空类型

C语言中空类型用void表示,一般用于描述指针以及作为不返回值的函数的返回值类型。第一个用途是声明指针时用作指针的类型,但它不同于空指针。第二个用途是表示函数的返回值类型,调用函数时,通常应向调用者返回一个函数值。这个返回的函数值是具有一定的数据类型的,应在函数定义及函数说明中给予说明,也有一类函数,调用后并不需要向调用者返回函数值。对于那些确实不需要返回值的函数,可以将类型说明为void类型,如主函数main()。

2.2 常量与变量

在C语言程序所处理的各种数据中,有些数据的值在程序使用前可以预先设定并在程序运行过程中不会发生变化,称为常量。有的数据在程序运行过程中可能会变化,称为变量。两者的区别在于数据在程序运行过程中其值是否变化。

2.2.1 常量

在程序运行过程中,其值不变的量称为常量。常量也有数据类型,在计算机内存中所有数据都是以二进制形式存储的,在C语言程序中,编译器一般通过其书写来辨认其类型,比如6是整型,而6.00是实型。常量可以不经说明而直接引用,另外在程序中也可定义符号常量。

2.2.1.1 整型常量

整型常量类似于数学中的整数。在C语言中,整型常量有十进制、八进制和十六进制3种表示形式。

(1)十进制整型数:用10个数字0~9表示,开头的数字不能是0。如368,-5684等。

(2)八进制整型数:以数字0开头,用8个数字0~7表示。如012,0654等。

(3)十六进制整型数:以0X或0x开头(注意是数字0加字母X或x),用10个数字0~9和6个字母A~F(或a~f)表示。如0x7f,0XA6等。

注意:正整数前面的“+”号可以省略,负整数的前面必须加“-”号。

有时需要用long类型来存储一个较小的整数,比如内存地址,可以使用后缀“L”或“l”来表示长整型数。与之类似,可以用后缀“U”或“u”表示无符号整型。

C语言把大多数整数常量识别为int类型,如果整数特别大,将会有不同的处理。例如,在程序中使用254时,通常会识别为int类型。当使用的整数超出了int类型的范围时,则识别为long类型。如果long类型也不能表示该数字,那么C语言会视其为unsigned long类型。

2.2.1.2 实型常量

实型(浮点型)常量即数学中的实数。在C语言中实型常量有十进制小数形式和指数两种表示形式。

(1)十进制小数形式:由数字0~9和小数点组成(必须有小数点)。

整数或小数部分的数字可以省略,但两者不能同时省略并且小数点不能省略。以下形式都是合法的实数形式:

0.0,235.0,.0 ,.36,7. ,-12.4

(2)指数形式:即科学记数法,由尾数、E(或e)和整数指数(阶码)组成,其中指数可以带正负号。

例如:1.23e3,123E-3都是实数的合法表示。

【注意】

(1)字母e或E之前必须有数字,e后面的指数必须为整数。

例如:e3,2.1e3.5,.e3,e都不是合法的指数形式。

(2)规范化的指数形式。在字母e或E之前的小数部分,小数点左边应当有且只能有一位非0数字。用指数形式输出时,是按规范化的指数形式输出的。

例如:2.3478e2,3.0999E5,6.46832e12都属于规范化的指数形式。

默认状态下,实型常量被识别为双精度(double)类型。可以使用后缀F或f表示单精度[float类型,后缀L或l表示长双精度(long double)类型]。比如123.56是double类型,123.56f是float类型,1.2356E2L是long double类型。

2.2.1.3 字符常量

字符常量是用单引号括起来的一个字符。例如'a''8'都是合法字符常量。每个字符都有对应的ASCII整数代码。例如,大写字母A的ASCII码为65(参见附录B)。

在C语言中,字符常量有以下特点。

(1)字符常量只能用单引号括起来,不能用双引号或其他括号。

(2)字符常量只能是单个字符,不能是字符串。

(3)字符可以是字符集中任意字符。

使用字符常量时要注意数字字符和数字的区别。例如,写法'5'表示字符5,而不是数值5,字符5的ASCII码值是53。

在ASCII码字符集中有些字符是打印不出来的。例如,一些动作描述,退格、回车或换行。还有一些字符有特殊用途,如单引号用作字符常量界限符。怎样表示这些字符?可以直接使用其ASCII码值。例如,换行符的ASCII码值是10,但是这种方法难于记忆,使用起来不方便。

C语言提供了一些特殊的符号序列,即转义字符来表示某个字符。

这些符号都不能简单地用一个字符表示,而是用单引号括起来的以反斜杠开头的符号序列。反斜杠之后字符被转换为另外的含义,不同于字符的原有意义,故称为“转义字符”。

转义字符是一种特殊的字符常量,以反斜杠“\”开头,后跟一个或几个字符。

常用的转义字符及含义如表2-3所示。

表 2-3 常用的转义字符及含义

转义字符	含义	ASCII 码
\b	退格(Backspace)	008
\f	走纸换页,跳到下一页开头	012
\n	换行,跳到下一行开头	010
\r	回车(Return)	013
\t	水平制表,横向跳到下一制表位置(Tab)	009
\v	垂直制表,竖向跳到下一制表位置	011
\\	反斜杠(\)	092
\'	单引号(')	039
\"	双引号(")	034
\?	问号(?)	077
\000	八进制数值,1~3 位八进制数所代表的字符(0 代表一个八进制数字)	
\xhh	十六进制数值,1~2 位十六进制数所代表的字符(h 代表一个十六进制数字)	

广义地讲,C 语言字符集中的所有字符均可用转义字符表示。表 2-3 中的\000 和\xh 为通用转义字符表示,00 和 h 分别为八进制和十六进制的 ASCII 代码。

例如,常量字母 A 有 3 种等效的表示:'A'、'\101'和'\x41';反斜杠也有 3 种等效的表示:'\\'、'\134'和'\x5c'。只要 ASCII 码值相同,就表示同一个字符。

2.2.1.4 字符串常量

字符串常量是由一对双引号括起来的字符序列。

例如," C language program""$ 12.5"等都是合法的字符串常量。

字符串常量与字符常量的区别如下。

(1)字符常量是由单引号括起来的,而字符串常量则是由双引号括起来的。

(2)字符常量只能表示一个字符,而字符串常量则可以包含一个或多个字符。

(3)可以将一个字符常量赋值给一个字符变量,但不能将一个字符串常量赋予一个字符变量。字符串常量可以用一个字符数组存放。

(4)字符常量在存储中只占一个字节,字符串常量用的存储空间的字节数等于双引号中所包含字符个数加 1。增加的一个字节用于存放字符'\0'(ASCII 码值为 0)。每个字符串常量的末尾有一个结尾符'\0',称为空字符,C 语言以该字符作为字符串常量结束的标志。例如,"a"表示的是一个字符串常量,占用两个字节;而'a'表示的是一个字符常量,只占用一个字节。

(5)字符串常量中可以有转义字符。

(6)单引号和双引号只是字符和字符串的界定符,如果字符常量本身是单引号,则要用转义字符,如'\''。如果字符串常量中包含双引号,也要用转义字符,如"a\"b"。

在程序中,最好将双引号引用的字符串常量放在一行不要分开,如果一定要分行,有的编译器要求在行尾加续行符"\"。

2.2.1.5 符号常量

用一个标识符来代表一个常量,称为符号常量。符号常量在使用前必须先定义,用宏定义的形式,其一般定义格式如下。

#define 标识符 常量

其含义是把该标识符定义为其后的常量值,该标识符即符号常量名,一般用大写形式。其中#define 是预处理命令。

定义符号常量可以提高程序的可读性,便于程序调试和修改,符号常量名要具有一定的意义,便于理解。当程序中要多次使用某一个常量时,可以定义符号常量,这样,当要对该常量值进行修改时,只需要对预处理命令中定义的常量值进行修改即可。

【例 2.1】符号常量的定义和使用。

```
#include<stdio.h>
#define PRICE 20//定义价格符号常量 PRICE 为 20
void main()
{
  int num,total;
  scanf("%d",&num); //输入购买数量
  total=num * PRICE;  //计算总金额
  printf("total=%d\n",total);
}
```

在上面的程序中,用符号常量 PRICE 代表常量 20,读程序时看标识符 PRICE 就知道它代表价格。因此,定义符号常量名时应尽量做到"见名知意"。如果要修改价格的值,只需要做如下修改:

#define PRICE 30

那么程序中所有的 PRICE 都将代表 30。

由此可见,使用符号常量具有如下优点。

(1)意义明确,便于理解。

(2)方便修改,一改全改。

注意:符号常量是常量,不同于变量,它的值在程序运行过程中是不变的,不能对符号常量进行赋值。如 PRICE=30;这是不对的。

2.2.2 变量

变量是指在程序运行过程中其值可以变化的量。C 语言要求在使用变量之前必须先进行声明。一是在程序中未事先声明的,不可作为变量名,以保证程序中变量名能正确使用。

二是每个变量被指定为某种确定数据类型,在编译时就能为其分配相应大小的存储单元并可以检查该变量所进行的运算是否合法。

2.2.2.1 变量的声明

声明一个变量包括:①给变量指定一个标识符,这个标识符称为变量名;②指定该变量的数据类型,该类型决定了变量值的类型、表现形式和占用内存空间,以及对该变量能执行的运算;③指定变量的存储类型和变量的作用域。

变量声明的一般形式:

[变量存储类型说明符] 数据类型说明符 变量名1[,变量名2,变量名3,……];

【例2.2】变量声明示例。

```
#include<stdio.h>
void main()
{
  int a,b;      //声明两个整型变量a和b
  char c;     //声明一个字符变量c
  float f1,f2;      //声明两个浮点型变量f1,f2
}
```

其中:

(1)int、char和float是数据类型说明符,是C语言的关键字,用来声明变量的数据类型。

(2)a、b、c、f1和f2为声明的变量名称。变量名称必须是一个合法的标识符,命名时还应考虑"见名知意"的原则。系统将根据变量的数据类型,为变量在内存中分配相应大小的存储空间。

(3)允许在一个类型说明符后声明多个相同类型的变量,各变量之间用逗号分隔。类型说明符与变量名之间至少有一个空格。

(4)最后一个变量名之后必须是C语言的分隔符";"。

(5)变量声明必须放在变量使用之前,即先声明,后使用。

(6)变量存储类型包括自动型、寄存器型、外部型和静态型4种,说明符为auto、register、extern和static,当存储类型为auto时存储类型说明符可以省略。变量的存储类型将在后面章节详细介绍。

2.2.2.2 变量的初始化

例2.2中只声明了变量,以变量名为标识的存储空间中存放的是随机数,变量值不确定。

通常在程序中,当使用一个变量时需要赋予该变量一个确定的值。C语言允许在声明变量的同时给变量赋值即初始化变量,这个值为变量的初值。在变量声明中初始化赋值的一般格式为:

[变量存储类型说明符] 数据类型说明符 变量名1=值1[,变量名2=值2,……];

需要注意以下几点。

(1)允许在对变量进行类型声明的同时对需要初始化的变量赋初值。

(2)可以在一个数据类型说明符中声明多个同类型的变量,以及给多个变量初始化赋值。

(3)多个变量初始化赋值必须将其分别赋值,即使所赋的值相同也是如此。

【例 2.3】变量的声明及初始化。

```
#include<stdio. h>
void main()
{
  /*声明 c1 和 c2 为字符类型变量,c1 初始化值分别为字符'a''b'*/
    char c1='a',c2='b';
  /*声明 i,j 和 k 为基本整型变量,i 和 j 初始化值为 20*/
    int i=20,j=20,k;
  /*声明 f1 和 f2 为单精度类型变量,f1 初始化值为 3.6*/
  float f1=3.6,f2;
}
```

除了初始化赋值,给一个变量赋值,还可以通过 scanf()函数为其从键盘输入一个值,或者通过赋值表达式直接赋值。有关内容将在后面介绍。

2.2.2.3 变量的使用

在程序中使用变量,要考虑程序运行的环境和变量的取值范围,当变量的取值超出变量类型所规定的范围时,会出现错误的运算结果。

本节只介绍几种主要基本数据类型变量的使用。

(1)整型变量。根据整型数据的分类,整型变量也有基本整型、短整型、长整型、无符号基本整型、无符号短整型、无符号长整型 6 种。

【例 2.4】整型变量的定义与使用。

```
#include<stdio. h>
void main()
{
  int a=-10,b=20,c; //声明基本整型变量 a、b、c,并对 a,b 初始化
  unsigned k;      //声明无符号基本整型变量 k
  scanf("%u",&k);   //用 scanf()函数给 k 输入一个值
  c=a+b;       //将 a、b 的和赋值给 c
  printf("c=%d,k=%u\n",c,k);//用 printf()函数输出 c、k 的值
}
```

系统根据声明变量时所指定的数据类型为变量分配存储单元。使用整型变量时要注意它获取的值不要超过变量的取值范围。

【例 2.5】整型数据的溢出。

```
#include<stdio. h>
void main()
{
  short x=32767,y;
```

```
    y=x+1;
    printf("x=%d,y=%d\n",x,y);
}
```

程序运行结果如图 2-3 所示,从运行结果看到,所得到的 y 值是个错误结果。这是因为一个短整型变量所能表示数的范围是-32768~32767,将无法表示大于 32767 的数,这种情况叫溢出。而程序在运行过程中并没有报错。

C 语言比较灵活,但也会出现一些副作用,即系统不给出"出错信息"。这种情况要靠编程者的细心和经验来保证结果正确。这里如果将 y 改成取值范围大一些的类型,如 int 类型,就可以得到预期结果 32768。

```
x=32767,y=-32768
请按任意键继续. . .
```

图 2-3　例 2.5 运行结果

(2)实型变量。实型变量分为单精度实型和双精度实型,两者的区别在于精度即有效数字位数。任意两个整数之间都存在无穷个实数,由于存储空间的限制,计算机不能表示所有的值,并且往往只是实际值的近似值,因此使用实型变量时,可能会有误差。如果实型变量有效位数越多,与实际值就越接近,精确度越高。

【例 2.6】实型变量的有效位数。

```
#include<stdio.h>
void main()
{
    floata=33.3333333333;
    double b=12.12345678901234567 8;
    printf("a=%21.18f\n",a);
    /*格式符%21.18f,输出 a 时总长度 21 位,小数位数占 18 位*/
    printf("b=%21.18f\n",b);
}
```

在上面的程序中,a 被赋值了一个有效位数为 12 位的数字。但由于 a 是 float 类型的,所以 a 应该只能接收 6~7 位有效数字。b 是 double 类型的,所以 b 应该可以接收 15~16 位有效数字,程序运行结果如图 2-4 所示。

```
a=33.333332061767578000
b=12.123456789012346000
请按任意键继续. . .
```

图 2-4　例 2.6 运行结果

在 VC 中输出的结果里,a(33.33333)只有 7 位有效数字被正确显示出来,b

(12.12345678901234)有16位有效数字被正确显示,后面的数字是一些无效的数值。这表明 float 类型的数据只接收7位有效数字,double 类型的数据接收16位有效数字(在 VC2010 环境中)。

所以,在使用实型变量时应该注意以下两种情况:①实型常量没有加后缀 F(或 f)时,系统默认为 double 类型进行处理,具有较高精度,把该实型常量赋值给一个 float 类型的变量时,系统会截取相应的有效位数进行赋值。②应避免将很大的数和一个很小的数进行加减运算,否则会丢失"较小"的数(参见例2.7)。

【例2.7】实型数据的舍入误差。

```
#include<stdio.h>
void main()
{
  float   a=123456789.0,b;
  b=a+1;
  printf("a=%f\n",a);
  printf("b=%f\n",b);
}
```

上面程序运行结果如图2-5所示,从运行结果来看,a 和 b 的值都是 123456792.000000。这里产生误差的原因是 float 类型只能保证7位有效数字,给 a 赋值只能保证前7位是准确的,后面几位是无效数字,把1加在无效数字上了。

```
a=123456792.000000
b=123456792.000000
请按任意键继续. . .
```

图2-5　例2.7运行结果

(3)字符型变量。每个字符变量被分配一个字节的内存空间,可以存放一个字符,即字符变量的取值是一个字符常量。注意,在字符变量的内存单元中存储的不是字符本身的形状,而是该字符所对应的 ASCII 码值。因此,C 语言中可以把字符型数据作为整型数据进行处理。允许对整型变量赋予字符值,也允许对字符变量赋予整型值。在输出时,允许把字符变量按整型形式输出,也允许把整型数据按字符形式输出。但要注意,整型为4个字节,字符为1个字节,当整型按字符型量处理时,只有最低八位参与处理。

【例2.8】字符型变量示例。

```
#include <stdio.h>
void main()
{
  char a,b;
  a='x';
  b='y';
```

```
    a=a-32;
    b=b-32;
    printf("%c,%c\n%d,%d\n",a,b,a,b);
}
```

在上面的程序中,a、b 被声明为字符变量并赋予字符值,然后字符变量 a,b 分别都减去 32(C 语言允许字符变量参与数值运算,即用字符的 ASCII 码值参与运算。由于大小写字母的 ASCII 码值相差 32,因此运算后把小写字母换成大写字母),最后分别将 a,b 的值以整型和字符型输出。程序运行结果如图 2-6 所示。

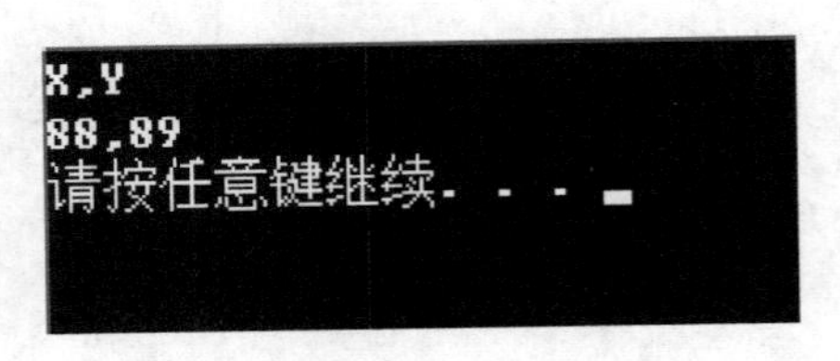

图 2-6　例 2.8 运行结果

2.3　运算符与表达式

在程序中对数据进行的各种处理操作,是通过运算符指定的。表达式则是通过运算符把数据对象组织起来生成新的值,该值与运算符的种类和数据对象的类型有关。

运算符:狭义的运算符是表示各种运算的符号。

表达式:使用运算符将常量、变量、函数连接起来,构成表达式。

2.3.1　运算符

C 语言运算符丰富,范围很宽,把除了控制语句和输入/输出以外的几乎所有的基本操作都作为运算符处理,所以 C 语言运算符可以看作是操作符。C 语言丰富的运算符构成了 C 语言丰富的表达式(是运算符就可以构成表达式)。运算符丰富,表达式丰富、灵活。

在 C 语言中除了提供一般高级语言的算术、关系、逻辑运算符外,还提供赋值运算符、位操作运算符、自增自减运算符等。甚至数组下标,函数调用都可作为运算符(参见附录 C)。

使用运算符需要注意以下几点。

第一,运算符的功能。如+、-、*、/运算符的功能分别为加、减、乘、除等算术运算。

第二,对操作数(即运算对象)的要求。

①操作数的个数。如果运算符需要两个运算对象参加运算,则称为双目运算符;如果运算符只需要一个运算对象,则称为单目运算符。

②操作数的数据类型。如,取模运算符要求参加运算的两个数据对象都是整型数据。

第三,运算符的优先级。如乘、除运算符的优先级高于加、减运算符的优先级,即在表达式运算中先运算乘(除),后计算加(减)。优先级有 15 级,1 级最高,15 级最低。当然,也可以用括号( )改变运算的优先级。

第四,运算的结合方向。从左至右或从右至左。如果一个操作数左右两侧有相同优先级别的运算符,则按结合方向顺序运算。

第五,运算结果。不同类型数据进行运算时,要进行数据类型的转换,这时要特别注意运算结果值的数据类型。

2.3.1.1 算术运算符

算术运算符是最常用的数值运算符。有 5 个基本算术运算符,如表 2-4 所示。

表 2-4 算术运算符

运算符	功能	运算符	功能
+	加法	/	除法
-	减法(或取负)	%	取模(求余数,表示两个整型数据相除后的余数,余数的符号与被除数相同)
*	乘法		

使用时应注意以下几点。

(1)对操作数的要求:-(取负)需要一个操作数,是单目运算,+、-(减)、*、/和%是双目运算;+、-、*和/均允许整型和实型运算对象,取模运算符%要求两个运算对象都是整型数据。

(2)优先级:从高到低为位于第 2 优先级的单目运算符-(取负),位于第 3 优先级的双目运算符 *、/和%,位于第 4 优先级的双目运算符+和-(减)。

(3)结合方向:单目运算符-(取负)从右至左,双目运算符+、-(减)、*、/、和%均从左至右。

(4)运算结果:+、-、*和/在运算对象都是整型时,结果为整型;当运算对象中有一个实型时,结果均为实型。除法运算符/尤其要注意这一点,两个整数相除,结果为整数,其值是截取商的整数部分,不允许四舍五入。

【例 2.9】除法运算符和取模运算符示例。

```
#include<stdio.h>
void main()
{
  int a,b,c,d;
  a=8/5; b=8/-5; c=-8/5; d=-8/-5;
  printf("a=%d,b=%d,c=%d,d=%d\n",a,b,c,d);
  a=8%5; b=8%-5; c=-8%5; d=-8%-5;
  printf("a=%d,b=%d,c=%d,d=%d\n",a,b,c,d);
}
```

程序运行结果如图 2-7 所示。

```
a=1,b=-1,c=-1,d=1
a=3,b=3,c=-3,d=-3
请按任意键继续. . .
```

图 2-7　例 2.9 运行结果

2.3.1.2　自增自减运算符

自增(++)和自减(--)运算符是两个特殊的单目运算符。它们可以改变操作数(变量)的值,++使操作数加 1,而--使操作数减 1。如 x++相当 x=x+1,x--相当于 x=x-1。

自增(++)和自减(--)运算符可以出现在操作数之前,称为前置;也可放在其后,称为后置。

操作数的前置和后置的运算结果是有区别的,如表 2-5 所示。

表 2-5　前置和后置运算

变量 x 初值	表达式	运算后 x 的值	运算后表达式的值
2	++x	3	3
2	x++	3	2
2	--x	1	1
2	x--	1	2

使用自增(++)和自减(--)运算符时应注意以下几点。

(1)对操作数的要求:由于自增和自减可以改变操作数自身的值,因此其运算对象只能是一个变量。整型、实型、字符型、指针类型变量均可作为其运算对象。

(2)优先级:位于第 2 优先级,高于双目算术运算符+、-、*、%。

(3)结合方向:从右至左。

(4)运算结果:要区分两个结果,一个是表达式的结果,一个是变量自身的结果。运算符前置时,表达式的值和变量的值一致;后置时两者的值不一致。

2.3.1.3　赋值运算符

在 C 语言里,符号"="不是表示数学上"相等"的含义,而是一个赋值运算符。其作用是将一个数据值赋给一个变量。

赋值运算符使用的一般形式为:

<变量><赋值运算符><表达式>

求解过程:将赋值运算符右侧的表达式的值赋给左侧的变量,同时整个赋值表达式的值就是刚才所赋的值。

赋值的含义:将赋值运算符右边的表达式的值存放到左边变量名标识的存储单元中。

使用赋值运算符时应注意以下几点。

(1)对操作数的要求：赋值运算符是双目运算，其左边的运算对象只能是单个变量，表示给该变量的存储空间赋值或修改该存储空间中的值。赋值运算符右边应该是一个能计算出确定的值的表达式（可以是常量、变量）。

(2)优先级：优先级较低，位于第14优先级，仅高于逗号运算符。

(3)结合方向：从右至左。在连续赋值时，按从右到左的顺序依次进行。例如“a=b=c=5;”先计算c=5，再计算b=(c=5)，最后计算a=(b=c=5)，变量a、b、c的值都是5。要注意的是，前面介绍的变量的初始化与连续赋值是有区别的，初始化每次只能对某个变量进行，如“int a=b=c=5;”这种初始化形式是错误的，必须对每个变量分开进行初始化。

(4)运算结果的类型：即左边变量的数据类型。当赋值运算符左右类型不一致时，需要进行类型转换，将右边的类型转换为左边的类型，这种转换是系统自动进行的。因此，赋值时要尽可能保证类型一致或左边类型存储长度大于右边字节数，否则可能会有数据丢失。转换原则是：先将赋值号右边表达式类型转换为左边变量的类型，然后赋值。

①将实型数据（单、双精度）赋给整型变量，舍弃实数的小数部分。

②将整型数据赋给单、双精度实型变量，数值不变，但以浮点数形式存储到变量中。

③将double型数据赋给float型变量时，截取其前面7位有效数字，存放到float变量的存储单元中。但应注意数值范围不能溢出。将float型数据赋给double型变量时，数值不变，有效位数扩展到16位。

④字符型数据赋给整型变量时，由于字符只占一个字节，而整型变量为4个字节，因此将字符数据放到整型变量低8位中。有以下两种情况。

如果所使用的系统将字符处理为无符号的量或对unsigned char型变量赋值，则将字符的8位放到整型变量的低8位，高位补0。

如果所使用的系统将字符处理为带符号的量（signed char）（在VC6.0中），若字符最高位为0，则整型变量高位补0；若字符最高位为1，则整型变量高位全补1。这称为符号扩展，这样做的目的是使数值保持不变。

⑤将一个int，short，long型数据赋给一个char型变量时，只是将其低8位原封不动地送到char型变量（即截断）。

⑥将带符号的存储空间少的整型数据（如short）赋给存储空间多的整型（如long型）变量时，要进行符号扩展。如在VC6.0中，将short型数的16位送到long型低16位中，如果short型数值为正，则long型变量的高16位补0，如果short型数值为负，则long型变量的高16位补1，以保证数值不变。反之，若将一个long型数据赋给一个short型变量，只将long型数据中低16位原封不动地送到整型变量（即截断）。

⑦将unsigned short型数据赋给long int型变量时，不存在符号扩展问题，只要将高位补0即可。将一个unsigned类型数据赋给一个占字节相同的整型变量，将unsigned型变量的内容原样送至非unsigned型变量中，如果数据范围超过相应整数的范围，则会出现数据错误。

⑧将非unsigned型数据赋给长度相同的unsigned型变量，也是原样照赋。

总之，不同类型的整型数据间的赋值归根到底就是：按照存储单元的存储形式直接传送（由长型整数赋值给短型整数，截断直接传送；由短型整数赋值给长型整数，低位直接传送，高位根据低位整数的符号进行符号扩展）。

C 语言的赋值符号“=”除了表示一个赋值操作外,还是一个运算符,也就是说赋值运算符完成赋值操作后,整个赋值表达式还会产生一个所赋的值,这个值还可以利用。

例如,分析 x=y=z=3+5 这个表达式。根据优先级和结合性,原式等价于 x=(y=(z=(3+5)));先计算 3+5,得值 8 赋值给变量 z,z 的值为 8,将上面 (z=3+5)整个赋值表达式值 8 赋值给变量 y,y 的值为 8,将上面(y=(z=3+5))整个赋值表达式值 8 赋值给变量 x,整个表达式 x=(y=(z=3+5))的值为 8,最后,x,y,z 都等于 8。

C 语言将赋值表达式作为表达式的一种,使赋值操作不仅可以出现在赋值语句中,而且可以以表达式的形式出现在其他语句中。

除了简单赋值运算,赋值运算符还可同算术运算符和位运算符组成复合赋值运算符。共 10 种:+=,-=,*=,/=,%=,<<=,>>=,&=,|=,^=。其中后 5 种是有关位运算的。

复合赋值运算符的优先级与赋值运算符的优先级相同,且结合方向也一致。

复合赋值运算符使用一般形式为:

<变量><双目运算符>=<表达式>

等价于

<变量>=<变量><双目运算符><表达式>

例如

n+=1 等价于 n=n+1

x*=y+1 等价于 x=x*(y+1)

k>>=i+k 等价于 k=k>>(i+k)

注意,使用复合赋值运算符时,其右边的表达式应看作一个整体,这一点很重要。

2.3.1.4 关系运算符

在程序中经常需要比较两个量的大小,以决定程序下一步的执行过程。关系运算的功能就是比较两个运算对象的大小关系。如果描述的大小关系成立,结果为“真”,用“1”表示;不成立则结果为“假”,用“0”来表示。

C 语言提供了 6 种关系运算符:小于(<)、小于等于(<=)、大于(>)、大于等于(>=)、等于(==)、不等于(!=)。关系运算符都是双目运算符,其结合性均为左结合性。

例如:已声明变量 int a=1,b=2,c=3,d=4;则

(1)表达式:a+b>c+d

①先计算:a+b=3,c+d=7。

②比较:a+b>c-d,则 3>7 不成立。

结果为:假,表达式的值为 0。

(2)表达式:a<=2*b

①先计算:a 为 1,2*b 为 2*2 为 4。

②比较:a<=2*b,则 1<=4 成立。

结果为:真,表达式的值为 1。

(3)表达式:‘a’<‘d’

①字符‘a’的 ASCII 码值为 97,字符‘d’的 ASCII 值为 100。

②比较:‘a’<‘d’,则 97<100 成立。

结果为:真,表达式的值为1。

(4)表达式:a!=(c==d)

①先计算:c=3,d=4。

②比较:c==d,则3==4不成立。

③表达式(c==d)的结果为假,值为0。

④a=1,(c==d)为0。

⑤比较:a!=(c==d),则1!=0成立。

结果为:真,表达式的值为1

使用关系运算符时应注意以下几点。

第一,对操作数的要求:6种关系运算符均为双目运算。两个运算对象类型可以一致,也可以不一致,类型不一致时,系统会自动转换为同一种类型,再进行比较。

第二,优先级:所有关系运算符优先级均低于算术运算符。而其中表示大小关系比较的运算符(<、<=、>和>=)位于第6优先级,高于第7优先级的表示相等和不相等关系的运算符(==和!=)。

第三,结合方向:从左至右。

第四,运算结果:整型,并且只有两种可能值(数值1、0分别表示真和假)。

2.3.1.5 逻辑运算符

在程序设计中,有时要求一些条件同时成立,有时只要求其中一个条件成立即可,这就要用到逻辑运算符。C语言提供了3种逻辑运算符,表2-6所示为逻辑运算具体的真值表。

&&:逻辑与,双目运算符,两个运算对象同时为真时,运算结果才为真,否则为假。

||:逻辑或,双目运算符,两个运算对象任意一个为真时,运算结果就为真,同时为假时结果为假。

!:逻辑非,单目运算符,对运算对象的值取反,运算对象为真结果为假,运算对象为假结果为真。

表2-6 逻辑运算真值表

a	b	!a	a&&b	a||b
真	真	假	真	真
真	假	假	假	真
假	真	真	假	真
假	假	真	假	假

使用逻辑运算符时应注意以下几点。

(1)对操作数的要求:任何类型的值都可以作为逻辑运算的对象,不同类型的运算对象也可以混合运算。逻辑运算只对运算对象以0和非0值来区分,所有非0的运算对象都看作真,值为0的运算对象则看作假。

(2)优先级:单目运算符逻辑非(!)位于第2优先级,其余逻辑运算符优先级均低于关

系运算符。而其中逻辑与(&&)位于第 11 优先级,高于第 12 优先级的逻辑或(||)。

(3)结合方向:从左至右。

(4)运算结果:整型,并且只有两种可能值(数值 1、0 分别表示真和假)。

从逻辑运算真值表可以看出,逻辑与、逻辑或有如下特点。

第一,a&&b:当 a 为 0 时,不管 b 为何值,结果均为 0。

第二,a||b:当 a 为 1 时,不管 b 为何值,结果均为 1。

C 语言规定在进行逻辑与运算时,如果左边运算对象为 0,则不需计算右边的运算对象,直接判断逻辑运算的结果为 0;而进行逻辑或运算时,如果左边运算对象为 1,则不需计算右边的运算对象,直接判断逻辑运算的结果为 1。

就是说逻辑与、逻辑或这两个运算符有很特别的“短路”功能,即不管进行单个还是连续的逻辑运算时,都严格按照从左到右的方向,当根据左边的运算对象已经能判断整个逻辑表达式的结果时,则不再计算右边的运算对象。

2.3.1.6 逗号运算符

在 C 语言中,逗号除了作为分隔符使用以外,还可以作为一种运算符使用。可以用它将两个或更多个表达式连接起来,使用形式为:

表达式 1,表达式 2,…,表达式 n

求解过程:从左至右依次执行每个子表达式,先求表达式 1 的值,再求表达式 2 的值,……,最后求解表达式 n 的值。表达式 n 的值为整个逗号表达式的值。

注意,使用逗号时应分清究竟是作为运算符还是分隔符。主要根据逗号在程序中所出现的位置来判断:如果出现在表达式中则是运算符,如果出现在变量的声明或函数参数表中则是分隔符。

例如:逗号表达式 3+5,6+8 的值为 14。

使用逗号运算符时应注意以下几点。

(1)对操作数的要求:两个或者更多任何类型的子表达式。

(2)优先级:优先级最低,位于第 15 优先级。

(3)结合方向:从左至右。

(4)运算结果:最后一个子表达式的值作为整个逗号表达式的结果。注意这并不代表只需要执行最后一个子表达式,前面所有的子表达式都必须按从左至右的顺序执行一遍。

逗号表达式主要用于将若干表达式“串联”起来,表示一个顺序的操作(计算),在许多情况下,使用逗号表达式的目的只是想分别得到各个表达式的值,而并非一定需要得到和使用整个逗号表达式的值。

2.3.1.7 条件运算符

条件运算符是三目运算符,由两个符号“?:”组成,需要 3 个运算对象。使用形式为:

表达式 1? 表达式 2:表达式 3

求解过程:首先求解表达式 1 的值,若表达式 1 的值为真(非 0),则执行表达式 2,其结果作为整个条件表达式的值,否则执行表达式 3,其结果作为整个条件表达式的值。

【例 2.10】条件运算符示例。

```
#include<stdio.h>
```

```
void main()
{
  int a=2,b=1,m=6,n=6,x;
  x=a>b? (m=0):(n=0);
  printf("x=%d,m=%d,n=%d\n",x,m,n);
}
```

程序运行结果为 x=0,m=0,n=6。在上面的程序中,因为表达式 a>b 为真,执行表达式(m=0),m 被重新赋值为 0,表达式(n=0)没被执行,n 依然是原来的值 6。整个条件表达式的值取表达式(m=0)的值 0。

使用条件运算符时应注意以下几点。

(1)对操作数的要求:可以是 3 个任意类型的表达式。其中表达式 1 表示条件,虽然通常是条件表达式或逻辑表达式,但其他类型的表达式也可以,只要看它的值是 0 还是非 0。

(2)优先级:优先级高于赋值运算符,位于第 13 优先级。

(3)结合方向:从右至左。条件运算符嵌套使用时,根据结合方向按从右至左的顺序依次计算。

假设有定义 int a=5,b=9,c=6,max; 表达式 max=a>b? a:b>c? b:c 如何求解?因为条件运算符优先级高于赋值运算符,相当于右侧条件表达式的值赋给左侧变量,即 max=(a>b? a:b>c? b:c),表达式 a>b? a:b>c? b:c 按从右至左的结合方向,先计算 b>c? b:c,因为 b>c 为真,结果取 c 的值 9,再计算 a>b? a:9,因为 a>b 为假,结果为 9,则 max 的值为 9,整个表达式的值也为 9。

(4)运算结果:由表达式 1 的真与假决定是表达式 2 还是表达式 3 作为整个条件表达式的结果。

2.3.1.8 其他运算符

(1) sizeof()运算符,单目运算,第 2 优先级,结合方向是从右至左,该运算符的功能是计算数据类型所占的字节数。使用形式:

sizeof(变量名|数据类型标识符|表达式)

如有定义 int a=5;则 sizeof(a)的值为 4。

(2)()运算符,第 1 优先级,结合方向是从左至右,该运算符的功能是用来改变表达式中其他运算符计算的优先顺序。另外()也可用于表示函数参数列表。

(3)[]运算符,第 1 优先级,结合方向是从左至右。该运算符的功能是表示数组元素下标,具体使用将在第 5 章数组中介绍。

(4)& 运算符,取地址运算符,第 2 优先级,结合方向是从右至左。在程序运行时,所有的程序和数据都存放在内存中。内存是以字节为单位的连续的存储空间,每个内存单元都有一个编号,这个编号称为内存地址。每个变量都有自己的内存地址,可以使用 & 运算符获取该地址。运算符 & 只能用于普通变量,不能用于表达式或常量。

(5) * 运算符,指针运算符,第 2 优先级,结合方向是从右至左。该运算符的功能是取指针(地址)所对应的存储单元的内容,具体使用将在第 6 章指针中使用。

(6)(类型说明符),强制类型转换运算符,第 2 优先级,结合方向是从右至左。该运算符的功能是将运算对象转换为括号中说明的类型。

(7)->运算符,第1优先级,结合方向是从左至右。该运算符的功能是通过结构指针引用结构体成员,具体使用将在第7章结构体与共用体中介绍。

(8). 运算符,第1优先级,结合方向是从左至右。该运算符的功能是通过结构变量引用结构体成员,具体使用将在第7章结构体与共用体中介绍。

2.3.2 表达式

运算符提供了对数据的最基本操作,这些基本操作可以组合生成更复杂的数据处理,即表达式。表达式由运算符与数据对象组合而成。由于运算符的种类很多,对应的表达式也有很多种,比如算术表达式、关系表达式、逻辑表达式和赋值表达式等。数据对象可以是多种类型的常量、变量、函数,也可以是表达式,从而组合成更复杂的表达式。

表达式运算后只会产生一个结果,该结果是具有某种数据类型的数值。表达式的值同运算符的种类和运算对象的类型有关。

当表达式中包含多个运算符时,运算的执行顺序对表达式的值有相当重要的影响。

C语言中,运算符执行顺序通常由运算符的优先级和结合方向控制。

优先级较高的运算符先于优先级较低的执行,如生活中常说的先乘除后加减。结合方向则控制具有相同优先级的多个运算符的执行顺序,如表达式3*4/5,*与/优先级相同,将按结合方向从左至右进行运算,计算结果为2,而不是0。

2.3.3 类型转换

表达式的值除了数值大小,还有数据类型。在表达式的计算过程中,不同数据类型进行混合运算时需要进行类型转换。

C语言提供了3种类型转换方式:自动类型转换、强制类型转换和赋值类型转换。

2.3.3.1 自动类型转换

表达式中不同类型的运算对象,先向其中数据类型长度较长的运算对象进行类型转换,然后再进行同类型运算,整个表达式的类型为表达式中的数据类型长度最长的运算对象类型。这种转换由编译器自动完成,称为自动类型转换,也称隐式类型转换。转换是按数据长度较长的方向进行,目的是防止计算过程中数据被截断,保证计算结果的精度。

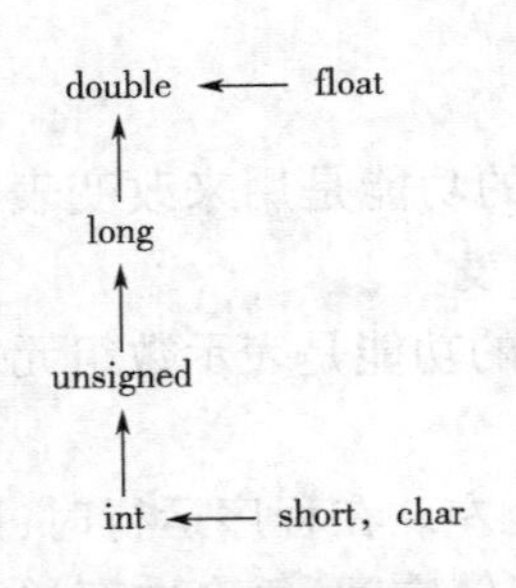

图2-8 自动类型转换规则

转换规则如图2-8所示,其中水平方向上的转换是必须进行的,即所有的float类型数据都是转换成double类型以后进行运算的;水平方向转换后,如果仍有不同类型,则按纵向箭头方向标识的方向进行转换。

2.3.3.2 强制类型转换

强制类型转换也称显式转换,是用强制类型转换运算符将运算对象转换为需要的数据类型。使用形式为:

(目标类型说明符)表达式

例如,设 folat x=7.5;则 x%3 显然不符合要求,因为只能对整型数据进行取余运算,所以需要用到强制类型转换,(int)x%3 即 7%3。

2.3.3.3 赋值类型转换

在赋值运算符中已经提到过,当赋值运算符左右类型不一致时,需要进行类型转换,将右边的类型转换为左边的类型,这种转换是系统自动进行的,遵循转换规则。

注意,无论上述 3 种类型转换属于哪一种转换方式,都不改变被转换数据原来的类型和数值。在表达式计算过程中,为了满足当前需要,只是对数据进行暂时的转换,生成一个临时的值,并不影响原数据。

2.4 标准输入/输出

用户需要把计算机要处理的数据输入到计算机中,而计算机也要将数据的处理结果按人能识别的方式输出。C 语言程序中数据的输入输出由库函数实现,使用前要用预处理命令#include 将对应的头文件包含到文件中。

这里只介绍几种基本的输入输出函数,要用到的头文件是 stdio.h。文件开头应有预处理命令:

#include <stdio.h>或#include "stdio.h"

2.4.1 printf()函数

printf()函数称为格式化输出函数,它能够按用户指定的格式输出多种类型的数据,其使用形式为:

printf("格式控制字符串",输出列表);

其中格式控制字符串用来指定输出格式,由格式字符串和非格式字符串组成。输出列表是要输出的各个数据对象。

格式字符串是以%开头的字符串,在%后面跟有各种格式字符,用来说明输出数据的类型、形式、长度、小数位数等。如"%d"表示按十进制整型输出,"%ld"表示按十进制长整型输出,"%c"表示按字符型输出等。

格式字符串和输出列表中的各个输出项在个数和类型上要求按顺序一一对应。输出项可以是常量、变量或表达式。

输出时,格式控制字符串中的非格式字符按原样显示,主要起提示作用。格式字符串中的位置显示对应的输出项的值。

格式控制字符串中的非格式符可以是普通字符,也可以是转义字符,实际上格式控制字符串由以下 3 部分组成。

第一,普通字符:输出时按原样输出,用于输出提示信息。

第二,转义字符:无法用单个字符描述的一些特定操作,如\n(换行)、\t(跳到下一个水平制表位)等。

第三,格式说明符:由%加格式字符串组成,表示按规定的格式输出数据。

"%格式字符"是最简洁的格式说明,通过格式字符用来指定数据输出的类型。具体字符和含义如表 2-7 所示。

表 2-7 格式字符及含义

格式字符	含 义
d	以十进制形式输出带符号整数(默认正数不输出符号)
o	以八进制形式输出无符号整数(默认不输出前缀 0)
x 或 X	以十六进制形式输出无符号整数(默认不输出前缀 0x)
u	以十进制形式输出无符号整数
f	以小数形式输出单、双精度实数
e 或 E	以指数形式输出单、双精度实数
g 或 G	以%f 或%e 中输出宽度较短的形式输出单、双精度实数
c	输出单个字符
s	输出字符串

完整的格式说明部分还可以加入一些修饰符,形式为:

%[标志]域宽. 精度[长度]格式字符

其中[ ]为可选项,各项说明如下。

(1)标志:可使用-、+、空格、#和 0 共 5 种标志字符,具体含义如表 2-8 所示。

表 2-8 标志字符及含义

标志字符	含 义
-	结果左对齐,数据长度小于域宽时右边补充空格
+	输出符号(正号或负号)
空格	空格输出值为正数且没有输出正号时冠以空格
#	只对部分类型格式字符有影响;对 o 类,在输出时加前缀 0;对 X 类,在输出时加前缀 0x;对 e, g,f 类当结果有小数时才显示出小数点
0	数据长度小于域宽时,不足位数用 0 补充

(2)域宽:指定数据显示在输出设备上所占的总宽度。若数据的实际位数多于指定宽度,则按实际位数输出;若实际位数少于指定宽度,则数据通常会在指定宽度内右对齐,不足部分以空格(或指定以 0)补齐。

(3)精度:精度格式符以“.”开头,后跟十进制整数。用来指定数据输出的精度,其意义是:如果输出值为整数,则表示可以输出数字的最少个数,若整数位数少于指定精度就在整数前面加 0,补齐指定的最小数字个数;如果输出值为实数,则表示小数的位数,默认为 6 位;如果输出的是字符串,则表示输出字符的个数。注意,若实际位数大于所定义的精度数,则截去超过的部分,若是实数会对小数部分四舍五入。

(4)长度:长度格式符为 h,l 两种,h 表示按短整型输出,l 表示按长整型输出。

【例 2.11】格式输出示例。

```
#include <stdio. h>
void main( )
{
   int a=123;
   float b=123. 1234567;
   double c=12345678. 1234567;
   char ch='f';
printf("a=%d,%8. 5d,%08d,%o,%#x\n",a,a,a,a,a,a);
   printf("b=%f,%-10. 3f,%e,%g\n",b,b,b,b);
   printf("c=%f,%8. 4f,%g\n",c,c,c);
printf("ch=%c,%8c\n",ch,ch);
   printf("%s,%. 4s\n","abcdef","abcdef");
}
```

程序运行结果如图 2-9 所示。

```
a=123,    00123,00000123,173,0x7b
b=123.123459,123.123    ,1.231235e+002,123.123
c=12345678.123457,12345678.1235,1.23457e+007
ch=f,        f
abcdef,abcd
请按任意键继续. . .
```

图 2-9　例 2.11 的运行结果

注意,使用 printf( )函数时输出顺序是从左到右,但是输出列表中的各输出项的求值顺序,不同的编译器不一定相同,有的从左到右,也有的从右到左。VC 是按从右到左进行的。

2.4.2　scanf( )函数

scanf( )函数称为格式化输入函数,即按用户指定的格式从键盘上把数据输入到指定的变量中。scanf( )函数也是给变量赋值的一种方式,其使用形式为:

scanf("格式控制字符串",地址列表);

其中格式控制字符串用来指定数据的输入格式,由格式字符串和非格式字符串组成。地址列表是需要读入数据的各变量的地址,地址可以通过 & 运算符取得,如 &a 表示 a 的地址。与 printf( )函数一样,格式字符与输入数据在个数和类型上也要按顺序对应。在输入时,格式控制字符串中的非格式字符部分要按原样输入,格式字符的位置则输入与之对应类型的数据。

scanf()函数格式控制字符串中的非格式字符串是普通字符序列。而格式字符串由%和格式字符组成,还可以加入一些可选项,一般形式为:

%[*][输入数据宽度][长度]格式字符

其中有方括号[]项即为可选项,各项说明如下。

(1)格式字符:指定输入数据的类型,具体字符和含义如表 2-9 所示。

表 2-9 格式字符和含义

格式字符	含义(输入类型)
d	输入十进制整数
o	输入八进制整数(可以以 0 开头,也可以不以 0 开头)
u	输入无符号十进制整数
x	输入十六进制整数(可以以 0x 或 0X 开头,也可以不以此开头)
f、e、g	输入实数(用小数形式或指数形式,符号和小数部分可选)
c	输入单个字符(输入时不加单引号)
s	输入字符串(输入时不加双引号)

(2) *:表示该输入项读入后不赋予相应的变量,即跳过该输入值。

例如, scanf("%d% * d%d",&a,&b);

当输入为:1 2 3 时,把 1 赋予 a,2 被跳过,3 赋予 b。

(3)输入宽度:用十进制整数指定输入的宽度(即字符数)。

例如,scanf("%5d",&a);

输入:12315678,只截取前 5 位 12345 赋予变量 a。

又如:

scanf("%4d%4d",&a,&b);

输入:12345678,将把 1234 赋予 a,而 5678 赋予 b。

(4)长度:长度格式符为 l 和 h,l 表示输入长整型数据(如%ld)和双精度实型数(如%lf)。h 表示输入短整型数据。

使用 scanf()函数容易与 printf()函数混淆,必须注意以下几个方面的问题。

①scanf()函数中没有精度控制。例如,scanf("%5. 2f",&a);是非法的。不能企图用此语句输入小数为 2 位的实数。

②scanf()函数中要求给出变量地址,如给出变量名则不会正确赋值。

例如,scanf("%d",a);是错误的,应改为 scanf("%d",&a);。

③在输入多个数值数据时,若格式控制串中没有非格式字符作输入数据之间的间隔则可用空格、TAB 或回车作间隔。在遇到空格、TAB、回车或非法数据(如对"%d"输入"12A"时,A 即为非法数据)时即认为该数据结束。

④在输入字符数据时,若格式控制串中无非格式字符,则认为所有输入的字符均为有效

字符。例如,scanf("%c%c%c",&a,&b,&c);

当输入为:d e f(即 d 空格 e 空格 f)时,则把'd'赋予 a,' '(空格)赋予 b,'e'赋予 c。

只有当输入为:def 时,才能把'd'赋予 a,'e'赋予 b,'f'赋予 c。

如果在格式控制中加入空格作为间隔,如 scanf("%c %c %c",&a,&b,&c);则输入时各数据之间可加空格作为间隔。

⑤scanf()函数不显示提示信息,如果格式控制串中有非格式字符则输入时也要输入该非格式字符,例如:

```
int a,b;
scanf("a=%d,b=%d",&a,&b);
```

若需要分别将 10 和 20 输入 a 和 b,则用户需要输入:

a=10,b=20

因此,在使用 scanf()函数时应少用或不用非格式字符,避免增加输入时的字符输入量。需要显示的提示信息应使用 printf()函数来完成。

2.4.3 其他输入输出函数

除了 scanf()和 printf()函数,在头文件"stdio.h"中还声明了其他的输入和输出函数。

putchar 函数用于输出单个字符,如:

putchar(ch);

每次调用 getchar 函数时,它会读入一个字符并将其返回。为了保存这个字符,必须使用赋值操作将其存储到变量中,如:

ch=getchar();

表 2-10 列出了一些常用的字符和字符串输入输出函数。

表 2-10 常用的字符和字符串输入输出函数

函数	功能	举例
getchar()	从标准输入设备(键盘)中读入并返回一个字符	char ch; ch=getchar();

putchar(字符常量或变量)	向标准输出设备中输出一个字符	char ch;
		ch='a';
		putchar(ch);
		putchar('A');

gets(字符数组名或字符串指针)	从标准输入设备(键盘)中读取字符串存到缓冲区中,直到回车结束,但回车不属于这个字符串,系统自动用'\0'代替最后的换行符	char str[30]; gets(str);

puts(字符数组名或字符串指针)	向标准输出设备输出字符串	char str[30];
		gets(str);
		puts(str);

2.5 数学函数

C语言标准库中为程序设计者提供一组预先设计并编译好的函数来实现各种常用的功能,如常用数学计算、字符串操作、字符操作、输入/输出、错误检查等。这些函数被组织在函数库中,称为库函数。这里先简单介绍常用数学函数的用法。

2.5.1 常用数学函数

C语言标准库中数学函数对应的头文件是“math. h”,使用前在文件开头应有预处理命令:

#include <math. h>

或

#include“math. h”

表2-11列出了一些常用的数学函数,使用时要注意它们的括号中参数的个数和类型,以及返回值即函数计算结果的类型。这些函数都带有一个或两个double类型的参数,并得到一个double类型的返回值。

表2-11 常用数学函数

函数	功能	举例
sqrt(x)	计算x的平方根	sqrt(16.0)的值为4
fabx(x)	求x的绝对值	若x>=0,则fabs(x)为x 若x<0,则fabs(x)为-x
pow(x,y)	计算x的y次方	pow(2,4)的值为16.0
exp(x)	计算e的x次方	exp(1.0)的值为2.718282
ln(x)	计算x的自然对数(以e为底)	ln(2.718282)的值为1.0
log10(x)	计算x的对数(以10为底)	log10(10.0)的值为1.0
ceil(x)	求不小于x的最小整数	ceil(9.8)的值为10.0 ceil(-9.8)的值为-9.0
floor(x)	求不大于x的最大整数	floor(9.8)的值为9.0 floor(-9.8)的值为-10.0
sin(x)	计算x的三角正弦值(x用弧度表示)	sin(0.0)的值为0.0
cos(x)	计算x的三角余弦值(x用弧度表示)	cos(0.0)的值为1.0
tan(x)	计算x的三角正切值(x用弧度表示)	tan(0.0)的值为0.0

2.5.2 随机数发生器函数

在计算机中并没有真正的随机数发生器,但是可以使产生的数字重复率很低,像是真正的随机数,叫伪随机数发生器。本节介绍一下 C 语言库函数里提供的随机数发生器的用法,即 rand( )和 srand( )函数,对应的头文件为“stdlib. h”。

在程序中调用 rand( )函数会产生一个随机数值,范围在 0 至 RAND_MAX 间,RAND_MAX 是个预定义在头文件“stdlib. h”中的符号常量,其值为 2147483647。其实 rand( )所产生的随机数并不是真正的随机数,但是可以使产生的数字重复率很低,像是真正的随机数,叫伪随机数。

反复调用函数 rand( )所产生的一系列数似乎是随机的,但每次执行程序所产生的序列是重复的。为了在每次执行程序时产生不同的随机数序列,使产生随机数的过程“随机化”,可由 srand( )函数生成随机数种子。

通常在调用 rand( )函数产生随机数前,先利用 srand( )函数设好随机数种子,srand( )函数用 unsigned 类型的整数作参数并为 rand( )设置产生随机数时的随机数种子。如果未设随机数种子,rand( )在调用时会自动设随机数种子为 1。如果每次都设相同值,rand( )所产生的随机数值每次就会一样。

其工作过程如下。

(1)首先给 srand( )函数提供一个种子,它是一个 unsigned int 类型,其取值范围从 0~65535。

(2)然后调用 rand( ),它会根据提供给 srand( )函数的种子值返回一个随机数。

(3)根据需要多次调用 rand( ),从而不间断地得到新的随机数。

(4)无论什么时候,都可以给 srand( )提供一个新的种子,从而进一步“随机化”rand( )的输出结果。

【例 2.12】产生 1~6 之间的随机数。

```
#include<stdio. h>
#include<stdlib. h>
void main( )
{
  int i;
  unsigned seed;
  printf(“please input seed:”);
  scanf(“%u”,&seed);
  srand(seed);
  for(i=0;i<10;i++)
  printf(“%3d”,1+rand( )%6);
  printf(“\n”);
}
```

输入 100 时,程序运行结果如图 2-10 所示。

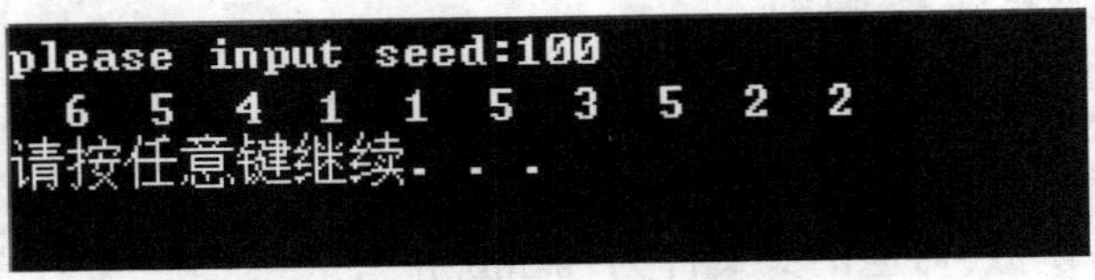

```
please input seed:100
 6 5 4 1 1 5 3 5 2 2
请按任意键继续. . .
```

图 2-10　例 2.12 的运行结果

输入 234 时,程序运行结果如图 2-11 所示。

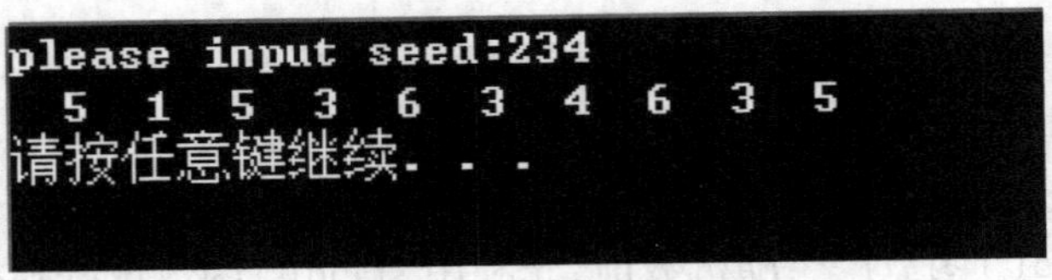

```
please input seed:234
 5 1 5 3 6 3 4 6 3 5
请按任意键继续. . .
```

图 2-11　例 2.12 的运行结果

通过上面多次执行程序可以发现,提供不同的随机数种子,程序就会产生不同的随机数序列。

如果不想每次都通过键盘输入随机数种子来完成随机化,可以使用语句

srand(time(null))

time()函数所对应的头文件是"time.h",该函数返回以秒计算的当前时间值,该值被转换为无符号整数可作为随机数发生器的种子。

2.6　案例应用

任务描述:完成简单的字符画输出程序。

在 VC++ 2010 集成环境中输入如下程序并进行编辑、运行和保存。

```
#include<stdio.h>
void main()
{
  char a,b,c,d,s;
  a=b=c=d=' ';//用空格为各字符变量赋值
  printf("请选择一个数字(1,2 或其他数字)你会看到不一样的结果呵! \n");
  scanf("%c",&s);
  b=(s=='1')?'*':' ';
  c=(s=='1')?'*':'@';
  d=(s=='2')?'@':' ';
  if(s!='1'&&s!='2')
  a=b=c=d='.';
```

```
    printf("\n\n");
    printf("\t\t%c%c%c%c%c%c%c%c%c\n",a,b,b,b,d,b,b,b,a);
    printf("\t\t%c%c%c%c%c%c%c%c%c\n",b,b,b,c,c,c,b,b,b);
    printf("\t\t%c%c%c%c%c%c%c%c%c\n",b,b,c,c,c,c,c,b,b);
    printf("\t\t%c%c%c%c%c%c%c%c%c\n",a,c,c,c,c,c,c,c,a);
    printf("\t\t%c%c%c%c%c%c%c%c%c\n",a,a,c,c,c,c,c,a,a);
    printf("\t\t%c%c%c%c%c%c%c%c%c\n",a,a,a,c,c,c,a,a,a);
    printf("\t\t%c%c%c%c%c%c%c%c%c\n",a,a,a,a,c,a,a,a,a);
    printf("\n\n");
    getchar();
}
```

程序中由多个字符变量组成显示方块,由于变量值的不同,则能显示由字符变量控制的图形,这就是所谓的字符画。

以上的程序运行结果如图 2-12 至图 2-14 所示。

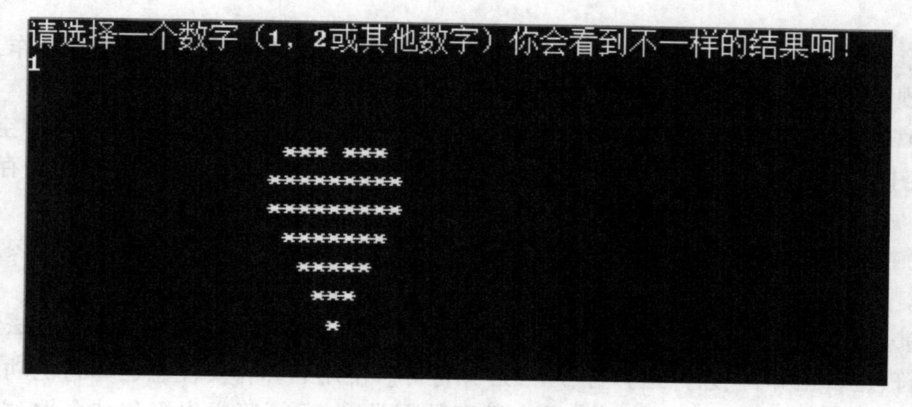

图 2-12　输入数字 1 的图形

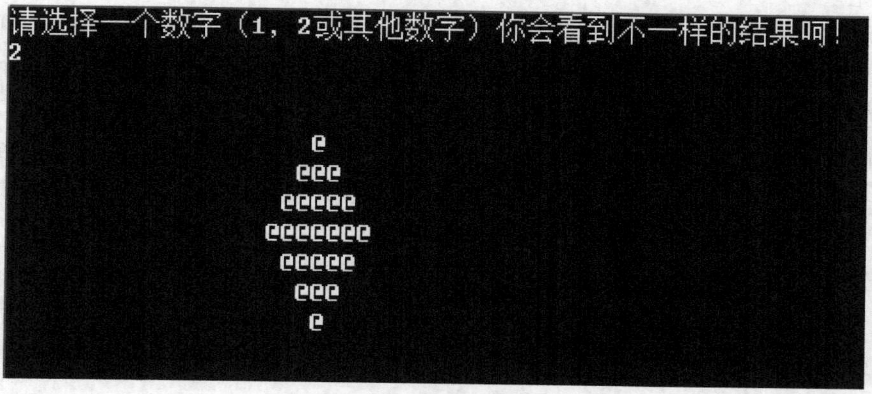

请选择一个数字（1，2或其他数字）你会看到不一样的结果呵！
2

图 2-13　输入数字 2 的图形

图 2-14　输入其他数字的图形

本章小结

本章介绍了 C 语言的数据类型,常量与变量的概念,运算符对数据的基本操作,表达式的求值规则,以及数据的基本输入与输出。

(1)C 语言的数据类型十分丰富,可分为基本数据类型、构造类型、指针类型和空类型四大类,其中常用的基本数据类型有整型、实型和字符型。不同类型数据的处理和存储也不相同。

(2)在程序运行的过程中,有些数据对象的值会发生变化,称之为变量。变量要先声明,后使用。数值始终保持不变的数据对象称为常量,常量包括直接常量和符号常量。

(3)对数据的处理是由运算符的操作实现的。运算符包括算术运算符、赋值运算符、关系运算符、逻辑运算符、条件运算符、逗号运算符等。使用运算符要注意运算符的功能、运算符与运算对象的关系、要求运算对象的个数和数据类型、运算符优先级和结合性,以及运算结果的类型。

(4)运算符和数据对象组合成表达式,表达式的值的类型和大小同运算符的种类和数据对象的类型有关。表达式的求值按运算符的优先级和结合方向所规定的顺序进行。优先级共 15 级,1 级最高,15 级最低。

(5)混合运算时,不同类型的数据需要先转换成同一数据类型,然后再进行运算。有 3 种类型转换方式:自动类型转换、强制类型转换和赋值类型转换。自动类型转换时是按数据存储长度较长的类型方向转换的。

(6)C 语言中的输入输出都是由标准库函数中的输入输出函数来实现的。scanf()是格式输入函数,可按指定的格式输入任意类型数据;printf()是格式输出函数,可按指定的格式显示任意类型的数据。

习 题

1. 编写程序，测试以下类型在内存中所占字节数：char、int、unsinged、short、long、float、double、long double，输出时要求给出含义明确的提示信息。

2. 编写程序，定义 int 型变量 a，float 型变量 b，double 型变量 c，分别用 3 种不同的方式获取 3 个变量的值并输出，输入前和输出时要求给出含义明确的提示信息。

3. 编写程序，计算球的体积（$V=\frac{3}{4}\pi r^3$），要求半径要通过键盘输入，π 的值定义为符号常量 PI，输出结果保留两位小数，输入前和输出时要求给出含义明确的提示信息。

3　程序控制结构

从程序流程的角度来看，C 程序可分为 3 种基本结构，即顺序结构、选择结构和循环结构，这 3 种基本结构可以组成所有的各种复杂结构，C 语言提供了多种语句来实现这些程序结构。

本章主要介绍程序的顺序结构、选择结构、循环结构这 3 种基本结构，以及结构化程序设计思想、方法。

通过本章的学习，读者应掌握 C 语言的基本语句、选择语句、循环语句的用法，以及结构化程序设计方法。

3.1　程序的基本结构

人们从程序设计实践中总结出程序的 3 种基本结构，即顺序结构、选择结构、循环结构。

顺序结构：顺序结构的执行方式是按语句的先后顺序逐条执行，如图 3-1(a)所示。

选择结构：选择结构的执行方式是按照条件逻辑是否成立有选择地执行不同的语句，如图 3-1(b)所示。执行顺序为：如果逻辑表达式成立(用 T 表示)，则执行语句 1；如果逻辑表达式不成立(用 F 表示)，则执行语句 2。可以看出，根据不同的逻辑表达式结果，有选择地执行不同的语句。

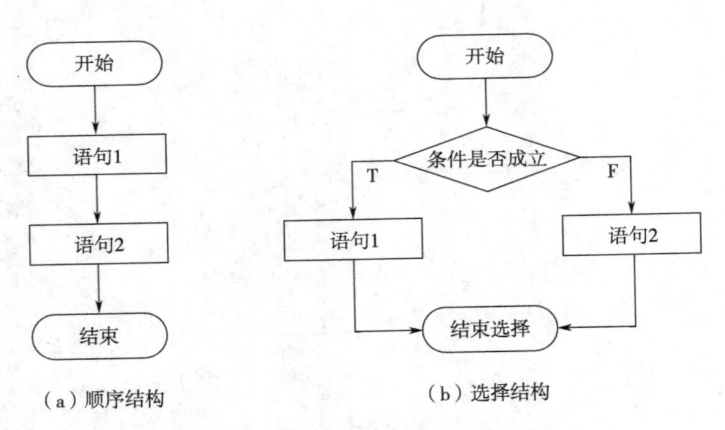

(a) 顺序结构　　(b) 选择结构

图 3-1　顺序结构和选择结构的流程图

循环结构：循环结构的执行方式是根据某项条件重复地执行某项任务若干次直到满足或不满足某条件为止。循环结构有以下两种形式分别。

(1) 先判断循环条件逻辑是否成立，如果成立(用 T 表示)才执行语句序列，然后再返回判断循环条件逻辑是否成立，如果成立则重复循环，直到循环条件逻辑不成立(用 F 表示)，结束循环。

（2）先执行语句序列一次，再判断循环条件逻辑是否成立，如果成立（用 T 表示）则再次执行语句序列重复循环，直到循环条件逻辑不成立（用 F 表示），结束循环。

通常把第 1 种形式的循环称作当型循环；把第 2 种形式的循环称作直到型循环。两种循环结构的流程如图 3-2 所示。

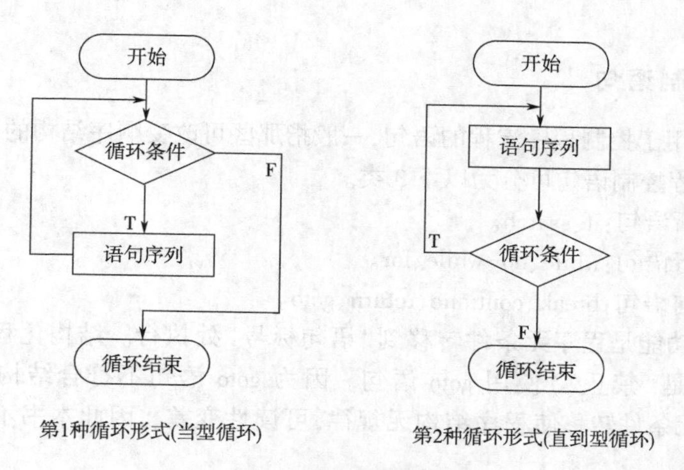

图 3-2　循环结构的流程图

顺序结构、选择结构和循环结构这 3 种基本结构被称为结构化的流程模式。实践已证明用这 3 种结构对编写任何程序都足够了，即使一个复杂的程序也可以由这 3 种基本程序结构通过组合、嵌套来构成。结构化程序设计就是基于这 3 种基本结构来编写程序的，使程序结构良好，具有层次性，便于修改和维护。

3.2　语句

程序的执行部分是由语句构成的。执行语句的过程就是实现程序功能的过程。语句是 C 语言的基本执行单位。C 语言的语句主要有声明语句、表达式语句、赋值语句、复合语句、控制语句、空语句等。

3.2.1　声明语句

声明语句主要用来说明合法标识符，以便能在程序中合法使用它们。在 C 语言程序设计中，任何用户自定义的函数、变量和符号常量都必须遵循先声明后使用的原则。

声明语句的语法格式如下：

数据类型符 用户标识符；

3.2.2　表达式语句

由表达式组成的语句称为表达式语句。表达式语句是最简单的可执行语句，由一个表达式后面加上分号“；”构成。表达式语句的语法格式如下：

表达式；

任何表达式都可以加上分号“;”构成表达式语句,典型的表达式语句是由一个赋值表达式构成的赋值语句。

应该注意分号是表达式语句中不可缺少的一部分。

例如:x=8 和 x=8;是不同的。前者是一个赋值表达式,后者加了分号“;”才是一个赋值表达式语句。

3.2.3 控制语句

控制语句是用于控制程序流程的语句,一般指那些可改变顺序结构的语句。

C 语言的流程控制语句可分为以下 3 类。

(1)条件判断语句:if、switch。

(2)循环执行语句:while、do-while、for。

(3)流程转向语句:break、continue、return、goto。

goto 语句的功能是程序无条件转移到“语句标号”处执行。结构化程序设计方法主张“限制”(注意不是“禁止”)使用 goto 语句。因为 goto 语句不符合结构化程序设计的准则——模块化,无条件转移使程序结构无规律,可读性变差。因此本书不讨论 goto 语句的用法。

3.2.4 复合语句

复合语句是用一对{}把多个语句组成在一起构成的,又称分程序或语句块。

复合语句的形式为:

```
{
语句 1;
语句 2;
……
语句 n;
}
```

在语法上将复合语句看成是单条语句,即看作是一个语句。复合语句具有组合多个子语句的能力,使程序具有模块化结构。

3.2.5 空语句

仅由一个分号“;”组成的语句称为空语句。空语句不执行任何操作。

空语句的作用如下。

第一,在循环语句中提供一个不执行任何操作的空循环体。

第二,为有关语句提供标号,用以说明程序执行的位置。

【例如】

(1)空循环 100 次,可能表示一个延时,也可能表示目前还不必在循环体中做什么事情。

for(i=0;i<100;i++);/* 循环结构要求循环体,但目前什么工作都不要做。;表示循环体 */

(2)如果条件满足什么都不做,否则完成某些工作(;表示 if 块,什么都不做)。

```
if( )
    ;
else
{
    ......
}
```

注意:C 语言允许一行写几个语句,也允许一个语句拆开写在几行上,书写格式无固定要求。一般将彼此关联的、或表示一个整体的一组较短的语句写在一行上。

3.3 顺序结构

顺序结构是结构化程序设计中最简单、最常见的一种程序结构。在顺序结构中,从第一条语句到最后一条语句完全按先后顺序执行。

【例 3.1】从键盘输入圆半径,输出圆面积(圆周率取 3.14,计算结果保留小数点后两位)。

分析:

(1)声明两个实型变量 r 和 area。变量 r 用于存放从键盘输入的圆半径,变量 area 用于保存圆面积。

(2)从键盘输入圆半径数值,赋给变量 r。

(3)利用圆面积公式 area=3.14*r*r 求圆面积。

(4)输出 area 的值。

源程序代码如下:

```
#include <stdio.h>
void main( )
{
    double r,area;                  //声明实型变量 r,area
    printf("Please input r\n");     //提示输入变量 r 的值
    scanf("%lf",&r);                //通过键盘输入 r 值
    area=3.14*r*r;                  //通过圆面积公式计算圆面积
                                    //并将计算结果赋给变量 area
    printf("area=%.2f\n",area);     //输出 area 的值
}
```

程序运行结果如图 3-3 所示。

【例 3.2】输入整型变量 a 和 b 的值,交换它们的值并输出。

分析:

(1)声明两个整型变量 a、b 用于存放输入的两个数。

(2)从键盘上输入两个整数,保存到变量 a、b 中。

```
Please input r
10
area=314.00
请按任意键继续. . .
```

图 3-3　例 3.1 运行结果

(3)利用一个临时存储单元 temp,达到交换变量 a、b 值的目的。

(4)输出交换后变量 a、b 的值。

源程序代码如下:

```
#include <stdio.h>
void main()
{   int a,b,temp;                        //声明整型变量 a、b、temp
    printf("Input a=");                  //提示输入变量 a 的值
    scanf("%d",&a);                      //输入变量 a 的值
    printf("Input b=");                  //提示输入变量 b 的值
    scanf("%d",&b);                      //通过键盘输入 b 值
    temp=a;                              //先把 a 的值放入 temp 中
    a=b;                                 //把 b 的值放入 a 中
    b=temp;                              //把 temp 中的值放入 b 中
    printf("a=%d,b=%d\n",a,b);           //输出交换后 a 和 b 中的值
}
```

程序运行结果如图 3-4 所示。

```
Input a=3
Input b=4
a=4, b=3
请按任意键继续. . .
```

图 3-4　例 3.2 运行结果

3.4　选择结构

C 语言有两种选择语句实现选择结构:if 语句和 switch 语句。

3.4.1　if 语句

if 语句是用来判定是否满足所给定的条件,根据对给定条件的判定结果(真或假)决定

执行给出某种操作。

在 C 语言中 if 语句有 3 种形式：if 形式、if-else 形式和 else-if 形式。

3.4.1.1　单分支结构

if 语句单分支结构的语法格式为：

if(表达式)

{语句;}

if 单分支结构执行流程如下。

(1)计算表达式，求表达式的值。

(2)如果表达式值为真，即非 0，则执行语句(复合语句)，然后退出选择控制结构。

(3)如果表达式的值为假，即为 0，则直接退出选择结构。

if 单分支结构流程图如图 3-5 所示。

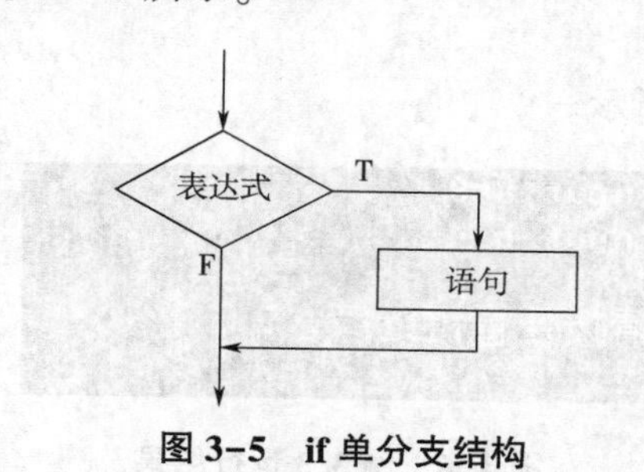

图 3-5　if 单分支结构

说明：

(1)条件表达式运算结果只有“真”(用 T 表示)或“假”(用 F 表示)两个值。

(2)条件表达式必须放在圆括号“(”和“)”中，圆括号不能省略。

(3)条件表达式一般应为关系表达式或逻辑表达式。例如：if(a==b)、if(a>b&&c>d)、if(a+b>c)等。在 C 语言中，用数值“0”表示“假”，非“0”表示“真”。因此对于一般常量和变量表达式也合法，但对初学者不推荐使用。

(4)“{”和“}”必须成对出现，构成复合语句。如果复合语句中只有一条语句，则可省略“{”和“}”；否则，“{”和“}”不能省略。

【例 3.3】用单分支选择语句形式，实现从键盘输入两个整数，按从小到大次序输出这两个数。

分析：

(1)定义两个整型变量 a、b 用于存放输入的两个数。

(2)从键盘上输入两个整型变量 a、b 的值。

(3)比较 a 和 b 大小。如果 a>b，则交换 a、b 数值。

(4)输出变量 a、b 的值。

源程序代码如下：

```
#include <stdio.h>
void main()
{
```

```
    int a,b,temp;                    //声明整型变量 a、b、temp
    printf("Input a=");              //提示输入变量 a 的值
    scanf("%d",&a);                  //输入变量 a 的值
    printf("Input b=");              //提示输入变量 b 的值
    scanf("%d",&b);                  //通过键盘输入 b 的值
    if(a>b)                          //判断条件是否成立
    { temp=a;                        //先把 a 的值放入 temp 中
      a=b;                           //把 b 的值放入 a 中
      b=temp;                        //把 temp 中的值放入 b 中
    }
    printf("%d,%d\n",a,b);//按值从小到大输出
}
```

程序运行结果如图 3-6 所示。

```
Input a=8
Input b=4
4, 8
请按任意键继续. . .
```

图 3-6　例 3.3 运行结果

3.4.1.2　双分支结构

if-else 语句双分支结构的语法格式为：

```
if(表达式)
   {语句(复合语句)1；}
else
   {语句(复合语句)2；}
```

if-else 双分支结构执行流程如下。

(1)计算表达式,求表达式的值。

(2)如果表达式的值为真,即非 0,则执行语句(复合语句)1,然后退出选择控制结构。

(3)如果表达式的值为假,即为 0,则执行语句(复合语句)2,然后退出选择控制结构。

if-else 双分支结构流程图如图 3-7 所示。

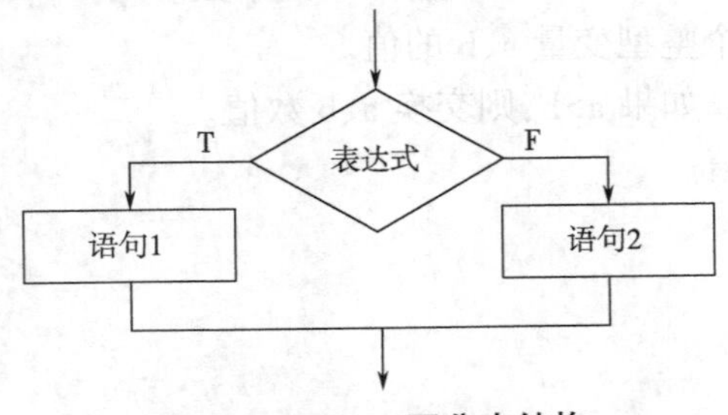

图 3-7　if-else 双分支结构

【例 3.4】利用 if-else 双分支结构语句形式，实现输入整型变量 a 和 b 的值，输出它们中较大的值。

分析：

(1)声明所需的整型变量 a、b。

(2)从键盘上输入两个整型变量 a、b 的值。

(3)用关系表达式判断 a>b 是否为真，如果为真，则执行(4)；否则，执行(5)。

(4)输出 a 的值。

(5)输出 b 的值。

源程序代码如下：

```
#include <stdio.h>
void main()
{  int a,b;                          //声明整型变量 a、b
   printf("Input a=");               //提示输入变量 a 的值
   scanf("%d",&a);                   //输入变量 a 的值
   printf("Input b=");               //提示输入变量 b 的值
   scanf("%d",&b);                   //通过键盘输入 b 值
   if(a>b)                           //判断条件 a>b 条件是否成立
     printf("较大数是%d\n",a);       //这里只有一条语句，可省略{}
   else
     printf("较大数是%d\n",b);       // a>b 条件不成立，输出 b 的值
}
```

程序运行结果如图 3-8 所示。

图 3-8　例 3.4 运行结果

3.4.1.3　多分支结构

前面两种形式的 if 分支结构一般都用于不多于两个分支的情况。然而现实中遇到的情况可能有多个分支，当有多个分支时，可以用 else if 语句，其语法格式为：

```
if(表达式 1) {语句(复合语句)1;}
else if(表达式 2) {语句(复合语句)2;}
else if(表达式 3) {语句(复合语句)3;}
……
else if(表达式 n) {语句(复合语句)n;}
```

else{语句(复合语句)n+1;}

else if 多分支选择结构执行流程如下。

(1)依次判断 if 语句后面的表达式的值。

(2)如果表达式值为真,则执行其对应语句,然后退出选择控制结构。

(3)如果所有表达式的值均为假,则执行语句 n+1,然后退出选择控制结构。

if-else 双分支结构流程图如图 3-9 所示。

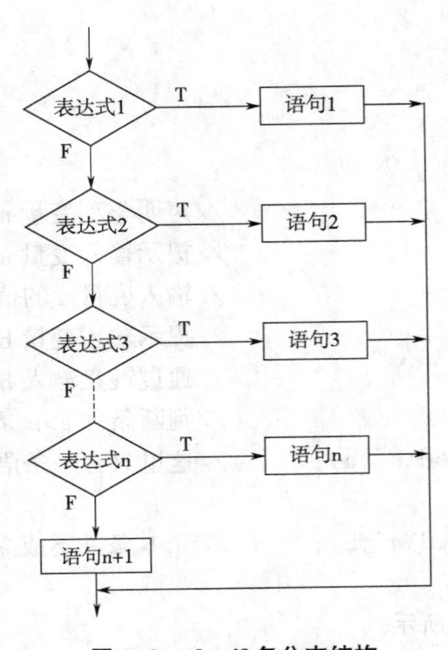

图 3-9 else if 多分支结构

【例 3.5】学校按百分制总评成绩把学生学习成绩分成五等,90 分及以上为 A,80 到 89 分为 B,70 到 79 分为 C,60 到 69 分为 D,分数低于 60 分为 E。编程实现从键盘输入一个学生总评分数(不大于 100),输出其对应等级(用 else if 多分支结构实现)。

分析:

(1)声明一个整型变量 score,用于存放学生总评分数。

(2)从键盘输入一个学生总评分数赋予 score。

(3)用 else if 语句依次判断 score 是否属于等级 A、B、C、D 中的一种,如果是,输出对应等级,退出选择控制结构;否则,执行(4)。

(4)如果 score 都不在等级 A、B、C、D 对应分数范围内,则输出 E,退出选择控制结构。

源程序代码如下:

```
#include <stdio. h>
void main( )
{
    int score;                              //声明整型变量 score
    printf("Please input score:");          //提示输入分数成绩
```

```
    scanf("%d",&score);                        //从键盘输入变量 score 的值
    if(score>=90)                              //判断 score 是否属于等级 A
      printf("A\n");                           //只有一条语句,可省略{}
    else if(score>=80)                         //判断 score 是否属于等级 B
      printf("B\n");
    else if(score>=70)                         //判断 score 是否属于等级 C
      printf("C\n");
    else if(score>=60)                         //判断 score 是否属于等级 D
      printf("D\n");
    else                                       //以上所有表达式的值均为假
      printf("E\n");                           //输出 E
}
```

程序运行结果如图 3-10 所示。

```
Please input score:85
B
请按任意键继续. . .
```

图 3-10　例 3.5 运行结果

3.4.1.4　if 语句的嵌套

在 if 语句中包含一个或多个 if 语句,称为 if 语句的嵌套。if 语句嵌套的目的是解决多路分支问题。if 嵌套语句的一般形式如下:

```
if(表达式 1)
{
  if(表达式 2)
    语句 1;
  else
    语句 2;
}
else
{
  if(表达式 3)
    语句 3;
  else
    语句 4;
}
```

应该特别注意 if 与 else 的配对关系,在选择结构语句中 else 总是与它前面最近的未配

对的 if 配对。有时编程者为实现某种设计意图,也可以加花括号来确定具体配对关系。

if 嵌套结构流程图如图 3-11 所示。

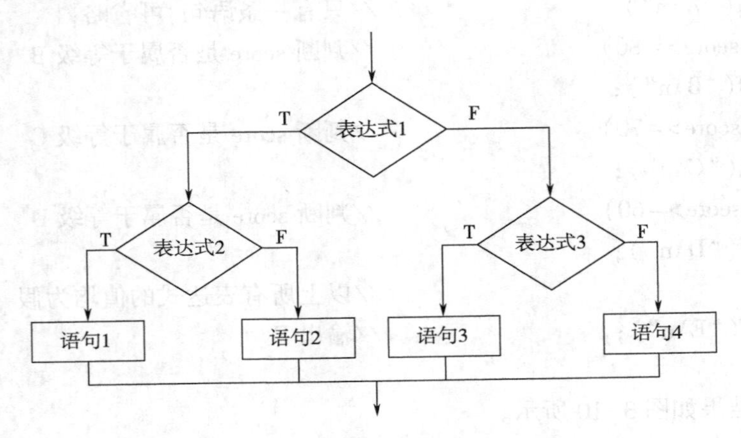

图 3-11　if 嵌套结构

C 语言没有规定 if 语句的嵌套层数,if 语句的嵌套应根据具体的问题和程序设计意图来确定。在书写上,应将处于同一层的 if 和其对应的 else 缩进对齐以增强程序可读性,这在实践中往往被初学者忽视而发生程序逻辑错误。

【例 3.6】从键盘输入 3 个整数,输出最大的那个数。

方法一:

分析:

(1)声明所需的整型变量 a、b、c,以及变量 max,max 用于保存最大的数。

(2)从键盘上输入 3 个整数,分别保存在整型变量 a、b、c 中。

(3)用关系表达式判断 b>a 是否为真,如果为真,则执行(4);否则执行(5)。

(4)用关系表达式判断 c>b 是否为真,如果为真,则 max=c;否则 max=b。

(5)用关系表达式判断 c>a 是否为真,如果为真,则 max=c;否则 max=a。

(6)输出 max 的值。

源程序代码如下:

```
#include <stdio.h>
void main( )
{
   int a,b,c,max;                              //声明整型变量
   printf("Please input 3 integer number:");   //提示输入整数个数
   scanf("%d%d%d",&a,&b,&c);                   //从键盘输入3个数
   if(b>a)
   {
      if(c>b)                                  //不同层次的if要有缩进
         max=c;
```

```
        else                                    //else 要与相匹配对应的 if 缩进对齐
            max=b;
    }                                           //"}"与对应的"{"对齐
    else                                        //else 与相匹配对应的 if 对齐
    {                                           //复合语句,大括号不能省略
        if(c>a)
            max=c;
        else
            max=a;
    }                                           //"}"与对应的"{"对齐
    printf("max=%d\n",max);                     //输出最大的数
}
```

方法二:

利用 if 语句嵌套可以写出程序,但程序行数较多,特别是当嵌套层次较多时,容易造成逻辑不清、调试程序困难。可以利用第 2 章介绍过的条件运算符,能较好地解决问题。

分析:

(1)声明所需的整型变量 a、b、c,以及变量 max。max 用于保存最大的数。

(2)从键盘上输入 3 个整数,分别保存在整型变量 a、b 和 c 中。

(3)利用条件运算符,把 a、b 中较大的数赋给 max。

(4)利用条件运算符,把 max 和 c 中较大数,再赋给 max。此时 max 保存 a、b、c 中最大值。

(5)输出 max 的值。

源程序代码如下:

```
#include <stdio.h>
void main()
{
    int a,b,c,max;                              //声明整型变量
    printf("Please input 3 integer number:");   //提示输入整数个数
    scanf("%d%d%d",&a,&b,&c);                   //从键盘输入 3 个数
    max=a>b? a:b;                               //a、b 中较大那个数赋给 max
    max=max>c? max:c;                           //max、c 中较大的数再赋给 max
    printf("max= %d\n",max);                    //输出最大的数
}
```

方法二的代码行数较方法一少了许多,逻辑也更清晰。由此可以看出,C 语言提供了丰富灵活的语句和结构,要面对具体问题灵活加以运用。

其实不止 if 语句能够嵌套使用,很多 C 语言的语句都可以嵌套使用,也可以对条件运算符语句进行嵌套使用。

3.4.2 switch 语句

if 语句一次只有两个分支可供选择，而实际中的问题常常需要用到多分支的选择。虽然 if 嵌套语句也可以实现多分支的选择问题，但如果分支较多，程序代码行数也随之增多，从而降低了程序的可读性，造成程序容易产生错误。C 语言提供了 switch 语句可以解决这一问题，switch 语句直接处理多分支选择，而且可读性较好。

它的一般形式如下：

```
switch(表达式)
{
case 常量表达式 1:语句 1; break;
case 常量表达式 2:语句 2; break;
……
case 常量表达式 n:语句 n; break;
default:语句 n+1 ;
}
```

switch 语句的流程图如图 3-12 所示。

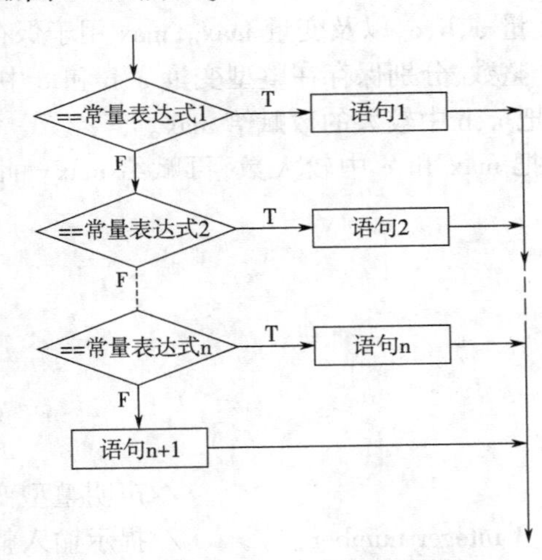

图 3-12 switch 语句流程图

说明：

(1) switch 是关键字，其后的表达式必须用“( )”括起来，表达式的数据类型可以是整数类型、字符类型或枚举类型。

(2) 一对花括号“{}”不能省略，花括号中部分称为 switch 的语句体。

(3) “( )”中表达式结果类型必须与 switch 语句体中 case 后常量表达式数据类型一致。

(4) case 是关键字，其后每个常量表达式的值必须不相同，否则会出现歧义性。

(5) 当表达式的值与某一个 case 后面的常量表达式值相等时，就执行此 case 后面的语句；否则，都不相等时，就执行 default 后面的语句。

(6) 关键字 default 并不是必须的，如果没有 default，当所有 case 后面的常量表达式值都没有与 switch 后圆括号表达式值相等时，则什么也不执行，直接退出 switch 语句。

（7）关键字 break 一般不能省略。它的作用是使程序执行某一个 case 分支后，使流程跳出 switch 结构，终止 switch 语句的执行；若 break 省略，程序将向下跳转到下一个分支的第一条语句上继续执行，不跳出 switch 语句体。忘记使用 break 语句是编程时常犯的错误。但有时也会故意忽略 break 以便多个 case 分支共享语句，具体用法参看例题。

【例 3.7】学校按百分制总评成绩把学生学期成绩分成五等，90 分及以上为 A，80 到 89 分为 B，70 到 79 分为 C，60 到 69 分为 D，分数低于 60 分为 E。编程实现从键盘输入一个学生总评分数（不大于 100），输出其对应等级（用 switch 语句实现）。

分析：

（1）声明一个整型变量 score，用于存放学生总评分数。

（2）从键盘输入一个学生总评分数赋予 score。

（3）除 E 等外，每个等级分数十位数上的数字都是固定的，可以使用 switch 结构。

（4）如果 score 都不在等级 A、B、C、D 分数范围内，则输出为 E，退出 switch 结构。

源程序代码如下：

```
#include <stdio.h>
void main( )
{
    int score;                              //声明整型变量 score
    printf("Please input score:");          //提示输入分数成绩
    scanf("%d",&score);                     //从键盘输入变量 score 的值
    switch(score/10)                        //表达式 score/10 结果为整数类型
    {
    case 10: printf("A\n"); break;          //输出对应等级后，退出 switch
    case  9: printf("A\n"); break;
    case  8: printf("B\n"); break;
    case  7: printf("C\n"); break;
    case  6: printf("D\n"); break;
    default: printf("E\n");                 // 表达式与前面 case 值都不等
                                            //则执行 default 后语句，输出 E 等
    }
}
```

在掌握 switch 语句基本结构后，也可以稍微灵活地使用 switch 语句结构，使程序更简洁。分析下面源程序是否可以达到相同目的呢？

```
#include <stdio.h>
void main( )
{
    int score;                              //声明整型变量 score
    printf("Please input score:");          //提示输入分数成绩
```

```
    scanf("%d",&score);                //从键盘输入变量 score 的值
    switch(score/10)                   //表达式 score/10 结果为整数类型
    {
    case 10:
    case  9: printf("A\n"); break;     //输出对应等级后,退出 switch
    case  8: printf("B\n"); break;
    case  7: printf("C\n"); break;
    case  6: printf("D\n"); break;
    default: printf("E\n");            // 表达式与前面 case 值都不等
                                       //则执行 default 后语句,输出 E 等
    }
}
```

如果从键盘输入 100,则程序运行结果,如图 3-13 所示。

```
Please input score:100
A
请按任意键继续. . .
```

图 3-13　例 3.7 运行结果

【例 3.8】键盘输入年份和月份,输出该月的天数。

分析:

(1)根据公历,每年的 1、3、5、7、8、10 和 12 月份每月都有 31 天;4、6、9 和 11 月份每月都有 30 天。2 月平年有 28 天,闰年有 29 天。可以看出这是一个多分支选择问题,可以利用 switch 语句来解决。

(2)可以设置变量 year,month,days 来分别表示年、月、当月天数。还可以设置一个标记 flag,判断当年是否为闰年。

(3)先判断年份是否为闰年,再利用 switch 语句,进入多分支选择。

源程序代码如下:

```
#include <stdio.h>
void main()
{
    int year,month,days,flag;          //声明整型变量
    printf("Please input year:");      //提示输入年份
    scanf("%d",&year);                 //从键盘输入 year 的值
    printf("Please input month:");     //提示输入月份
    scanf("%d",&month);                //从键盘输入 month 的值
                                       /*以下程序判断是否为闰年*/
    if(year%400==0)
```

```
        flag=1;                                  //flag 为 1 表示是闰年
    else
    {
        if(year%4==0&&year%100!=0)
            flag=1;
        else
            flag=0;                              //flag 为 0 表示非闰年
    }
    /*以下程序根据具体月份,给当月天数赋值*/
    switch(month)                                //month 为整数类型
    {
    case 1:
    case 3:
    case 5:
    case 7:
    case 8:
    case 10:
    case12: days=31;break;                       //1、3、5、7、8、10、12 月有 31 天
    case  4:
    case  6:
    case  9:
    case 11: days=30;break;                      //4、6、9、11 月有 30 天
    case 2:
    if(flag==1)   days=29;                       //如果为闰年,2 月有 29 天
      else days=28;                              //否则 2 月只有 28 天
      break;
    default: printf("month input error\n");
                                                 //如果月份不是 1~12,表示输入错误
    }
                                                 //switch 语句体结束
  printf("%d 年%d 月份有%d 天\n",year,month,days);
                                                 //输出年号和月份以及当月天数
}
```

如果从键盘输入年份 2019,月份 3,则程序运行结果,如图 3-14 所示。

```
Please input year:2019
Please input month:3
2019年3月份有31天
请按任意键继续. . .
```

图 3-14　例 3.8 运行结果

3.4.3 程序应用举例

【例 3.9】某城市为鼓励节约用水，对居民用水量做如下规定：若每户居民每月用水量不超过 30 吨（含 30 吨），则按每吨 0.6 元收费；若大于 30 吨但不超过 50 吨（含 50 吨），则其中 30 吨按 0.6 元收费，剩余部分按每吨 0.9 元收费；若超过 50 吨，则不超过 50 吨的部分按前面方法收费，剩余部分按每吨 1.5 元收费。程序实现输入每户居民的月用水量，输出应缴纳的水费。

分析：

(1) 声明实型变量 d，用于存放用水量；声明实型变量 m，用于计算水费。

(2) 根据不同的用水量，确定出不同的水费计算公式。

(3) 对实际用水量 d，选择相应的计算公式，计算出相对应的水费。

源程序代码如下：

```
#include <stdio.h>
void main()
{
   double d,m;
   scanf("%lf",&d);              //输入用水吨数
   if(d<=30)
       m=d*0.6;                  //根据不同的用水量,确定水费计算公式
   else if(d<=50)
       m=30*0.6+(d-30)*0.9;
   else
       m=30*0.6+20*0.9+(d-50)*1.5;
   printf("水费为%.2f元\n",m);     //输出对应水费
}
```

【例 3.10】某销售公司员工月收入为底薪加当月销售业绩（设为整数元）提成。底薪 900 元，具体提成如表 3-1 所示。

表 3-1 员工提成

销售业绩(元)	提成比例
<5000	0
5000~9999	10%
10000~19999	13%
20000~39999	15%
>=40000	18%

从键盘输入某员工当月销售业绩，输出该员工当月收入。

分析：

(1)声明整型变量 profit 用于保存销售业绩。声明实型变量 salary，用于计算当月收入。

(2)根据销售业绩除以 5000 得到的商(这里为整型)的不同，利用 switch 语句来计算当月收入。

源程序代码如下：

```
#include <stdio.h>
void main()
{
    int profit;
    double salary;
    salary=900;                                   //每月底薪 900 元
    printf("请输入当月销售业绩:");                //输入提示
    scanf("%d",&profit);                          //键盘输入销售业绩值
    switch(profit/5000)                           //表达式结果为整型
    {
      case 0:break;                               //无提成，退出 switch
      case 1: salary+=profit*0.1;  break;
      case 2:
      case 3: salary+=profit*0.13;  break;
      case 4:
      case 5:
      case 6:
      case 7: salary+=profit*0.15;  break;
      default: salary+=profit*0.18;               //计算销售业绩大于 40000 元时月薪
    }
    printf("本月收入为%.2f 元\n",salary);         //月薪保留两位小数
}
```

3.5 循环结构

循环结构是程序设计中一种很重要的结构。其特点是：在给定条件成立时，反复执行某段程序，直到条件不成立为止。所给定的条件称为循环条件，反复执行的程序段称为循环体。在 C 语言中实现循环结构有 3 种控制语句，即 while 语句、do-while 语句、for 语句。

3.5.1 while 语句

首先介绍用 while 语句实现循环结构。

while 语句一般形式如下：

while(表达式)

{

循环体语句;

}

while 循环语句的流程图如图 3-15 所示。

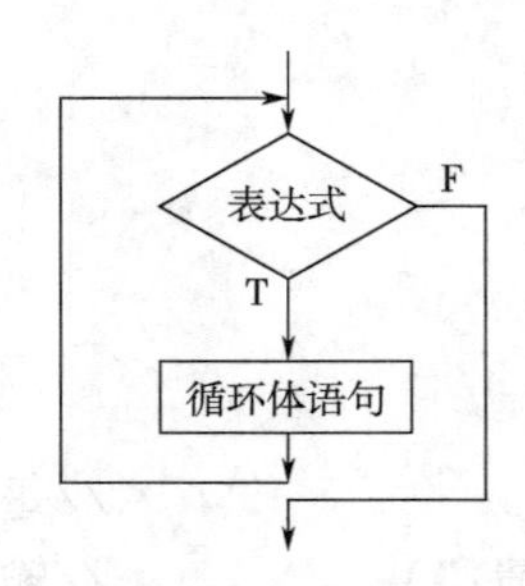

图 3-15　while 循环结构

while 循环语句执行过程如下。

(1)计算表达式的值,如果表达式值为非 0、即为“真”,则执行(2);否则,执行(3)。

(2)执行循环体语句,然后返回(1)。

(3)退出循环体,执行循环后面的语句。

说明:

(1)while 是关键字,其后的表达式必须用一对圆括号“()”括起来。

(2)一对花括号“{}”中的语句称为循环体语句。一般情况下,循环体语句中应包含有改变循环表达式值的语句,使循环向条件不成立的方向变化,进而使循环趋于结束;否则,程序将陷入死循环。

【例 3.11】求 1+2+…+100 的和。

分析:此序列为等差数列。首项为 1,公差为 1,项数为 100。在此采用循环累加的方法计算,其计算公式为 sum=sum+i,其中 i 为第 i 项的值。

(1)声明两个整型变量 i 和 sum,变量 i 为第 i 项的值,sum 为前 i 项之和。初始化 i=1;sum=0。

(2)i 作循环变量,每次循环加 1。当 i 的值小于等于 100 时,执行(3),否则,执行(4)。

(3)执行语句 sum=sum+i;i++;。

(4)退出循环体语句,输出 sum 的值。

源程序代码如下:

```
#include <stdio.h>
void main()
{
    int i,sum;                          //声明整型变量 i 和 sum
    i=1;                                //数列第一项为 1
    sum=0;                              //使数列初始化和为 0
    while(i<=100)                       //当表达式成立则执行循环体
```

```
    {
        sum=sum+i;                              //累计求和
        i++;                                    //循环变量增1,使循环趋于结束
    }
    printf("sum=%d\n",sum);                     //输出数列求和结果
}
```

【例 3.12】输入两个正整数 a、b,求它们的最大公约数。

方法一:最大公约数定义法。

分析:根据最大公约数的定义,a、b 两个数的最大公约数 s 一定是介于 1 到 a 之间的一个数,不会大于 a 且能同时被 a 和 b 整除。

(1)先假设 a、b 的最大公约数为 a,即 s=a。

(2)如果 a 或 b 中有一个数不能被 s 整除,即 a%s!=0 或 b%s!=0,说明 s 不是公约数,执行(3);否则,执行(4)。

(3)判断比 s 小 1 的数是否是 a 和 b 的公约数,即执行 s=s-1 后再返回(2)。

(4)退出 while 循环,输出 s。此时 s 为满足条件的最大公约数。

源程序代码如下:

```
#include<stdio.h>
void main()
{
int   a,b,s;                                        //声明整型变量 a、b 和 s
printf("Please input two positive number:");        //提示输入两个正整数
scanf("%d%d",&a,&b) ;
s=a;                                                //假设最大公约数为 a
while(a%s!=0||b%s!=0)                               //当表达式成立则执行循环体
{
  s=s-1;                                            //循环变量减 1,使循环趋于结束
}
printf("最大公约数是%d\n",s) ;                       //输出最大公约数结果
}
```

方法二:辗转相除法。

分析:当 b 不等于 0 时,求 a 和 b 的最大公约数等价于求 b 和 a%b 的最大公约数,即重复执行运算(c=a%b,a=b,b=c),消除相同的因子,直到 b 为 0 时,a 即为所求的解。

例如:a=18,b=27。

(1)首先 b 不为 0,执行 c=a%b;a=b;b=c;之后,a=27,b=18,c=18。

(2)b=18 不为 0,执行 c=a%b;a=b;b=c;之后,a=18,b=9,c=9。

(3)b=9 不为 0,继续执行 c=a%b;a=b;b=c;之后,a=9,b=0,c=0。

(4)b=0,结束。此时,a=9 即为 18 和 27 的最大公约数。

源程序代码如下:

```
#include <stdio. h>
void main( )
{
int a,b,c;
printf( "Please input two positive number:") ;
scanf( "%d%d" ,&a,&b) ;
while( b! =0)
{
c=a%b;
a=b;
b=c;
}
printf( "最大公约数是%d\n" ,a) ;
}
```

当输入 18 和 27 时,程序运行结果如图 3-16 所示。

```
Please input two positive number:18 27
最大公约数是9
请按任意键继续. . .
```

图 3-16　例 3.12 运行结果

3.5.2　do-while 语句

do-while 循环语句的特点是先执行循环体一次,然后再判断循环条件是否成立。do-while 语句一般形式如下:

```
do
{
循环体语句;
}while(表达式);
```

do-while 循环语句的执行过程如下。

(1)执行循环体语句。

(2)计算表达式值,如果表达式值为非 0,即为"真",则返回执行(1);否则,执行(3)。

(3)退出 do-while 循环结构,执行循环后面的语句。

说明:

(1)do 是关键字,do 后的花括号"{"和"}"不能省略。一般情况下,花括号中的循环体语句中也应包含有改变循环表达式值的语句,使循环趋于结束;否则,程序将陷入死循环。

(2)while 是关键字,其后的表达式必须用一对圆括号"( )"括起来,括号后的分号";"不能省略。

(3) do-while 与 while 循环语句的区别是:do-while 循环语句先执行循环体一次,再判断循环条件。因而 do-while 语句的循环体至少执行一次,而 while 循环语句不一定会执行循环体。

do-while 循环语句的流程图如图 3-17 所示。

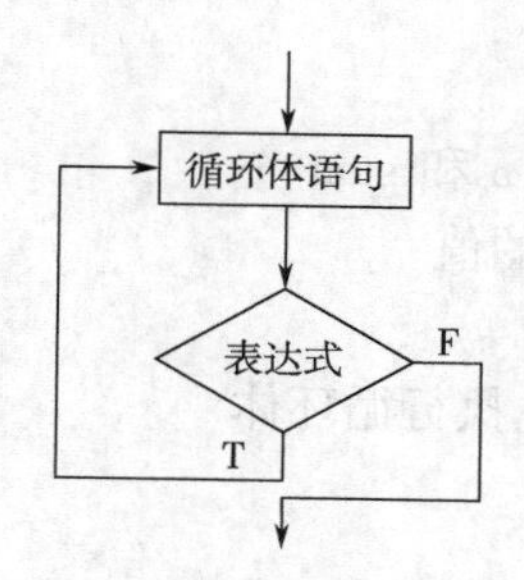

图 3-17　do-while 循环结构

【例 3.13】求 1+2+……+100 的和(用 do-while 语句实现)。

分析:

(1)声明两个整型变量 i 和 sum,变量 i 为第 i 项的值,sum 为前 i 项之和。i 作循环变量,每次循环加 1。初始化 i=1;sum=0。

(2)执行语句 sum=sum+ i;i++;。

(3)当 i 的值小于等于 100 时,执行(2);否则,执行(4)。

(4)退出循环体语句;输出 sum 的值。

源程序代码如下:

```
#include <stdio. h>
void main( )
{
    int i,sum;                          //声明整型变量 i 和 sum
    i=1;                                //数列第一项为 1
    sum=0;                              //使数列初始化和为 0
    do
    {
      sum=sum+i;                        //累计求和
      i++;                              //循环变量增 1
    } while(i<=100);                    //当表达式成立则执行循环体
    printf("sum=%d\n",sum);             //输出数列求和结果
}
```

由这个例题可以看出,对同一个问题可以使用 while 语句,也可以使用 do-while 语句。do-while 语句可以看成是由一个复合语句加上一个 while 语句构成的。在一般情况下,用 while 语句和用 do-while 语句处理同一问题时,若两者的循环部分是一样的,它们的结果也一样,如例 3.11 和例 3.13 得到的结果是一样的。但是如果 while 后面的表达式一开始就为

假(0值)时,那么两种循环的结果还相同吗?通过下面的例题思考下两者的区别。

【例3.14】下面两段程序分别用while和do while实现求n(键盘输入)到10的和。

用while语句实现的源程序:

```
#include<stdio.h>
void main()
{
int n,sum=0;//声明整型变量n和sum
printf("n=");//提示输入n的值
scanf("%d",&n);
while(n<=10)//当表达式成立执行循环体
{
  sum=sum+n;//累计求和
  n++;//循环变量增1
}
  printf("sum=%d\n",sum);//输出数列求和结果
}
```

用do while语句实现的源程序:

```
#include<stdio.h>
void main()
{
    int n,sum=0;//声明整型变量n和sum
    printf("n=");//提示输入n的值
    scanf("%d",&n);
do
{
    sum=sum+n;//累计求和
    n++;//循环变量增1
}while(n<=10);//当表达式成立执行循环体
    printf("sum=%d\n",sum);//输出数列求和结果
}
```

当输入n=1时,两段程序的运行结果都为sum=55。而当输入n=11时,第一段程序的结果为sum=0,第二段程序的结果为sum=11。

由此可以得到结论:当while后面表达式的第一次值为"真"时,两种循环得到的结果相同;当while后面表达式的第一次值为"假"时,两种循环结果是不同的。所以do-while循环与while循环尽管十分相似,但它们的主要区别是:while循环先判断循环条件再执行循环体,循环体可能一次也不执行。do-while循环先执行循环体,再判断循环条件,循环体至少执行一次。

3.5.3 for 语句

for 循环语句是 C 语言中使用最为灵活的循环语句。for 循环语句一般形式如下。

```
for([表达式1];[表达式2];[表达式3])
{
循环体语句;
}
```

for 循环语句的执行过程如下。

(1)先计算表达式 1 的值。

(2)计算表达式 2。若表达式 2 的值为真(非 0),则执行(3);若表达式 2 的值为假(值为 0),则执行(5)。

(3)执行循环体语句。

(4)执行表达式 3,然后返回(2)。

(5)for 循环结束,执行循环结构后面的语句。

for 循环语句的流程图,如图 3-18 所示。

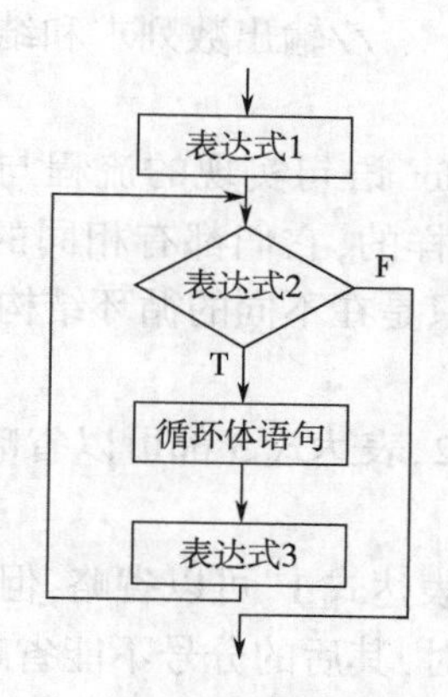

图 3-18 for 循环结构

说明:

(1)for 是关键字。其后一对圆括号"()"不可缺少。

(2)表达式 1 通常是用来给循环变量赋初值,表达式 2 是用来对循环条件进行判断,表达式 3 是对循环变量进行修改,使循环趋于结束。也可以把 for 语句理解成如下形式:

```
for(循环变量赋初值;循环条件;循环变量改变)
{
循环体语句;
}
```

【例 3.15】求 1+2+……+100 的和(用 for 循环语句实现)。

分析:

(1)声明两个整型变量 i 和 sum,变量 i 为第 i 项的值,sum 为前 i 项之和。初始化 i=1 ;

sum=0。

(2)判断 i 的值是否小于等于 100,如果为真,执行(3);否则,执行(5)。

(3)执行语句 sum=sum+i;

(4)执行语句 i++;返回(2)。

(5)退出循环体语句,输出 sum 的值。

源程序代码如下:

```
#include <stdio.h>
void main()
{
    int i,sum;              //声明整型变量 i 和 sum
    sum=0;                  //使数列初始化和为 0
    for(i=1;i<=100;i++)
    {
    sum=sum+i;              //累计求和
    }
    printf("sum=%d\n",sum);   //输出数列求和结果
}
```

可以发现,对于同一个问题用 for 语句实现的流程与用 while 语句实现的流程,以及用 do-while 语句实现的流程几乎是一样的,它们都有相同的要素,即循环变量赋初值、循环条件、循环体和循环变量改变语句。只是在不同的循环结构语句中,这些要素各自放置的位置不同而已。

for 语句中的表达式 1,表达式 2,表达式 3 都可以省略,甚至 3 个表达式都同时省略,但是起分隔作用的";"不能省略。

(1)for 语句的一般形式中的"表达式 1"可以省略,但此时一般应在 for 语句之前给循环变量赋初值。注意,省略表达式 1 时,其后的分号不能省略。例如:

```
i=1;
for(;i<=100;i++)
   sum=sum+i;
```

执行时,跳过"求解表达式 1"这一步,其他不变。表达式 1 功能是给循环变量赋初值,跳过"求解表达式 1",并不是说循环变量赋初值可以省略,而是这里在 for 语句之前,已经用"i=1;"语句给循环变量赋过初值了。

(2)for 语句的一般形式中"表达式 3"也可以省略,但此时要设法保证循环能正常结束。例如:

```
i=1;
for(;i<=100;)
{
sum=sum+i;
i++;
```

}

执行时,跳过“求解表达式 1”和“求解表达式 3”这一步,其他不变。表达式 3 功能是改变循环变量的值,使循环趋于结束。跳过“求解表达式 3”,不是说每次循环中改变循环变量的值这一步可以省略,而是在这里的 for 循环体中,已经用“i++;”语句改变了循环变量的值。

(3)如果省略表达式 2,即不在表达式 2 的位置判断循环终止条件,循环无终止地进行,也就是认为表达式 2 始终为“真”。则应该在其他位置(如:循环体)安排检测及退出循环的机制。

3.5.4 几种循环的比较

在前面分别介绍了 while 循环结构、do-while 循环结构和 for 循环结构。这 3 种循环结构都可以用来处理同一问题,一般情况下它们可以相互代替。其原因是,一般情况下不同循环结构语句都由循环变量赋初值、循环条件、循环体、循环变量改变语句这 4 个要素组成。通过对它们不同位置及次序的放置,形成了不同的循环结构语句的一般形式。

(1)循环变量初始化:while 和 do-while 循环,循环变量初始化应该在 while 和 do-while 语句之前完成,而 for 循环,循环变量的初始化可以在表达式 1 中完成。

(2)循环条件:while 和 do-while 循环只在 while 后面指定循环条件;而 for 循环可以在表达式 2 中指定。

(3)循环变量修改使循环趋向结束:while 和 do-while 循环要在循环体内包含使循环趋于结束的操作;for 循环可以在表达式 3 中完成。

(4)for 循环可以省略循环体,将部分操作放到表达式 2、表达式 3 中,for 语句功能强大。

(5)while 和 for 循环先测试表达式,后执行循环体,而 do-while 是先执行循环体,再判断表达式。所以 while 循环、for 循环是典型的当型循环,而 do-while 循环可以看作是直到型循环。

(6)三种基本循环结构一般可以相互替代,不能说哪种更加优越。具体使用哪一种结构依赖于程序的可读性和程序设计者个人程序设计的风格。程序设计中应当尽量选择恰当的循环结构,使程序更加容易理解。尽管 for 循环功能强大,但是并不是在任何场合都可以不分条件使用。对计数型的循环或确切知道循环次数的循环,用 for 比较合适,对其他不确定循环次数的循环许多程序设计者喜好用 while 或 do-while 循环。

3.5.5 改变循环执行的状态

3.5.5.1 break 语句

前面介绍的 3 种循环结构都是在执行循环体之前或之后通过对一个表达式的测试来决定是否终止对循环体的执行。在循环体中可以通过 break 语句立即终止循环的执行,而转到循环结构的下一语句处执行。

break 语句的一般形式为:

```
break;
```

break 语句的执行过程是:终止对 switch 语句或循环语句的执行(跳出这两种语句),而转移到其后的语句处执行。

说明：

(1)break语句只用于循环语句或switch语句中。在循环语句中，break常常和if语句一起使用，表示当条件满足时，立即终止循环。注意break不是跳出if语句，而是循环结构。

(2)循环语句可以嵌套使用，break语句只能跳出(终止)其所在的循环，而不能一下子跳出多层循环。要实现跳出多层循环可以设置一个标志变量，控制逐层跳出。

【例3.16】输入一个大于2的正整数n，判断这个正整数是否为素数。

分析：素数是除了1和此整数自身外，没法被其他自然数整除的数。可以用n分别除以2、3到n-1这些数，若所有数都不能整除n，则说明n是素数；否则n一定不是素数。当然，没有必要把这些数全部验证完后才能得出结论，多数情况下只要有一个数能整除n，就可以立即得出n不是素数的结论。

(1)声明两个整型变量n和i，i用作循环变量和除数，n用作保存输入的数字。

(2)i从2到n-1判断n%i==0是否成立，如果成立，立即停止继续验证，输出n不是素数的结论。

(3)如果i从2到n-1全部验证完后，没有一个i能整除n，则输出n是素数。

源程序代码如下：

```
#include <stdio.h>
void main()
{
    int i,n;                                          //i用作循环变量
    printf("Please input a positive number:");        //提示输入正整数n
    scanf("%d",&n);
    for(i=2;i<=n-1;i++)                               //从2到n-1每个数一一验证
    {
        if(n%i==0)  break;                            //如果i能整除n,则立即停止并跳出循环
    }
    if(i<=n-1)
        printf("%d 不是素数\n",n);
                                                      //中途停止并跳出for循环,一定有i<=n-1
    else
        printf("%d 是素数\n",n);
}
```

程序改进：其实n不必被2到n-1范围内的各整数去除，只需将n被2到n/2间的整数除即可，甚至只需被2到$\sqrt{n}$之间的整数除即可。这样做可以大大减少循环次数，提高执行效率。

3.5.5.2 continue语句

使用continue语句的一般形式为：

continue;

其作用为结束本次循环,即跳过循环体中下面尚未执行的语句,接着进行下一次是否执行循环的判定。

注意:执行 continue 语句并没有使整个循环终止。注意与 break 语句进行比较。在 while 和 do-while 循环中,continue 语句使流程直接跳到循环控制条件的测试部分,然后决定循环是否继续执行。在 for 循环中,遇到 continue 后,跳过循环体中余下的语句,而去对 for 语句中的表达式 3 求值,然后进行表达式 2 的条件测试,最后决定 for 循环是否执行。

【例 3.17】分析下面程序段的运行结果。

```
#include <stdio.h>
void main()
{
   int count=0,i;
   char ch;
   for(i=0; i<30;i++)
   {
      ch=getchar();
      if(ch<'0'||ch>'9')
            continue;
      count++;
   }
  printf("count=%d\n",count);
}
```

在上面的程序中,循环执行 30 次,每次循环都从键盘输入一个字符,当该字符不是数字字符时,ch<'0'||ch>'9'表达式成立,执行 continue 语句,这时程序流程直接转移到执行表达式 3"i++"进入下一次循环,而当输入的字符是数字字符时,ch<'0'||ch>'9'表达式不成立,执行 if 语句其后的语句 count++,数字字符个数增 1,程序流程再转移到执行表达式 3"i++"进入下一次循环,直到 i 等于 30,表达式 2"i<30"不成立,循环结束,输出 count 的值。所以本程序的功能是从键盘输入 30 个字符,统计其中数字字符的个数并输出。

continue 语句和 break 语句都可以中断某层循环的正常执行次序,两者的区别在于:continue 语句只结束本次循环,而不是终止整个循环的执行;而 break 语句则是结束整个循环过程,不再判断执行循环的条件是否成立,而直接跳出本层循环结构。

3.5.6 循环的嵌套

一个循环体内又包含另一个完整的循环结构,称为循环的嵌套。

其一般形式如下:

```
循环结构语句 1 //外循环
{
循环结构语句 2//内循环
}
```

说明：

(1)内循环必须完整地嵌套在外循环内，两者不允许交叉。

(2)一般情况下，嵌套循环变量不允许同名，即各层循环的循环变量名称不能相同。

(3)while、do-while 和 for 这 3 种循环均可以相互嵌套，即在 while 循环、do-while 循环和 for 循环体内，都可以完整地包含上述任一种循环结构。

【例 3.18】输出 5 行，每行都输出 1,2,3,4,5 这 5 个数字。

分析：可以用一个循环语句，实现输出 5 个数字。然后再把这个工作重复 5 次，即在这个循环外面加一个循环即可。

源程序代码如下：

```
#include <stdio. h>
void main( )
{
    int i,j;                          //i,j 用作循环变量
    for(i=1;i<=5;i++)                 //外循环开始
    {
      for(j=1;j<=5;j++)               //内循环开始
      {
            printf("%d ",j);          //输出数字
      }                               //内循环结束
         printf("\n");                //每输出完 5 个数后换一行
    }                                 //外循环结束
}
```

程序也可改写为用 while 循环作外循环，for 循环作内循环：

```
#include <stdio. h>
void main( )
{
    int i,j;                          //i,j 用作循环变量
    i=1;
    while(i<=5)                       //外循环开始
    {
      for(j=1;j<=5;j++)               //内循环开始
      {
            printf("%d ",j);          //输出数字
      }                               //内循环结束
         printf("\n");                //每输出完 5 个数后换一行
   i++;
    }                                 //外循环结束
}
```

程序运行结果如图 3-19 所示。

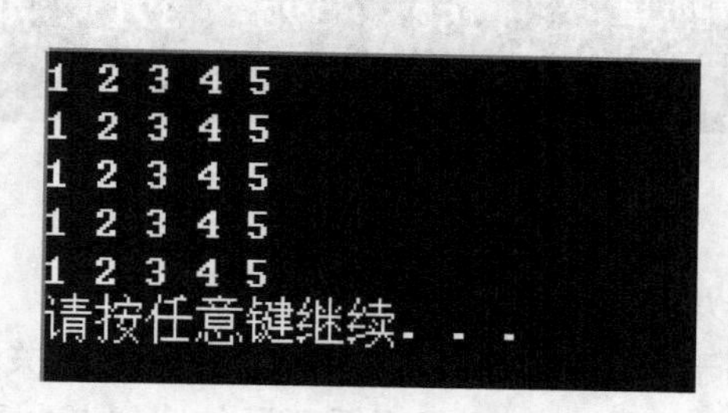

图 3-19　例 3.18 运行结果

也可以用 while 作外循环,do-while 作内循环改写上面的程序。

3.5.7　程序应用举例

【例 3.19】输出所有的“水仙花数”。

分析:所谓“水仙花数”是指一个 3 位数,其各位数字的立方和等于该数本身。例如 153 是个水仙花数,因为 $153=1^3+5^3+3^3$。根据水仙花数的含义,可以采用数学中的穷举法来处理。这里对所有的 3 位数进行判断,是否满足“其各位数字的立方和等于该数”这个条件。因此,循环变量(设为 n)的初始值为 100,循环变量增量运算为 n++,循环的条件是 n<1000。显然,在循环开始之前,循环的次数是已知的,所以属于计数控制的循环,因此用 for 语句来实现最简单。

源程序代码如下:

```
#include <stdio.h>
int main(void)
{
    int n,i,j,k;
    printf("水仙花数是:");
    for(n=100;n<1000;n++)
    {
      i=n/100;                    //百位数字
      j=n/10%10;                  //十位数字
      k=n%10;                     //个位数字
      if(n==i*i*i+j*j*j+k*k*k)
      printf("%6d",n);
    }
    printf("\n");
    return 0;
}
```

程序运行结果如图 3-20 所示。

3 程序控制结构

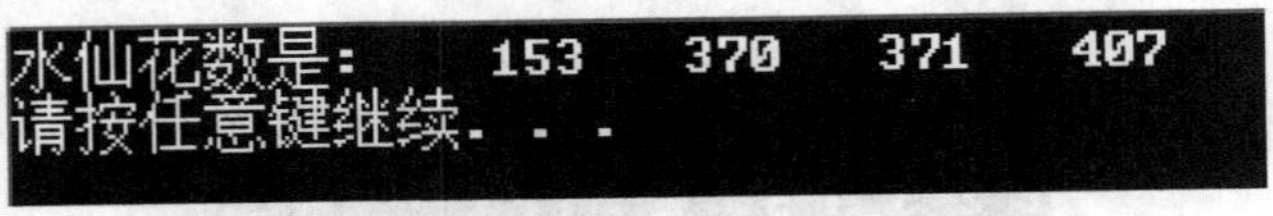

水仙花数是：　153　370　371　407
请按任意键继续. . .

图 3-20　例 3.19 运行结果

【例 3.20】打印输出九九乘法表。

分析：循环结构常常用于输出二维图形。对于这样的问题关键是寻找出图形生成的规律，然后将这些规律用循环语句实现。可以用循环语句实现九九乘法表的打印，程序流程图如图 3-21 所示。

i=1
i<=9
F
T
j=1
j<=i
F
T
打印第i行，第j项
j++
换行
i++

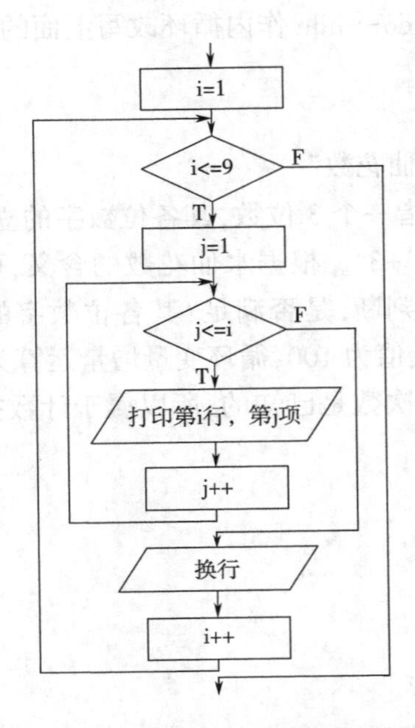

图 3-21　例 3.20 程序流程图

源程序代码如下：

```
#include <stdio.h>
void main()
{
    int i,j;                //i,j 用作循环变量
    for(i=1;i<=9;i++)  //循环打印九行
    {
      for(j=1;j<=i;j++)
                            //从第 i 行的第 1 个乘法表达式到第 i 行的第 i 个乘法表达式
        {
          printf("%d*%d=%d   ",j,i,j*i);
```

```
                    //打印第 i 行的第 j 个乘法运算表达式
        }
        printf("\n");      //打印换行
    }
}
```

程序运行结果如图 3-22 所示。

```
1*1=1
1*2=2   2*2=4
1*3=3   2*3=6   3*3=9
1*4=4   2*4=8   3*4=12  4*4=16
1*5=5   2*5=10  3*5=15  4*5=20  5*5=25
1*6=6   2*6=12  3*6=18  4*6=24  5*6=30  6*6=36
1*7=7   2*7=14  3*7=21  4*7=28  5*7=35  6*7=42  7*7=49
1*8=8   2*8=16  3*8=24  4*8=32  5*8=40  6*8=48  7*8=56  8*8=64
1*9=9   2*9=18  3*9=27  4*9=36  5*9=45  6*9=54  7*9=63  8*9=72  9*9=81
请按任意键继续. . .
```

图 3-22　例 3.20 运行结果

【例 3.21】公元前 5 世纪,我国数学家张丘建在《算经》一书中提出了一个"百钱买百鸡问题",问题如下:公鸡 5 钱一只,母鸡 3 钱一只,小鸡 1 钱 3 只。程序实现花 100 钱买 100 只鸡,公鸡、母鸡和小鸡该如何购买?

分析:可以用列未知数方程的办法来分析。设公鸡、母鸡和小鸡分别购买 x、y、z 只。则有方程: x+y+z=100 和 5x+3y+z/3=100,其中发现有 3 个未知数两个方程,按照通常解法是无法求解的。但是知道 x、y、z 都是不大于 100 的正整数,因此它们的组合是有限的。不妨用计算机来穷举出所有的组合,输出满足条件要求的组合就可以得到结果了。

源程序代码如下:

```
#include <stdio.h>
void main()
{
    int x,y,z;// 分别表示公鸡、母鸡和小鸡个数
    for(x=0;x<=100;x++)
       for(y=0;y<=100;y++)
          for(z=0;z<=100;z=z+3)//小鸡数一定是 3 的倍数
          { if((x+y+z==100) && (5 * x+3 * y+z/3==100))
                              //如果满足百钱买百鸡条件
             printf("公鸡%d 只,母鸡%d 只,小鸡%d 只\n",x,y,z);
          }
}
```

程序运行结果如图 3-23 所示。

```
公鸡0只，母鸡25只，小鸡75只
公鸡4只，母鸡18只，小鸡78只
公鸡8只，母鸡11只，小鸡81只
公鸡12只，母鸡4只，小鸡84只
请按任意键继续. . .
```

图 3-23　例 3.21 运行结果

【例 3.22】用 $\frac{\pi}{4}=1-\frac{1}{3}+\frac{1}{5}-\frac{1}{7}+\cdots$ 公式求 π 的近似值，当最后一项的绝对值小于 10^{-6} 为止。

分析：此题是利用求多项式之和的公式求 π 的近似值，通项公式为 $(-1)^{n-1}\frac{1}{2n-1}$，从第一项开始累加，当最后一项的绝对值小于 10^{-6} 时求和结束。这是循环结束的条件。本题可以直接利用项次来描述通项进行累加，在循环体中执行计算新的和值与本次的通项值。在循环开始前，循环的次数（求和的项数）是未知的，但已知循环结束的条件。所以本题使用 do-while 循环完成程序。

源程序代码如下：

```
#include <stdio. h>
#include <math. h>
void main()
{
    double n=1,item=1,pi=0;
    do
    {
        pi=pi+item;
        n++;
        item=pow(-1,n-1)/(2*n-1);
    } while(fabs(item)>=1e-6);
    pi=pi*4;
    printf("π 的近似值=%f\n",pi);
}
```

程序运行结果如图 3-24 所示。

上面的算法是采用直接法（直接利用项次来描述通项）求多项式的和，也可以采用间接法（或称为递推法、迭代法）求多项式的和。间接法是利用前项求后项的方式来描述通项。经过仔细分析，各项的规律如下。

（1）每项的分子都是 1。

（2）后一项的分母是前一项的分母加 2。

```
π的近似值=3.141591
请按任意键继续. . .
```

图 3-24　例 3.22 运行结果

(3)第一项的符号为正,从第二项起,每一项的符号与前一项的符号相反。

找到这个规律后,就可以用循环来处理了。例如,前一项的值是 $\frac{1}{n}$,则可以推出下一项是 $-\frac{1}{n+2}$,其中分母 n+2 的值是上一项分母 n 再加上 2,后一项的符号则与上一项符号相反。在每求出一项后检查它的绝对值是否大于等于 10^{-6} ,如果是,则还需要继续求出下一项,直到某一项的值小于 10^{-6} ,则循环结束。

源程序代码如下:

```
#include <stdio.h>
#include <math.h>
void main()
{
    int sign=1;
    double n=1,item=1,pi=0;
    while(fabs(item)>=1e-6)
    {
        pi=pi+item;
        n=n+2;
        sign=-sign;
        item=sign/n;
    }
    pi=pi*4;
    printf("π的近似值=%f\n",pi);
}
```

3.6　结构化程序设计方法

结构化程序设计是由迪克斯特拉(E. W. dijkstra)在 1969 年提出的,它是以模块化设计为中心,将待开发的软件系统划分为若干个相互独立的模块,这样使完成每一个模块的工作变得单纯而明确,为设计一些较大的软件打下了良好的基础。按照结构化程序设计的观点,任何算法功能都可以通过由程序模块组成的 3 种基本程序结构的组合,即顺序结构、选择结构和循环结构来实现。

结构化程序设计强调程序设计风格和程序结构的规范化,提倡清晰的结构。当面临一个较复杂的问题时,一般是难于一下子写出一个层次分明、结构清晰、算法正确的程序的。怎样才能实现一个好的结构化程序呢?结构化程序设计的基本思路是:把一个较复杂问题的求解过程分阶段进行,每个阶段处理的问题都控制在人们容易理解和处理的范围内。即从问题本身开始,经过逐步细化,将所解决的问题分解为由基本程序结构模块组成的结构化程序框图。

实现结构化程序设计的具体方法如下。

(1)自顶向下,逐步求精。

(2)模块化设计,结构化编码。

自顶向下、逐步求精就是先对问题解法作出全局性决策,然后把问题分解成相对独立的子问题,再以同样的方式对每个子问题逐层细分,步步深入,直到整个问题可以用程序设计语言明确地描述出来为止。从而有效地将一个较复杂的程序设计任务分解成许多易于控制和处理的子任务,便于开发和维护。

模块化设计使各模块之间相互独立。在设计其中一个模块时,不会受到其他模块的牵连,因而可将原来较为复杂的问题简化为一系列简单模块的设计。模块的独立性还为扩充已有的系统、建立新系统带来了方便,因为可以充分利用现有的模块作积木式的扩展。程序设计中的模块在C语言中通常用函数来实现(有关函数的概念将在第4章讲解)。

结构化编码就是用顺序结构、选择结构和循环结构这三种基本程序结构,以及它们的组合、嵌套来编写程序代码,使程序结构清晰,便于编写、修改和维护。

学习程序设计的目的不只是学习一种特定的语言,而是学习程序设计的一般思想方法。掌握了方法就是掌握了程序设计的灵魂,再学习有关的计算机语言知识后,就可以用任何一种计算机语言顺利地编写出相应程序来。

3.7 案例应用

任务描述:设计简单的计算器,要求如下。

设计一个简单的计算器程序,要求根据用户从键盘输入的表达式:

操作数1　运算符op　操作数2

计算表达式的值,指定的算术运算符为加(+)、减(-)、乘(*)、除(/)。

可以连续做多次算术运算,每次运算结束后,程序都给出提示:

Do you want to continue(Y/N or y/n)?

用户输入Y或y时,程序继续进行其他算术运算;否则程序退出运行状态。

源程序代码如下:

```
#include  <stdio.h>
#include  <math.h>
void main()
{
  float  data1,data2;                /*定义两个操作符*/
  char   op;                         /*定义运算符*/
```

```
char    reply;                          /*用户键入的回答*/
do
  {
  printf("Please enter the expression:\n");
  scanf("%f %c%f",&data1,&op,&data2);/*输入运算表达式*/
  switch (op)                        /*根据输入的运算符确定要执行的运算*/
    {
    case '+':                        /*处理加法*/
        printf("%f + %f = %f \n",data1,data2,data1 + data2);
        break;
    case '-':                        /*处理减法*/
        printf("%f - %f = %f \n",data1,data2,data1 - data2);
        break;
    case '*':                        /*处理乘法*/
        printf("%f * %f = %f \n",data1,data2,data1 * data2);
        break;
    case '/':                        /*处理除法*/
        if (fabs(data2) <= 1e-7)      /*与实数0比较*/
          printf("Division by zero! \n");
        else
          printf("%f / %f = %f \n",data1,data2,data1 / data2);
    break;
    default:
        printf("Unknown operator! \n");
    }
  printf("Do you want to continue(Y/N or y/n)?");
  scanf(" %c",&reply);
  } while (reply == 'Y' || reply == 'y');
  printf("Program is over! \n");
}
```

程序运行结果如图 3-25 所示。

本章小结

本章主要介绍了语句的概念、结构化程序设计的思想方法、顺序结构、选择结构、循环结构等知识。

(1)语句是C语言的基本执行单位。语句可分为声明语句、表达式语句、复合语句、控制语句、空语句等。

```
Please enter the expression:
1+2
1.000000 + 2.000000 = 3.000000
Do you want to continue(Y/N or y/n)?y
Please enter the expression:
120-56
120.000000 - 56.000000 = 64.000000
Do you want to continue(Y/N or y/n)?y
Please enter the expression:
78*4
78.000000 * 4.000000 = 312.000000
Do you want to continue(Y/N or y/n)?y
Please enter the expression:
69/3
69.000000 / 3.000000 = 23.000000
Do you want to continue(Y/N or y/n)?n
Program is over!
请按任意键继续. . .
```

图 3-25　运行结果

(2)任何算法功能都可以由 3 种基本程序结构即顺序结构、选择结构和循环结构来组合实现。

(3)顺序结构是结构化程序设计的 3 种基本结构中最简单的一种结构,它按照语句的先后次序执行。

(4)选择结构可以根据设定的条件,判断应该选择哪一分支来执行相应的语句序列。C 语言提供了 if 和 switch 两种基本的选择结构语句。

(5)循环结构根据给定的条件,判断是否需要重复执行某一相同或类似的程序段,利用循环结构可以简化大量的程序行。C 语言提供了 while、do-while 和 for3 种循环结构语句。

(6)C 语言提供了 break 和 continue 两个转向语句用于改变循环状态。

(7)结构化程序设计的具体方法是在求解问题过程中,将一个复杂的问题分解成若干个子问题。经过逐步细化,将一个较复杂的程序系统设计任务分解成许多易于控制和处理的子任务。

习　题

1. 分析下面程序段的功能,并给出运行结果。

(1)程序 1:

```
#include <stdio. h>
```

```
void main()
{int i,sum=0;
for(i=1;i<10;i++)
{if(i%2==0) continue;
sum+=i;
}
printf("%d\n",sum);
}
```

(2)程序2:

```
#include<stdio.h>
void main()
{char c;
while((c=getchar())!='\n')
{if((c>='a'&&c<='z')||(c>='A'&&c<='Z'))
{c=c+4;
if(c>'Z'&&c<='Z'+4||c>'z')c=c-26;
}
printf("%c",c);
}
}
```

从键盘输入:china!

(3)程序3:

```
#include<stdio.h>
void main()
{double fac=1,s=0;
int i;
for(i=1;i<=5;i++)
{fac=fac * i;
  s+=fac;
  }
  printf("s=%f\n",s);
  }
```

(4)程序4:

```
#include <stdio.h>
int main(void)
  {int i,n,sum;
  scanf("%d",&n);
  sum=0;
```

```
    for(i=1;i<=n;i++)
    sum=sum+i * i;
    printf("sum=%d\n",sum);
    return 0;
}
```

输入:4

2. 有如下分段函数:

$$y=\begin{cases} x^2+5 & (x<10) \\ x^2-2x+1 & (10\leqslant x\leqslant 50) \\ x^3-7x+3 & (x>50) \end{cases}$$

设计程序,输入整数 x 的值,计算 y 相应的值并输出。

3. 编程由键盘输入 3 个整数 a,b,c,输出其中最小的数。

4. 设计程序输入五级制成绩(A~E),输出相应的百分制成绩(0~100)区间,要求使用 switch 语句。五级制成绩对应的百分制成绩区间为:A(90~100)、B(80~89)、C(70~79)、D(60~69)和 E(0~59)。

5. 编写程序,任意输入 n 个数,统计其中正数、负数和零的个数。

6. 编写程序,要求计算并输出 3 到 n(从键盘输入)之间所有素数的和。

7. 输入一个正整数 n,计算下式的和(保留 4 位小数)。

$$e=1+\frac{1}{1!}+\frac{1}{2!}+\frac{1}{3!}+\cdots\cdots+\frac{1}{n!}$$

8. 编写程序计算 $1-\frac{1}{2}+\frac{1}{3}-\frac{1}{4}+\cdots+\frac{1}{99}-\frac{1}{100}$。

4 函数

前面章节介绍的所有程序都是由一个主函数 main 组成的。程序的所有操作都在主函数中完成。事实上,C 语言程序可以包含一个 main 函数,也可以包含一个 main 函数和若干个其他函数。

本章主要介绍函数的定义和调用、函数的参数传递、函数的递归调用、变量的作用域和存储类别、预处理等。

通过对本章的学习,读者应掌握如何运用 C 语言的函数机制进行模块化的程序设计。

4.1 函数概述

4.1.1 函数的概念

在 C 语言程序设计中,具有特定功能的子模块对应为“函数”。通过定义函数来实现子模块的功能,从而可以将一个较复杂系统转化为若干个具有独立功能的函数的集合。这种在程序设计中“分而治之”的策略,被称为模块化程序设计方法。

函数是一个命名的程序段,负责完成特定的、相对独立的动作或计算。可以把函数看成是一个“黑盒子”,只要输入数据就能得到结果,函数内部究竟是如何工作,外部程序不得而知,外部程序所知道的仅限于输入给函数什么以及函数输出什么。

C 语言提倡将一个较大的程序划分成若干个子程序,对应每一个子程序编制一个函数,因此,C 语言程序一般是由大量的小函数而不是由少量大函数构成的,即所谓“小函数构成大程序”。这样,程序内部各功能模块相互独立,并且任务单一。这些充分独立的小模块也可以作为一种固定规格的小“构件”,用来构成新的大程序。

C 语言程序的结构如图 4-1 所示。在每个程序中,主函数 main 是必需的,它是所有程序的执行起点,main 函数只调用其他函数,不能为其他函数调用。如果不考虑函数的功能和逻辑,其他函数没有主从关系,可以相互调用。所有函数都可以调用库函数。程序的总体功能通过函数的调用来实现。

在设计一个较大的程序时,往往把它分为若干个程序模块,每一个模块包括一个或多个函数,每个函数实现一个特定的功能。一个 C 程序可由一个主函数和若干个其他函数构成。主函数调用其他函数(包括库函数),其他函数也可以相互调用。同一个函数可以被一个或多个函数调用多次。

需要说明以下几点。

第一,一个 C 语言程序由一个或多个源程序文件组成,以文件为单位进行编译。

第二,一个源程序文件由一个或多个函数组成。

第三,C 语言程序中必须包含一个并且仅包含一个以 main()为名的函数,这个函数称为主函数。整个程序的执行从主函数开始,当主函数执行完毕,则程序执行结束。

第四,程序中所有函数都是平行的,即一个函数内部不能嵌套定义另一个函数,但函数之间可以嵌套调用。程序中主函数以外的其他函数就是在执行主函数时,通过调用语句得以执行的。

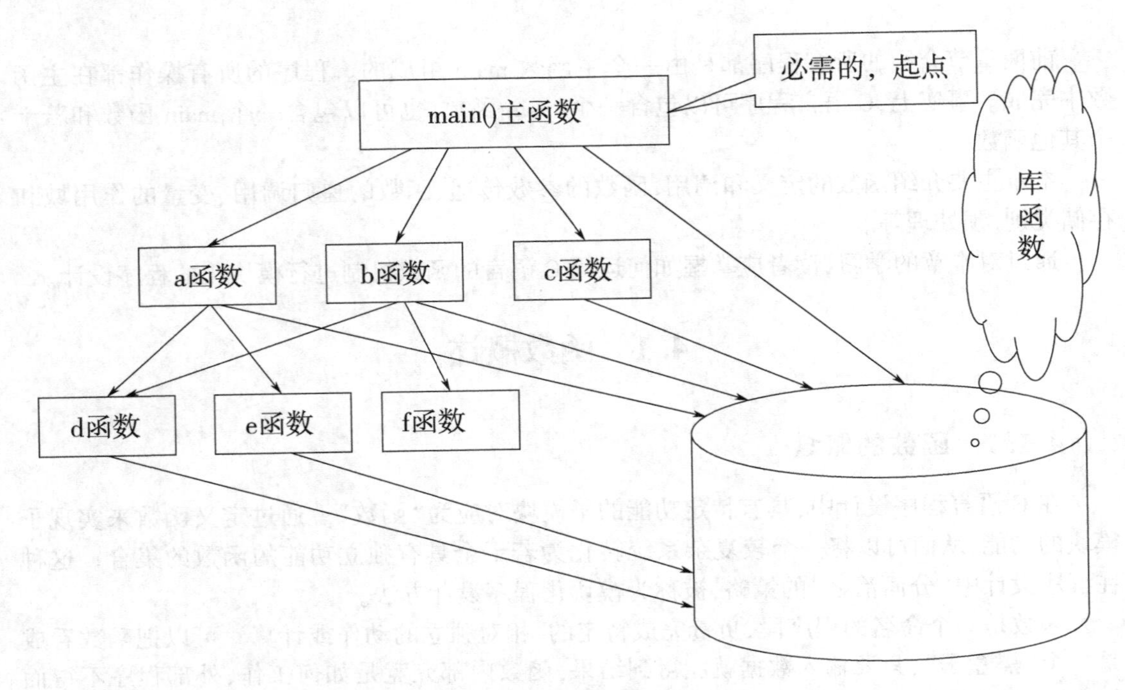

图 4-1　C 语言程序的结构

有些读者提出,前面只用一个 main 函数就可以编程,为什么这么复杂,还要将程序分解到函数,还要掌握这么多概念,太麻烦了?对于小程序可以只用一个 main 函数,但是对于一个有一定规模的程序这样做就不合适了。使用函数有以下原因。

(1)使用函数可以控制任务的规模。一般应用程序都具有较大的规模。一个成熟的软件系统的源程序行数要数千行甚至上万行,使用函数可以将程序划分为若干功能相对独立的模块,这些模块还可以再划分为更小的模块,直到各个模块达到程序员所能够控制的规模。然后程序员再进行各个模块的编制。因为各个模块功能相对独立,步骤有限,所以流程容易控制,程序容易编制和修改。一般一个模块的规模控制在源程序 60 行以内(但是也不必教条化)。

(2)使用函数可以控制变量的作用范围。变量在整个模块范围内全局有效,如果将一个程序全部写在 main( )函数内,可以想象,变量可以在 main 函数内任何位置不加控制地被修改。如果发现变量的值(状态)有问题,你可能要在整个程序中查找哪里对此变量进行了修改,什么操作会对此变量有影响,改动了一个逻辑,一不留神又造成了新的问题,最后程序越改越乱,有时连程序员自己都不愿意再看自己编写的程序。都是“大”惹的祸。使用函数后,变量局限于自己的函数内,容易控制。函数与函数之间通过接口(参数表,返回值)通信,交换数据。

(3)使用函数,程序的开发可以由多人分工协作。一个 main()模块,怎么合作?将程序划分为若干模块(函数),各个相对独立的模块(函数)可以由多人完成,每个人按照模块(函数)的功能要求,接口要求编制代码并调试,确保每个模块(函数)的正确性。最后将所有模块(函数)合并,统一调试、运行。

(4)使用函数,可以重新利用已有的、调式好的、成熟的程序模块。想象一下,如果要用到求平方根,如果系统不提供 sqrt 这样的函数,怎么办(找数学书,考虑算法,编制求平方根代码)。C 语言的库函数(标准函数)就是系统提供的,调试好的、常用的模块,我们可以直接利用。事实上我们的代码也可以重新利用,可以将已经调试好的,功能相对独立的代码改成函数,供以后调用。

4.1.2 函数分类

在 C 语言中,从函数定义的角度看,函数可分为库函数和用户自定义函数两种。

4.1.2.1 库函数

程序设计中经常会需要使用一些常用的功能,如输入输出、数学计算、字符串处理等。为了节省程序的开发时间,C 语言的编译系统为程序员提供了一组预先设计并编译好的函数来实现各种通用或常用的功能,这些函数被组织在函数库中,称为库函数。

C 语言标准库中提供了丰富的库函数,如标准输入输出函数、数学函数等(请参见附录 D)。为了正确使用库函数,应注意以下几点。

(1)类别不同的库函数被包含在不同的头文件中。头文件是以“.h”为扩展名的一类文件,如已经接触过的 stdio.h、math.h 等。这些头文件中包含了对应标准库中所有函数的函数原型和这些函数所需数据类型及常量的定义。库函数的函数原型说明了该库函数的名字、参数个数及类型、函数返回值的类型。例如,数学库函数 sqrt 的函数原型是:

```
double sqrt(double x);
```

(2)当需要使用某个库函数时,应在程序开头用#include 预处理命令将对应的头文件包含进来。例如,为了使用数学库函数,应在程序开头添加以下预处理命令:

```
#include <math.h>
```

(3)调用库函数时,应遵循下面的格式:

函数名(函数参数)

函数名通常代表了函数的功能,函数参数是参与函数运算的数据,可以是常量、变量或者表达式。在调用函数时,函数名、函数参数以及参数的类型必须与函数原型一致。

4.1.2.2 用户自定义函数

除了系统提供的库函数外,用户也可以按需要自行编写具有特定功能的函数。对于用户自定义的函数,通常必须对该函数进行类型说明,然后才可以调用。

4.2 函数的定义与声明

函数的定义和声明是两件不同的事情。定义函数是指依照函数定义的格式,编写若干程序语句以实现函数的功能。函数的声明是指在函数定义好之后,在调用之前对函数的类型和参数的类型进行说明。下面具体介绍函数的定义形式和函数的声明方法。

4.2.1 函数的定义

如果想调用一个函数完成某种功能,必须先按其功能来定义该函数。

函数的定义形式如下所示:

```
返回数据类型　函数名(形式参数类型　形式参数名)
{
语句
}
```

函数定义包括两部分:函数首部和函数体。函数首部由函数名、形式参数列表和返回数据类型组成。函数体由一对花括号"{}"以及其中的语句序列组成。

函数名必需是一个合法的标识符,用来唯一标识该函数。通常函数名应体现该函数的功能。必须注意的是,一个程序中不允许出现同名的函数。

形式参数列表位于函数名后的一对圆括号"()"中,用来说明形式参数的类型和名称。形式参数通常简称为形参。从函数是否带参数的角度来看,函数可分为无参函数和有参函数两种。如果函数不带参数,则函数名后的圆括号中为空,但圆括号不可省略。如果带多个参数,则参数之间用逗号分隔。

返回数据类型说明了函数返回值的数据类型,可以是除数组类型外的任何合法的数据类型。如果函数不需要返回值,可指定返回类型为 void。如果没有明确指明返回类型,则编译器默认返回类型为 int 类型。

函数首部下用一对"{}"括起来的部分是函数体,花括号"{}"中包含了各种语句,函数的功能就是由执行这些语句来实现的。

下面看几个函数定义的具体例子。

【例 4.1】编写函数比较两个数的大小(有参函数)。

```
float　max(float a,float b)
{
float m;
m=a>b? a:b;
return(m);
}
```

在上面的程序中,定义了一个名为 max 的函数,圆括号中包含两个形式参数 a 和 b,都是 float 类型,函数返回类型也是 float 类型。当函数 max()被调用时,主调函数将实际参数的值传递给形参 a 和 b。函数体中声明了变量 m,通过条件表达式的运算,将 a 和 b 中的较大值赋值给 m。return(m)的作用是将 m 的值作为函数返回值带回到主调函数之中。

【例 4.2】编写函数计算两个数的和(无参函数)。

```
void　add()
{
float a,b,sum;
```

```
scanf("%f%f",&a,&b);
sum=a+b;
printf("sum is %6.2f\n",sum);
}
```

在上面的程序中,定义了名为 add 的函数,圆括号中不包含任何参数,即函数 add()为无参函数,当函数被调用执行时,变量 a 和 b 通过输入赋值,而不是参数传值。函数中 sum 的值被直接输出,函数无须返回值,所以函数类型为 void。

在函数定义中还应注意以下几个问题。

(1)不论函数的形式参数类型是否相同,必需分别说明参数类型。

如:(float a,float b)不能写成(float a,b)。

(2)函数的定义不允许嵌套。也就是说不允许在一个函数体内再定义一个函数。

例如,下列写法就是错误的:

```
int f1(int x,int y)
{  int a,b;
   int f2(int m){
……
   }
……
}
```

(3) 在函数体中也应将变量的声明放在使用该变量之前,否则会出现编译错误。

4.2.2 函数声明与函数原型

4.2.2.1 函数声明

函数在定义之后,为了能够正确地被调用,通常需要对函数进行声明。函数声明是对一个存在函数的形式进行说明。它描述了函数的名称、函数返回的数据类型、函数参数的类型、个数和顺序。编译器将根据函数声明对函数调用进行检查,以保证函数名正确,实参与形参类型、个数和顺序一致,并按函数返回的数据类型对返回值作相应的处理。

函数声明的形式如下:

返回数据类型　函数名(形式参数类型　形式参数名);

可以看到,函数声明的形式与函数定义时的首部是相同的。对于上一节中定义的函数 max()和 add(),其函数声明形式如下:

```
float max(float a,float b);
void add();
```

关于函数声明有以下几点需要注意的地方。

(1)当被调函数的定义位于主调函数之前,可以省略函数声明;若定义在后,则必须在主调函数之前对被调函数进行声明。

(2)对于有参函数,在声明时可以省略形式参数的名称,但类型不能省略。因此,上面定义的函数 max()也可以用下面的格式进行声明:

float max(float,float);

(3)函数声明时不要忘记语句末尾的分号“;”。

4.2.2.2 函数原型

函数原型是对函数形式进行说明,它标识了函数返回的数据类型,函数的名称,函数所需的参数个数及类型,但不包括函数体。

函数原型的一般形式为:

返回数据类型 函数名(形参类型 形参名);

也可以为:

返回数据类型 函数名(形参类型);

为了便于阅读程序,一般采用第一种形式。但由于编译器不检查参数名,所以第二种形式和第一种形式实际上是等效的。

在程序中,提倡先声明函数,再使用函数。函数原型符合声明函数的形式,所以通常使用函数原型来声明函数,以便编译器对函数调用的合法性进行全面检查。

4.3 函数调用

4.3.1 函数调用一般形式

C 语言中,函数之间是通过彼此调用联系起来的。当函数被定义后,它就具有了特定的功能,而函数调用就是为了实现函数的功能。

函数调用的一般形式为:

函数名(实际参数列表);

函数名可以是系统预定义的库函数名或者是用户自定义函数的名字。实际参数列表提供了函数调用时所需的数据信息。实际参数又称为实参,可以是常量、变量或者表达式。多个实参之间用逗号间隔。如果调用函数为无参函数,则实参列表为空,但圆括号不能省略。

4.3.2 函数调用方式

按照函数出现在程序中的位置,可以将函数调用的方式分为以下三类。

4.3.2.1 函数语句

将函数调用作为一个独立的语句。

例如:printf(“Hello world!”);

此时函数没有返回值,只需完成相应的操作。

4.3.2.2 函数表达式

函数出现在一个表达式之中,称为函数表达式。此时要求函数返回一个确定的值以参加表达式的运算。

例如:double z,a=6;

z=a+sqrt(100);

函数是表达式的一部分,它的值加上变量 a 的值再赋给 z。

4.3.2.3　函数参数

函数调用作为另一个函数的实参。例如:

```
float m,a,b,c;
m=max(a,max(b,c)) ;
```

其中 max(b,c)是一次函数调用,它的值作为 max 另一次调用的实参。m 的值是 a,b,c 三者中最大的。

函数调用作为函数的参数,实质上也是函数表达式形式调用的一种,因为函数的参数本来就要求是表达式形式。

4.3.3　函数调用过程

一个 C 语言程序可以包含多个函数,但必须包含且只能包含一个 main()函数。程序的执行从 main()函数开始,到 main()函数结束。程序中的其他函数必须通过 main()函数直接或者间接地调用才能执行。

注意:main()函数可以调用其他函数,但不允许被其他函数调用。main()函数是由系统自动调用的。

【例 4.3】比较两个数的大小,输出较大值。

```
#include<stdio.h>
float max(float a,float b);//函数声明
void  main()
{   float x,y,z;
    printf("input two numbers: ");
    scanf("%f%f",&x,&y);
    z=max(x,y); //调用函数 max()
    printf("max is %6.2f\n",z);
}
float max(float a,float b)    //定义函数 max()
{   float m;
    m=a>b? a:b;
    return (m);
}
```

当输入 4.5 和 7.8 时,程序运行结果如图 4-2 所示。

```
input two numbers: 4.5 7.8
max is   7.80
请按任意键继续. . .
```

图 4-2　例 4.3 运行结果

上面程序从 main( )函数开始执行,将输入数据分别赋值给 x、y,遇到函数调用 max(x,y)时,主调函数 main( )暂时中断执行,程序的执行控制权移交到被调函数 max( ),程序转向函数 max( )的起始位置开始执行,同时,将实参 x、y 的值顺序地传递给形参 a、b。依次执行函数 max( )中的语句。当执行到 return 语句时,被调函数 max( )执行完毕,自动返回到主调函数 main( )原来中断的位置,并将 m 的值传回,主调函数 main( )重新获得执行控制权。main( )函数继续执行,将函数返回值赋值给 z,最后输出 z 的值。执行过程如图 4-3 所示。

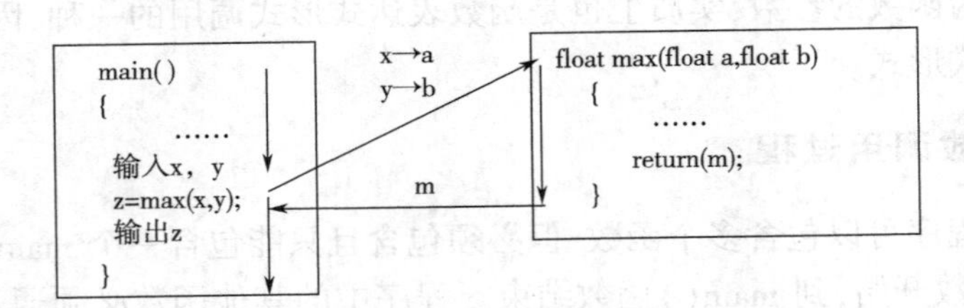

图 4-3　函数调用流程示意图

4.3.4　函数的嵌套调用

C 语言中,函数之间都是平行的,可以在一个函数中调用另一个函数。当被调函数的定义中又包含了对第三个函数的调用,这就构成了函数的嵌套调用,如图 4-4 所示。

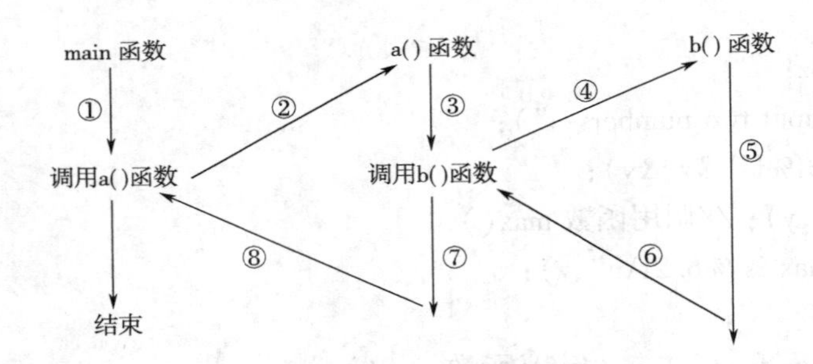

图 4-4　函数的嵌套调用

在图 4-4 中显示了两层嵌套的情形,序号表示执行的顺序。其执行过程是:首先执行 main( )函数,函数中调用 a( )函数,转去执行 a( )函数,在 a( )函数中调用 b( )函数时,又转去执行 b( )函数,b( )函数执行完毕后,返回 a( )函数中断的地方继续向下执行,a( )函数执行完毕后,返回 main( )函数中断地方继续执行。

注意:C 语言允许函数嵌套调用,但是不允许函数嵌套定义,即在一个函数的定义中包含另一个函数的定义是非法的。

【例 4.4】编写函数求两个正整数的最大公约数和最小公倍数。

```
#include<stdio. h>
int gcd(int a,int b); //函数声明
int lcm(int a,int b);
void   main()
```

```
{
    int a,b,m,n;
    printf("please input a,b: ");
    scanf("%d,%d",&a,&b);
    m=gcd(a,b);//函数 1 级调用
    n=lcm(a,b);//函数 1 级调用
    printf("gcd(%d,%d)=%d\n",a,b,m);
    printf("lcm(%d,%d)=%d\n",a,b,n);
}
int gcd(int a,int b)//定义最大公约数函数 gcd()
{
    int t;
    do
    {   t=a%b;
        a=b;
        b=t;
    } while(b!=0);
    return (a);
}
int lcm(int a,int b)// 定义最小公倍数函数 lcm()
{
    int t;
    t=a * b/gcd(a,b);//  函数 2 级调用
    return (t);
}
```

当输入 12 和 42 时,运行结果如图 4-5 所示。

```
please input a,b: 12,42
gcd(12,42)=6
lcm(12,42)=84
请按任意键继续. . .
```

图 4-5　例 4.4 运行结果

在上面的程序中,定义了两个函数 gcd()和 lcm()。函数 gcd()的功能是求 a 和 b 的最大公约数,函数 lcm()的功能是求 a 和 b 的最小公倍数。两个函数彼此独立,互不从属。

程序从 main()函数开始执行。输入 a 和 b 后,调用函数 gcd()求 a 和 b 的最大公约数,赋值给 m。在调用函数 lcm()的过程中,需要调用函数 gcd()来确定最大公约数,通过将 a 和 b 的乘积除以最大公约数来获得最小公倍数的值,这里就构成了函数的嵌套调用。

4.4 函数返回类型与返回值

函数的返回类型是在函数定义时函数首部指定的类型。函数的返回值是指函数被调用时,执行函数体中的程序段后所取得的并返回给主调函数的值。函数的返回值可以有,也可以没有。根据返回值的有无,可以将函数分为有返回值函数和无返回值函数两类。

4.4.1 有返回值函数

如果函数有返回值,则函数体中必须包含 return 语句,通过 return 语句将值返回给主调函数。

使用 return 语句的一般形式为:

return 表达式;

或

return(表达式);

该语句的功能是计算表达式的值,并返回给主调函数。

在例 4.4 中,为了将最大公约数返回给主调函数 main(),函数 gcd()中包含了 return 语句:

return(a);

一个函数可以有一个或者多个 return 语句,但每次调用只能有一个 return 语句被执行,因此只能返回一个函数值。

当一个函数有返回值时,必须在函数定义时指定函数的返回类型。如果省略函数的返回类型,则系统默认函数返回类型为 int 型。

函数返回类型应该和 return 语句中表达式值的类型一致。如果两者不一致时,则返回类型以函数返回类型为准。

【例 4.5】函数返回类型与 return 表达式值类型不一致。

```
#include<stdio.h>
min(float a,float b);//min()函数的返回类型默认为 int
void main()
{
  float x,y,z;
  printf("input two numbers:");
  scanf("%f%f",&x,&y);
  z=min(x,y);
  printf("min is %6.2f\n",z);
}
min(float a,float b)//min()函数的返回类型默认为 int
{
   float m;
```

```
    m=a<b? a:b;
    return (m);
}
```

当输入 4.5 和 6.8 时,运行结果如图 4-6 所示。

```
input two numbers: 4.5 6.8
min is   4.00
请按任意键继续. . .
```

图 4-6 例 4.5 运行结果

在上面的程序中,main()函数调用 min()函数执行,m 被赋值为 a、b 中较小值,即 4.5。在返回时,由于 m 是 float 型,min()函数没有指定返回类型,系统默认函数的返回类型为 int 型,两者不一致,按 C 语言规定,先将 m 的值转换为 int 型,即 4.0,再作为函数返回值带回主调函数。返回主调函数 main()以后,由于 z 是 float 型,所以函数表达式 min(x,y)的值 4 自动由 int 型转换为 float 型,所以 z 的值为 4.0。

显然,由于函数的返回类型与表达式值的类型不一致,导致程序运行结果错误。为了避免这种错误,C 语言提倡正确的声明函数类型,尽量保证函数返回类型与 return 中表达式值的类型相同。

4.4.2 无返回值函数

如果函数没有返回值,则可以明确定义为"空"类型,类型说明符为"void"。无返回值函数用于完成特定的处理任务,执行完后不向主调函数返回任何值。例如:

```
void printstar()
{
   printf("**********");
}
```

该函数的功能是打印 10 个'*'字符,没有返回值。如果要在主调函数中调用 printstar 函数,调用语句应为:

```
printstar();
```

由于 printstar 函数是 void 型,所以该函数不能参与表达式运算。如下面的用法就是错误的:

```
a=b+printstar();
m=printstar();
```

编译时会给出错误信息。

当函数声明为 void 型,则函数体中不应出现 return 语句或者出现 return 语句但 return 语句后面不带任何表达式。

通常执行函数调用时,函数体中的语句自动按顺序执行,当遇到函数体右花括号"}"时结束执行,返回主调函数。但如果函数体中包含有 return 语句并执行到该语句时,也将返回主调函数,实现控制流程的转移。

4.5 函数的参数

4.5.1 形式参数与实际参数

在调用函数时,如果被调函数为有参函数,则主调函数和被调函数之间会有数据传递,这里的数据就是参数。

在定义一个有参函数时,函数名后面圆括号"( )"中的参数称为形式参数,简称形参。形参在定义时必需指明它的个数、类型和名字。当有多个形参时,参数之间用逗号间隔。

在调用一个有参函数时,函数名后面圆括号"( )"中的参数称为实际参数,简称实参。实参可以是常量、变量、表达式、函数等。在进行函数调用时,实参必须具有确定的值,以便将这些值传送给形参。

注意:

(1)在函数调用时,实参的值应一一对应地传递给形参,实参与形参的个数应相同,类型应一致。

(2)形参只有在被调用时才分配内存单元,在调用结束时,即立刻释放所分配的内存单元。因此,形参只有在函数内部有效。函数调用结束返回主调函数后,不能再使用该形参。

4.5.2 值传递与地址传递

C 语言中,主调函数与被调函数的参数传递方式有两种:值传递和地址传递。

4.5.2.1 值传递

值传递是指根据实参和形参的对应关系,将实参的值单向地传递给形参,供被调函数在执行时使用。在函数执行过程中,对形参做任何修改都不影响实参的值。

例如,定义函数 func( )

```
int func( int x,int y)
{
  y=x+y;
  return( y) ;
}
```

在 main( ) 函数中执行赋值语句:

```
m=func( a,b) ;
```

假设主函数中 a=3,b=4,参数传递情况,如图 4-7 所示。

由图 4-7 可知,实参 a、b 的值对应地传递给了形参 x 和 y。函数调用执行过程中,形参 y 的值发生了改变,当返回主调函数 main( ) 时,函数表达式的值为形参 y 的新值 7,但主函数中实参 a、b 的值依然还是 3 和 4,不受形参的影响。

【例 4.6】从 m 个不同元素中取出 n(n≤m)个元素的所有组合的个数,叫作从 m 个不同元素中取出 n 个元素的组合数。求组合数: $C_m^n=\frac{m!}{(m-n)!\ n!}$。

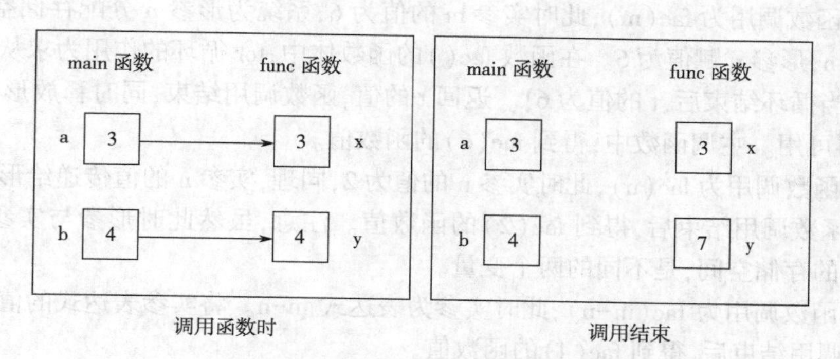

图 4-7　函数调用中的值传递

分析：定义一个求 n！的函数 fac，主函数中三次调用 fac 函数实现求组合数。

源程序代码如下：

```
#include<stdio.h>
int  fac (int n);
void  main()
{
   int m,n,c;
   printf("please input m,n(m>=n):");
   scanf("%d%d",&m,&n);
   c=fac(m)/fac(n)/fac(m-n);//三次调用函数 fac()
   printf("C(%d,%d)= %d\n",m,n,c);
}
int  fac (int n)//定义函数 fac()求 n 的阶乘
{
   int  i,t=1;
   for(i=1;i<=n;i++)
       t=t*i;
   return (t);
}
```

当输入 6 和 2 时，运行结果如图 4-8 所示。

```
please input m,n(m>=n): 6 2
C(6,2)=15
请按任意键继续. . .
```

图 4-8　例 4.6 运行结果

在上面的程序中，main()函数三次调用 fac()函数。

第一次函数调用为fac(m),此时实参m的值为6,系统为形参n分配存储空间,并将m的值传递给n,形参n赋值为6。在函数fac()的函数体中,for循环的作用为求从1到n的乘积,即n!。当循环结束后,t的值为6!。返回t的值,函数调用结束,同时释放形参n的存储空间,n不再可用。主调函数中,得到fac(6)的函数值。

第二次函数调用为fac(n),此时实参n的值为2,同理,实参n的值传递给形参n,形参n赋值为2。函数调用结束后,得到fac(2)的函数值。注意,虽然此时形参与实参同名,但它们占据不同的存储空间,是不同的两个变量。

第三次函数调用为fac(m-n),此时实参为表达式m-n。将实参表达式的值4传递给形参n。函数调用结束后,得到fac(4)的函数值。

当三次函数调用结束后,可得到表达式fac(m)/fac(n)/fac(m- n)的值,从而就计算出组合数C的值。

注意:所谓单向值传递,是指只能将实参的值传递形参,而不能将形参的值反向传回给实参。如果被调函数需要传递数据给主调函数,只能通过return语句实现。

【例4.7】 交换变量a、b的值。

源程序代码如下:

```
#include<stdio.h>
void swap(int x,int y);
void main()
{
   int a=2,b=4;
   printf("before swap:\n");
   printf("a=%d,b=%d\n",a,b);
   swap(a,b) ;
   printf("after swap:\n") ;
   printf("a=%d,b=%d\n",a,b);
}
void swap(int x,int y)
{
int t;
t=x;
x=y;
y=t;
}
```

程序运行结果如图4-9所示。

在上面的程序中,swap()函数的功能是实现交换x、y的值。main()函数中调用swap()函数是希望通过该函数能够交换实参a、b的值。但从运行结果来看,显然a、b的值没有交换。swap()函数本身功能是正确的,但为什么调用后没有实现交换实参a、b的值呢?这正是因为函数的参数传递方式是单向值传递造成的。

```
before swap:
a=2, b=4
after swap:
a=2, b=4
请按任意键继续. . .
```

图 4-9　例 4.7 运行结果

调用 swap()函数时,将实参 a 和 b 的值对应地传递给形参 x 和 y,x 和 y 获得初值。此时实参 a、b 与形参 x、y 都各自占用内存单元。在 swap()函数执行过程中,形参 x 和 y 的值互换。当 swap()函数执行结束,返回主函数时,形参 x 和 y 的内存空间被释放,即 x、y 不再存在,因此也就不能将它们的值再反向传回给 a、b,所以实参 a、b 的值仍然是它们的初值。

注意:形参和实参分别在不同的函数中定义,只能在各自的函数中使用。如主调函数中不允许引用形参变量,被调函数中也不允许引用实参变量。

4.5.2.2　地址传递

函数参数传递的另一种方式为地址传递。这时作为参数传递的不再是变量的值,而是变量的存储地址。有关地址传递的内容,将在第 6 章中详细介绍。

4.6　递归调用

函数的递归调用是指函数直接调用或间接调用自己,或者说调用一个函数的过程中出现直接或间接调用该函数自身。前者称为直接递归调用,后者称为间接递归调用。C 语言的特点之一就在于允许函数的递归调用。例如,如下函数定义。

```
int fn(int a)
  {  int x,y;
     ……
   y=fn(x);
   return (3 * y);
  }
```

在调用函数 fn()的过程中,又出现再次调用 fn()函数,这就是函数的递归调用,函数 fn()称为递归函数。像函数 fn()这样直接调用自身的,称为函数的直接递归调用,如图 4-10(a)所示。

如果调用 f1()函数的过程中要调用 f2() 函数,而在调用 f2()函数的过程中又要调用 f1()函数,则称为函数的间接递归调用,如图 4-10(b)所示。

从图 4-10 可以看到,这两种递归调用都构成了调用环,并且是没有终止的调用。显然程序中不应该出现无终止的递归调用,必须是有限次数的、有终止的递归调用。为了控制递归调用的执行,必须为递归函数设置结束条件,一旦满足结束条件,则递归调用不再执行。

对于初学者,可能不太好理解递归的概念,下面通过一个典型的问题来说明递归的具体

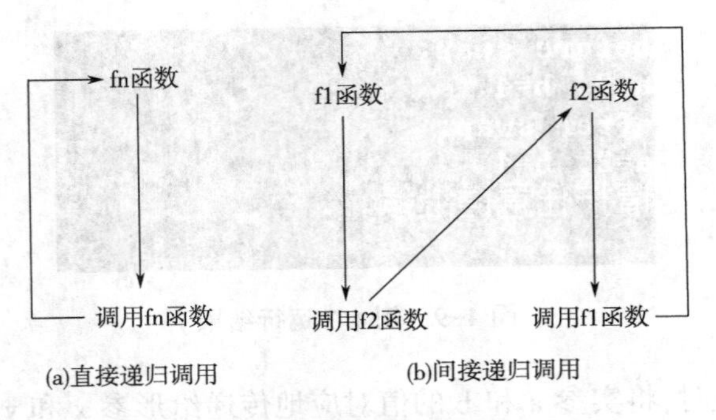

图 4-10　函数的递归调用

执行过程。

问题:求自然数 n 的阶乘。

前面例题中曾经用递推方法求过,即从 1 开始,乘 2,乘 3,……,一直乘到 n。这种方法容易理解,也容易实现。而递归法和递推法是不同的。

用递归方法求 n!,对应的递归公式为:

$$n!=\begin{cases}1 & n=0,1\\ n\times(n-1)! & n>1\end{cases}$$

以 5! 为例,递归过程是这样的:

因为 5!=5×4!,所以要求出 5!,就必须先求出 4!,而 4!=4×3!,所以要求出 4!,就必须先求出 3!,同理,要求出 3!,就必须先求出 2!,要求出 2!,就必须先求出 1!,而根据递归公式可知,1!=1,从而,再反过来就可以依次求出 2!,3!,4!,5!。

图 4-11 描述了求 5! 的过程。

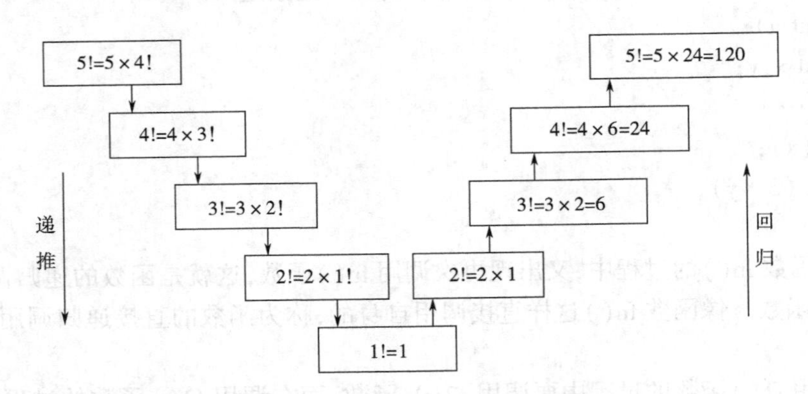

图 4-11　求 5! 的递归过程

从图 4-11 可以看到,求 n! 的过程实际上分成了两个阶段:递推阶段和回归阶段。在递推阶段,一个复杂的问题被一个更简单、规模更小的类似问题所代替,经过逐步分解,直到达到递归的结束条件,停止递推过程;在回归阶段,从递归结束条件出发,按递推的相反顺序,逐层解决上一级问题,直至最后顶层的复杂问题得以解决。实际上,只要是递归问题,都可以分成这两个阶段。

注意:在递归过程中,必需给定递归结束条件,否则,递归过程会无限制地进行下去。

【例 4.8】 用递归法求正整数 n!。

```
#include<stdio.h>
int fac(int n);
void  main()
{
  int n;
  printf("please input n(n>=0):");
  scanf("%d",&n);
  printf("%d!=%d\n",n,fac(n));//函数调用
}
int fac(int n)
{
  int t;
  if (n==0||n==1)
    t=1;
  else
    t=n * fac(n-1); //递归调用
  return (t);
}
```

当输入 5 时,程序运行结果如图 4-12 所示。

```
please input n(n>=0): 5
5!=120
请按任意键继续. . .
```

图 4-12　例 4.8 运行结果

在上面的程序中,定义了递归函数 fac()。变量 t 代表形参 n 的阶乘。通过 if 语句来进行判断,如果 n 为 0 或者 1,则函数返回值 t=1;否则,将表达式 n * fac(n-1)赋值给 t。由于这里出现递归调用,所以需要继续执行递归过程,直至 n 的值为 1。

在程序设计中,如果一个问题可以被分解为同类型的、规模较小的子问题,就可以定义递归函数来解决它。通常,递归函数分为以下两部分。

第一,递归结束条件,解决最基本的问题并返回一个明确的结果。

第二,包含递归调用的语句,通过调用函数自身来简化原问题,并使函数参数逐渐接近递归结束条件。

递归调用过程一般分为以下两个阶段。

第一,递推阶段:将原问题不断地分解为新的子问题,逐渐从未知的方向向已知的方向

推测,最终达到已知的条件,即递归结束条件,这时递推阶段结束。

第二,回归阶段:从已知条件出发,按照"递推"的逆过程,逐一求值回归,最终到达"递推"的开始处,结束回归阶段,完成递归调用。

【例 4.9】用递归法计算 Fibonacci(斐波拉契)数列的第 n 项。

分析:Fibonacci 数列的递归公式如下。

$f_1=1$ $(n=1)$

$f_2=1$ $(n=2)$

$f_n=f_{n-1}+f_{n-2}$ $(n>=3)$

从 Fibonacci 数列的递归公式,可以很清楚地确定递归结束条件:当 n=1 或 2 时,数列值为 1;当 n>=3 时,递推方式为 f_n 等于前两项之和。

源程序代码如下:

```
#include<stdio.h>
long fibo(long n);
void  main()
{
  long n;
  printf("please input n(n>=1): ");
  scanf("%ld",&n);
  printf("fibo(%ld)=%ld\n",n,fibo(n)); //函数调用
}
long fibo(long n)
{
  long t;
  if (n==1||n==2)
     t=1;
else
     t=fibo(n-1)+fibo(n-2); //递归调用
  return (t);
}
```

当输入 10,运行结果如图 4-13 所示。

```
please input n(n>=1): 10
fibo(10)=55
请按任意键继续. . .
```

图 4-13 例 4.9 运行结果

在上面的程序中,定义了递归函数 fibo()。变量 t 代表数列第 n 项的值。通过 if 语句来进行判断,如果 n 为 1 或者 2,则函数返回值 t=1;否则,将表达式 fibo(n-1)+fibo (n-2)

赋值给 t。这里出现递归调用,所以需要继续执行递归过程,直至 n 的值为 1 和 2,然后再回归计算。

由于 Fibonacci 数列的值增长得很快,为了防止数据异常,所以将函数的返回类型定义为 long 而不是 int 型。

4.7 变量作用域

变量的作用域是指一个变量在程序中可以被使用的范围。当变量在允许范围内使用时是合法的,而如果在允许范围之外使用则是非法的。C 语言中,变量按作用域范围可分为内部变量和外部变量。

4.7.1 内部变量

内部变量也称为局部变量。在一个函数内部定义的变量就是内部变量,它的作用范围是从变量定义的位置开始到函数体的结束位置(即右花括号"}"处)。内部变量只在本函数中有效,在函数之外不允许使用。由于函数的形参也是在函数中定义的,因此形参也属于内部变量。

内部变量也包括复合语句中定义的变量,它的作用域是从变量定义的位置开始到复合语句的结束位置(右花括号"}"处)。

【例 4.10】内部变量及其作用域。

```
#include<stdio.h>
int fun(int a);
void main()
{
  int a=3,b;
  b=a+1;
  {
    float b=6;
    printf("%f\n",a+b);
  }
  printf("%d\n",a+b);
  printf("%d\n",fun(a));
}
int fun(int a)
{
  int m;
  m=2*a;
  return (m);
}
```

程序运行结果如图4-14所示。

```
9.000000
7
6
请按任意键继续. . .
```

图4-14　例4.10运行结果

说明:

第一,在main()函数中定义的变量a、b只在main()函数中有效。而主函数也不能使用其他函数中的变量,如fun()函数中定义的变量m。

第二,不同函数中可以使用相同名字的变量,如main()函数中的变量a和fun()函数中的形参a,由于它们分别占有不同的内存单元,所以它们代表不同的变量,互不相关。

第三,在main()函数内部的复合语句中定义了变量b,它只在本复合语句中有效,和main()函数中前面所定义的变量b代表不同的变量。

第四,当函数调用结束后,内部变量所占内存单元立刻释放,该变量不可再使用,如fun()函数中定义的变量m和形参a。

4.7.2　外部变量

外部变量也称为全局变量。它是在函数外部定义的变量,它不属于任何一个函数,它属于一个源程序文件。外部变量的作用域是从变量定义的位置开始到源文件结束。

当外部变量的定义出现在函数定义之前,则函数中可以直接使用该外部变量,而如果外部变量的定义在函数定义之后,则必须先声明该外部变量,然后才能在函数中使用。

外部变量的声明方法为:

extern　类型名　外部变量名;

extern为声明外部变量的关键字。

在引用全局变量时如果使用“extern”声明全局变量,可以扩大全局变量的作用域。例如,扩大到整个源文件(模块),对于多源文件(模块)可以扩大到其他源文件(模块)。

在定义全局变量时如果使用修饰关键词static,表示此全局变量作用域仅限于本源文件(模块)。

【例4.11】外部变量及其作用域。

```
#include<stdio.h>
int a=1;
extern int x;  /* 声明外部变量  */
int f1()
{
  int t;
  t=x+2*a;
  x++;
```

```
    return (t);
  }
int x=3,y=4;
int f2()
{
    int t;
    t=a+x+y;
    return (t);
}
void  main()
{
    printf("f1()=%d\n",f1());
    printf("f2()=%d\n",f2());
}
```

程序运行结果如图4-15所示。

```
f1()=5
f2()=9
请按任意键继续. . .
```

图4-15 例4.11运行结果

说明：

第一,在程序中定义了3个外部变量a、x、y。

第二,外部变量a的作用域是从它定义处直到源文件结束。因该变量定义在函数f1()和f2()之前,可以直接在两个函数中使用,不需要声明。

第三,外部变量x的作用域是从它声明的位置直到源文件结束。因为变量x定义在函数f1()之后,所以需要先对它进行声明,在函数f1()中才能使用。由于外部变量在文件中一直有效,所以函数f1()中对x值的修改会影响后面x的值。

第四,外部变量y的作用域是从它定义的位置直到源文件结束。变量y定义在函数f2()之前,因此可以直接在函数f2()中使用。

外部变量的使用可以增加函数之间进行数据通信的手段。但是,由于外部变量在程序的全部执行过程中一直占用内存单元,这样就降低了内存的使用效率。另一方面,过多使用外部变量,会降低程序的清晰性,使用户很难清楚地判断某个时刻外部变量的值,同时,也会使函数的通用性降低,因为函数在执行时必须要依赖与之相关的外部变量的值。如果将一个函数移到另外的文件,还必须将相关的外部变量及其值一起移植过去。因此,为了增强函数的凝聚性,使程序具有良好的模块结构,建议尽量减少使用外部变量。

4.7.3 作用域规则

在程序中,可能会出现变量同名的情况。C语言中,对于同名变量的处理应遵循下面的规则。

第一,在同一个作用域内不允许出现同名变量的定义。

第二,相互独立的两个作用域内的同名变量分配不同的存储单元,代表不同的变量,互不影响。

第三,如果在一个作用域和其所包含的子作用域内出现同名变量,则在子作用域中,内层变量有效,外层变量被屏蔽。

【例4.12】同名变量作用域示例。

```
#include <stdio.h>
int d=1;//定义外部变量 d
void f1(int m);
void f2(int n);
void  main()
{
  int a=3;
  f1(a);
  f2(a);
  d+=a;// d为外部变量
  printf("d=%d\n",d);
}
void f1(int m)
{
  int d=5;
  d+=m;//d为内部变量
  printf("d=%d\n",d);
}
void f2(int n)
{
  d+=n;//d为外部变量
  printf("d=%d\n",d);
}
```

程序运行结果如图4-16所示。

在上面的程序中,外部变量d初始化为1。在main()函数中使用了变量d,由于main()函数中未定义同名变量,因此main()函数中的变量d为外部变量;在f1()函数中定义了内部变量d,因此f1()函数中,所有出现变量d的语句中使用的都是内部变量d;在f2()函数中,由于没有定义同名变量,因此f2()函数中的变量d为外部变量。

图 4-16　例 4.12 程序运行结果

程序运行结果中的输出语句的顺序如下。

第一,首先执行的是 f1( )函数中的输出语句,因为内部变量 d=5,所以输出值为 5+3=8。

第二,其次执行的是 f2( )函数中的输出语句,因为外部变量 d=1,所以输出值为 1+3=4,此时外部变量 d 的值已修改为 4。

第三,最后执行的是 main( )函数中的输出语句,因为外部变量 d=4,所以 4+3=7。

4.8　变量存储类别

在 C 语言中,变量的属性有两种:数据类型和存储类别。数据类型描述的是数据的存储格式和运算规则,如整型、字符型等,存储类别则描述了数据的作用域和生存期。

4.8.1　变量生存期

变量的生存期指在程序执行过程中,变量何时被分配存储空间,何时被回收空间。相对于变量的作用域描述的是变量的使用范围,生存期则描述的是当程序执行时变量的存在时间。

C 语言用存储类别来确定变量的生存期,分为静态存储类别和动态存储类别。

所谓静态存储类别指在程序运行期间,为变量分配固定的存储空间;而动态存储类别则是在程序运行期间,根据需要为变量动态地分配存储空间。

C 语言变量的存储类别可以分为:自动变量(auto)、静态变量(static)、寄存器变量(register)、外部变量(extern)。

在对变量进行声明时,除了应说明变量的数据类型,还应说明其存储类别。定义变量的格式为:

存储类别　数据类型　变量名;

例如:auto int x;

　　static float m;

4.8.2　auto 变量

auto 变量又称为自动变量,属于动态存储类别。

函数中定义的内部变量、形参和复合语句中定义的变量都属于自动变量。当程序执行到定义自动变量的语句时,系统会自动为它们在内存中分配存储空间,即开始它们的生存期,而当包含它们的函数或者复合语句执行结束后,系统就会自动释放掉这些存储空间,即结束它们的生存期。每一次执行到定义自动变量的语句时,系统都会为它们在内存中分配新的内存空间,并对它们重新进行初始化。

声明自动变量存储类别的关键字为 auto。

例如,auto int i=1;

由于内部变量的默认存储类别为 auto,因此关键字 auto 可以省略。上面定义语句等价为:int i=1;

【例 4.13】自动变量示例。

```
#include<stdio.h>
void fun();
void  main()
{   auto int i; //声明 i 为自动变量
    for(i=1;i<=4;i++)
    {fun();
    }
}
void fun()
{   auto int i=0; //声明 i 为自动变量
    i++;
    printf("i have been called %d times.\n",i);
}
```

程序运行结果如图 4-17 所示。

```
i have been called 1 times.
i have been called 1 times.
i have been called 1 times.
i have been called 1 times.
请按任意键继续. . .
```

图 4-17　例 4.13 运行结果

在上面的程序中,定义了两个同名自动变量 i。由于它们分别处于不同的函数中,因此被分配有不同的存储单元,彼此互不干扰。

在 main()函数 4 次调用 fun()函数,但是因为变量 i 为自动变量,当 fun()函数调用结束时,其变量 i 所占存储单元必需被释放,而在下次调用时,再重新为它分配新的存储单元,并且初始化为 0,所以每次输出语句中 i 的值都是 1。

4.8.3　static 变量

static 变量又称为静态变量,属于静态存储类别。当希望函数中的内部变量在函数调用结束后依然存在,并在下一次调用函数时,该变量仍然保留上一次函数调用结束时的值,则可以将该变量的存储类别声明为 static。

静态变量的生存期和程序的生存期一致。当程序被编译时,就为静态变量在内存中分配存储单元,并初始化赋值。整个程序运行期间,静态变量一直占用存储单元,并且不再重新初始化。当程序运行结束时,静态变量的存储单元才会被释放。

若初始化时 static 变量未被赋初值,则自动赋值为 0(数值型)或空字符(字符型)。这与 auto 变量不同,auto 变量初始化时如果未被赋值,它的值是一个不确定的值。

【例 4.14】静态变量示例。

```
#include<stdio.h>
int fac(int n);
void  main()
{
   int i;
   for(i=1; i<=5; i++)
   {     printf("%d!=%d\n",i,fac(i));
   }
}
int  fac(int n)
{static  int f=1; //声明 f 为静态变量
   f=f*n;
   return  f;
}
```

程序运行结果如图 4-18 所示。

图 4-18　例 4.14 运行结果

在上面的程序中,fac()函数中的变量 f 为静态变量,初始化为 1。当 main()函数调用 fac()函数时,由于变量 f 不再初始化,因此它的值始终是前一次函数调用结束时的值。

4.8.4　register 变量

register 变量又称为寄存器变量。同 auto 变量和 static 变量不同,它不是存放在内存之中,而是存放在 CPU 的通用寄存器之中。

当某个变量在函数中可能会参与大量频繁计算时,为了提高程序的执行效率,消除从内存向寄存器装入变量和将结果返回内存的重复工作,可以将该变量声明为 register。

寄存器变量只能是函数中的内部变量和形式参数。

实际上,CPU 中寄存器的数目是有限的,不能定义任意多个寄存器变量。如今的优化编译器能够识别使用频繁的变量,从而自动地将这些变量放在寄存器中,而不需要程序指定,因此 register 很少用到。

4.8.5 extern 变量

extern 变量就是外部变量,也称为全局变量,它是在函数外部定义的变量,它不属于任何一个函数,它属于一个源程序文件。

外部变量属于静态存储类别。当程序被编译时,就为外部变量分配存储单元,并初始化赋值。整个程序运行期间,外部变量一直占用存储单元。当程序运行结束时,外部变量占用的存储单元才会被释放。因此,外部变量和程序具有相同的生存期。

若初始化时 extern 变量未被赋初值,则自动赋值为 0。

一般情况下,变量的定义和声明是一样的,但是外部变量的定义和声明则是有区别的。

外部变量的定义必须在所有函数定义之外,并且只能定义一次。当外部变量被定义后,就确定了它在存储单元中的分配情况和初始化赋值。

而外部变量的声明则可以在程序中出现多次,只是声明时不再为外部变量分配存储单元。外部变量的声明可以扩大它在程序中的使用范围。外部变量的作用域是从变量定义的位置开始到源文件结束。如果一个外部变量定义在某函数之后,则该函数无法使用该外部变量,此时,可以通过对外部变量作声明,这样就可以在函数中使用它了。

对于外部变量的声明既可以放在函数之内,也可以放在函数之外;既可以放在一个文件中,也可以放在多个文件中。通过 extern 声明,可以方便地扩大外部变量的使用范围。

需要注意的是,如果 extern 声明放在函数之内,则只有该函数可以使用该外部变量,而如果放在函数之外,则从声明处开始直到文件结束,其后的所有函数都可以使用该外部变量。

4.9 内部函数与外部函数

在 C 语言中,函数的存储类别分为静态存储类别和动态存储类别。函数的本质是全局的,因为一个函数只有被其他函数调用才能实现它的功能。但是,也可以声明函数不能被其他文件调用。根据函数是否能被其他源文件调用,可将函数分为内部函数和外部函数。

4.9.1 内部函数

如果一个函数只能被本文件中的其他函数调用,则将该函数称为内部函数。内部函数的作用域只在本文件内,同一个程序中的其他源文件不允许调用该内部函数。

内部函数的定义方法为:

```
static　函数返回类型　函数名(形参列表)
{
函数体;
```

}

static 为声明内部函数的关键字,不能省略。

内部函数的存储类别为静态存储类别,因此内部函数又称为静态函数。当同一个程序中包含有多个不同文件,而这些文件中又包含有相同名字的函数时,可以将它们定义为内部函数。由于内部函数的作用域仅局限于所在文件内部,因此这些同名函数彼此不会干扰。有一些涉及机器硬件、操作系统的底层函数,如果使用不当或错误使用可能造成问题。为避免其他程序员直接调用,可以将此类函数定义为静态函数,而开放本模块的其他高层函数,供其他程序员使用。还有一种情况就是,程序员自己认为某些函数仅仅是程序员自己模块中其他函数的底层函数,这些函数不必要由其他程序员直接调用。此时也常常将这些函数定义为静态函数。例如,如下函数定义:

```
static int sum(int a,int b)
{
    return(a+b);
}
```

4.9.2 外部函数

外部函数是在程序中某个文件中定义的函数,在程序的其他文件中都可以使用。外部函数的作用域是整个源程序。

外部函数的定义方法为:

```
extern  函数返回类型  函数名(形参列表)
{
函数体;
}
```

extern 为声明外部函数的关键字。C 语言规定,如果在定义函数时省略了 extern,则默认函数为外部函数,因此凡是定义时未加存储类别说明的函数都是外部函数。

4.10 预处理命令

为了简化程序代码的编写工作,提高程序的可移植性和可读性,增强程序的模块化结构,C 语言提供了预处理命令。预处理命令是以“#”开头的一系列命令。在源程序中,这些命令都放在函数之外,而且一般都放在源文件的开头。当对一个源文件进行编译时,系统首先引用预处理程序对源程序中的预处理命令作处理,处理完毕后,然后才开始对源程序进行正式地编译(词法扫描和语法分析),生成目标代码。

C 语言提供了多种预处理功能,包括文件包含、宏定义、条件编译等,下面分别进行介绍。

4.10.1 文件包含

所谓文件包含,是将指定文件的内容插入本文件中来,从而将指定文件和当前的源程序文件连接成一个源文件。在程序设计中,通常一个大的程序可能会被分解为多个模块,由多个程序员分别实现,而程序中可能会存在一些公用的数据,为了避免重复说明,可以将它们单独组成一个文件,在其他文件的编写过程中包含该文件即可,从而节省时间,并减少出错的概率。

文件包含命令有以下两种形式。

#include <文件名>

#include "文件名"

这里,include 是文件包含命令对应的关键字,"文件名"说明被包含的文件及其路径。

例如,#include<stdio. h> #include"math. h"

通常,上面两种形式的作用是一样的,但是在查找被包含文件的路径时,使用尖括号表示直接到编译器指定的标准库头文件目录中去查找,不查找源文件所在目录;使用双引号则表示首先在当前被编译的源文件所在目录中查找,若未找到,再到编译器指定的标准库头文件目录中去查找。

为了提高查找效率,如果被包含文件是标准库头文件,通常采用第一种形式,而如果是用户自定义的文件,则采用第二种形式。

说明:

第一,预处理命令不是 C 语句,结尾不能加分号";"。

第二,一个 include 命令只能指定一个被包含文件,若有多个文件要包含,则需用多个 include 命令。

第三,文件包含允许嵌套,即在一个被包含的文件中还可以包含其他文件。

第四,当文件中有多个 include 命令时,需要注意命令的先后顺序。如果这些被包含文件彼此无关,则可以不考虑顺序要求;而如果一个被包含文件中要使用另一个被包含文件中的内容,则另一个文件的 include 命令应放在前面。

4.10.2 宏定义

在 C 语言中,允许用一个标识符来表示一个字符串,称为宏定义。被定义的标识符称为宏名,指定的字符串称为宏体。在编译前预处理时,程序中所有出现宏名的地方都会用宏体字符串去替换,这称为"宏代换"或者"宏展开"。宏代换是由预处理程序自动完成的。

宏定义分为不带参的宏定义和带参宏定义两种,下面分别介绍它们的特点和功能。

4.10.2.1 不带参的宏定义

不带参的宏定义的一般形式为:

#define 标识符 字符串

这里,define 是宏定义的关键字,标识符是被定义的宏名,字符串为常量或表达式。

例如,#define PI 3. 14159265

它的作用是指定标识符 PI 来代替字符串"3. 14159265"。标识符 PI 又称为符号常量。在预处理时,程序中所有出现的 PI 都将用"3. 14159265"来代替。这样做的好处是,使看似毫无意义的数据变得易于理解,提高了程序的可读性。同时,如果需要修改程序中的字符串常量,只需一次性修改#define 命令中的字符串,然后重新编译,程序中的所有对应常量就会自动修改。

宏定义中的字符串除了可以是常量,也可以是表达式,或者是嵌套了宏名的表达式。

【例 4.15】输入球的半径,求它的最大截面积和体积。

```
#include<stdio.h>
#define   PI 3.1415926/ *     不带参宏定义   */
#define   S   PI * r * r/ *     嵌套引用的宏定义     */
#define   V   (4.0/3) * PI * r * r * r
void   main()
{
    double r;
    printf("please input r: ");
    scanf("%lf",&r);
    printf("area is %.4lf\n",S);
    printf("volume is %.4lf\n",V);
}
```

当输入 3 时,程序运行结果如图 4-19 所示。

```
please input r: 3
area is 28.2743
volume is 113.0973
请按任意键继续. . .
```

图 4-19　例 4.15 运行结果

在上面的程序中,定义了宏名 PI、S 和 V。在对源程序编译之前,先由预处理程序进行宏代换,即用常量 3.1415926 置换程序中所有的宏名 PI,用表达式 PI * r * r 置换所有的宏名 S,用表达式(4.0/3) * PI * r * r * r 置换所有的宏名 V,然后再进行编译。

说明:

第一,宏名或符号常量一般习惯用大写字母,以便与变量名区别,但也可以使用小写字母。

第二,在做宏定义时,可以引用已定义的宏名,构成嵌套引用的宏定义。

第三,宏代换只做简单的置换,不做正确性检查。如果所定义的字符串中有语法错误,如将数字 2 误写为字母 z,预处理时照样代换,只有当编译时进行语法检查才会发现错误并报错。

4.10.2.2　带参的宏定义

C 语言允许宏带有参数。在宏定义中的参数称为形式参数,被宏调用中的参数称为实际参数。对带有参数的宏,预处理时,先用实参替代形参字符串,再将宏展开。

带参的宏定义的一般形式为:

#define　宏名(形参表)　字符串

这里,宏名是标识符,形参表中包含一个或多个参数,参数间用逗号分隔。字符串可以由表达式或语句组成,其中包含形参表中指定的参数。

带参宏调用的一般形式为:

宏名(实参表)

实参可以是常量、变量或表达式。例如:

宏定义:

```
#define MUL(x,y) ((x)*(y))
```

宏调用:

```
s=MUL(3,5) ;
```

在预处理时,将实参3和5替代形参x和y,宏展开后得到:

```
s=((3)*(5));
```

注意:这里字符串中的形参加括号是非常必要的。如果去掉形参左右的括号,可能导致结果不正确。例如:

宏定义:

```
# define MUL(x,y) x*y
```

宏调用:

```
s=MUL(3+a,5+b) ;
```

将宏展开后得到:

```
s=3+a*5+b
```

显然,这和程序设计者的原意是不相符的。因此是否添加括号在带参的宏定义中需非常谨慎。

【例4.16】输入正方体的边长,求它的外表面积和体积。

```
#include<stdio.h>
#include<math.h>
#define SQR(A,S,V) S=A*A; V=pow(A,3);/*    带参宏定义    */
void  main()
{
  double a,m,n;
  printf("please input side length:");
  scanf("%lf",&a);
  SQR(a,m,n); /*    带参宏调用    */
  printf("Area is %.3lf\n",m);
  printf("Volume is %.3lf\n",n);
}
```

当输入8时,程序运行结果如图4-20所示。

在上面程序预处理时,将宏调用中的实参a、m、n对应地替代形参A、S、V,将宏展开后得到程序语句m=a*a; n=pow(a,3);,然后再进行编译。

形参替代的顺序是从左至右一一对应替代。

```
please input side length: 8
Area is 64.000
Volume is 512.000
请按任意键继续. . .
```

图 4-20　例 4.16 运行结果

pow(x,y)是数学函数,作用是求 x 的 y 次方。

说明:

第一,在带参宏定义中,形式参数不分配内存单元,因此不必作类型说明。

第二,在宏定义时,宏名和其后的参数之间不能有空格,否则预处理时会认为该宏为无参宏,而将空格后的所有字符当作替换字符串。例如,宏定义:

```
#define S  (a) (a*a)
```

由于宏名 S 后有空格,则预处理展开后为(a) (a* a),显然违背设计者原意。

第三,无论是带参还是不带参的宏定义,作用域都是从宏定义命令开始到源文件结束。如果需要终止宏定义,可以使用#undef 命令,则作用域改为从定义处到#undef 处。

例如,宏定义:

```
#define MUL(x) x*3
#define  S  5
```

终止宏定义为:

```
#undef MUL
#undef S
```

则#undef 命令之后的程序代码将不能识别宏名 MUL 和 S。

4.10.3　条件编译

C 语言提供了条件编译的功能。通常情况下,源程序中的所有代码都会被编译,但是如果程序中包含有条件编译命令,则可以控制编译器仅对满足条件的语句进行编译,而跳过另一些语句,从而使相同的源程序可能产生不同版本的目标代码文件,这对于程序的移植和调试是很有帮助的。

条件编译命令由#if、#ifdef、#else、#elif、#endif 组合实现。例如,下面的代码:

```
#include<stdio.h>
#define DEBUG/*    无参宏定义    */
void  main()
{
  #ifdef DEBUG/*    条件编译    */
    printf("Debugging...\n");
  #else
    printf("Running...\n");
  #endif
```

```
}
```

这里,ifdef、else 和 endif 是条件编译关键字。命令的作用是判断"标识符"是否已被#define 命令定义。如果已定义,则编译器选择程序段 1 进行编译,否则将编译程序段 2。在上面的程序中,对标识符 DEBUG 已做了宏定义,所以编译器会选择第一个 printf 语句进行编译,而跳过第二个 printf 语句。

条件编译是 C 语言一个非常重要的功能,几乎所有的大型软件都会用到。经过良好设计的源代码,配合条件编译指令可以实现很多相当丰富的功能。

4.11 案例应用

任务描述:通过计算机随机产生 10 道四则运算题,两个操作数为 1~10 之间的随机数,运算类型为随机产生的加、减、乘、整除中的任意一种,如果输入答案正确,则显示"Right!",否则显示"Not correct!",不给机会重做,10 道题做完后,按每题 10 分统计总得分,然后打印出总分和做错题数。

源程序代码如下:

```
#include  <stdio.h>
#include  <stdlib.h>
#include  <time.h>
/* 函数功能:对两整型数进行加、减、乘、除四则运算
           如果用户输入的答案与结果相同,则返回 1,否则返回 0
函数参数:整型变量 a 和 b,分别代表参加四则运算的两个操作数
         整型变量 op,代表运算类型,
         当 op 值为 1,2,3,4 时,分别执行加、减、乘、整除运算
函数返回值:当用户输入的答案与结果相同时,返回 1,否则返回 0
*/
int Compute(int a, int b, int op)
{
  int answer, result;
  switch (op)
  {
    case 1:
      printf("%d + %d=", a, b);
      result = a + b;
      break;
    case 2:
      printf("%d - %d=", a, b);
      result = a - b;
      break;
```

```
        case 3:
            printf("%d * %d=", a, b);
            result = a * b;
            break;
        case 4:
            if (b != 0)
            {
                printf("%d / %d=", a, b);
                result = a / b;//注意这里是整数除法运算,结果为整型
            }
            else
            {
                printf("Division by zero! \n");
            }
            break;
        default:
            printf("Unknown operator! \n");
            break;
    }
    scanf("%d", &answer);
    if (result == answer)
        return 1;
    else
        return 0;
}
/* 函数功能:打印结果正确与否的信息
   函数参数:整型变量 flag,标志结果正确与否
   函数返回值:无
*/
void Print(int flag)
{
    if (flag)
        printf("Right! \n");
    else
        printf("Not correct! \n");
}
void main()
{
```

```
    int a, b, answer, error, score, i, op;
    srand(time(NULL));
    error = 0;
    score = 0;
    for (i=0; i<10; i++)
    {
        a = rand()%10 + 1;
        b = rand()%10 + 1;
        op = rand()%4 + 1;
        answer = Compute(a, b, op);
        Print(answer);
        if (answer == 1)
            score = score + 10;
        else
            error++;
    }
    printf("score = %d, error numbers = %d\n", score, error);
}
```

程序运行结果如图 4-21 所示。

```
2 + 9=11
Right!
3 / 7=1
Not correct!
5 / 5=1
Right!
3 * 4=12
Right!
3 / 2=1
Right!
3 - 5=2
Not correct!
7 / 2=3
Right!
7 * 10=70
Right!
9 + 7=16
Right!
3 + 8=11
Right!
score = 80, error numbers = 2
请按任意键继续. . .
```

图 4-21　运行结果

本章小结

本章主要介绍了 C 语言的函数机制,学习了模块化程序设计思想。

(1)函数的定义和声明。

函数定义:包括函数首部和函数体两部分。函数首部包括返回数据类型、函数名和形式参数列表等。函数体是由一对花括号"{}"和包含其中的若干语句组成。

函数声明:对函数的存在形式进行说明,通过函数声明告诉编译器函数的名称、函数的参数个数和类型、函数返回的数据类型,以便调用函数时进行对照检查。

(2)函数的调用:除了 main()函数以外,其他的函数只有被调用才能执行。函数调用时需指定函数的名称和实际参数。

(3)函数返回类型与返回值:函数定义时说明的返回值类型就是函数的返回类型。函数返回值是被调函数执行结束后向主调函数返回的执行结果,用 return 返回。如果函数没有返回值,则函数返回类型为 void。

(4)函数的参数:主调函数和被调函数之间的传递数据的通信。函数定义中出现的是形参,函数调用中出现的是实参。函数的参数传递方式分为值传递和地址传递。

(5)递归调用:如果一个函数在调用的过程中出现直接或者间接地调用该函数本身,称为函数的递归调用。在程序设计中,通过递归函数来实现递归过程。

(6)变量作用域:指一个变量在程序中可以按照使用的范围,分为内部变量和外部变量。在同一个作用域内不允许出现同名变量的定义,如果在一个作用域和其所包含的子作用域内出现同名变量,则在子作用域中,内层变量有效,外层变量被屏蔽。

(7)变量存储类别:描述了变量的作用域和生存期。变量的生存期指变量在程序执行中所存在的时间。C 语言变量的存储类别可分为 4 种:自动(auto)、静态(static)、寄存器(register)、外部(extern)。默认的存储类别为 auto。

(8)内部函数与外部函数:如果一个函数只能被本文件中的其他函数调用,即为内部函数,用 static 声明;而如果一个文件中定义的函数可以被同程序中的其他文件调用,就是外部函数,用 extern 声明。函数默认为外部函数。

(9)预处理:指在进行编译之前所做的处理工作,由预处理程序负责执行。C 语言提供了多种预处理功能,包括文件包含、宏定义、条件编译等。

习 题

1. 分析下面程序的运行结果。

(1)程序 1:

```
#include <stdio.h>
int a=1;
int f(int  c)
{  static  int  a=2;
```

```
    c=c+1;
    return (a++)+c;
}
void main()
{   int  i,k=0;
    for(i=0;i<2;i++)
    { int a=3; k+=f(a); }
    k+=a;
    printf("%d\n",k);
}
```

(2)程序2:

```
#include <stdio.h>
int f(int x)
{   int y;
    if(x==0||x==1)  return(3);
    y=x*x-f(x-2);
    return y;
}
void main()
{ int z;
    z=f(3);   printf("%d\n",z);
}
```

(3)程序3:

```
#include <stdio.h>
int  a,b;
  void fun()
  {      a=100; b=200;   }
  main()
  {  int  a=5,b=7;
     fun();
     printf("%d%d\n",a,b);
  }
```

(4)程序4:

```
#include <stdio.h>
void  f(int  x,int  y)
{ int  t;
  if(x<y){ t=x; x=y; y=t; }
}
```

```
main()
{ int a=4,b=3,c=5;
  f(a,b);  f(a,c);  f(b,c);
  printf("%d,%d,%d\n",a,b,c);
}
```

2. 输入x,计算并输出下列分段函数sign(x)的值。要求定义和调用函数sign(x)实现该分段函数。

$$\text{sign}(x)=\begin{cases}1 & (x>0)\\ 0 & (x=0)\\ -1 & (x<0)\end{cases}$$

3. 编写程序,设计一个判别素数的函数,在主函数中调用这个判别函数输出200~300之间的素数信息。

4. 编写函数,当输入年、月、日,给出该日是该年的第n天。

5. 编写函数,当输入整数后函数返回该数的逆序数。

5 数组

在实际问题中,经常会遇到对批量数据进行处理的情况,如果用一些独立命名的变量来存储批量数据,处理起来很不方便。为了更好地处理一些类型相同的数据,在程序中应如何实现呢?

本章主要介绍一维数组、二维数组和字符数组的定义及应用。

通过对本章的学习,读者应掌握如何利用数组处理一批类型相同的数据,以及与数组有关的常用算法,如排序、查找等。

5.1 数组概述

到目前为止,我们所见到的变量都只是标量(scalar):标量具有保存单一数据项的能力。C语言也支持聚合(aggregate)变量,这类变量可以存储一组一组的数值。在C语言中一共有两种聚合类型:数组(array)和结构(structure)。

在程序设计中,为了处理方便,对于一些类型相同的批量数据,如学生成绩,可以利用数组来存储,这样既能从整个数组出发去处理其中的个别元素,如某一个学生的成绩,也能以统一方式处理数组的一批元素或所有元素,如部分或所有学生的成绩。

数组是C语言提供的一种常用的构造数据类型。由若干类型相同的相关数据项按顺序存储在一起形成的一组相同类型有序数据的集合,称为数组。数组的数据项数目固定、类型相同。在程序中,主要利用数组来处理一批类型相同的数据。

每个数组都有一个名字,称为数组名。它表示内存中一块连续的存储区域。

组成数组的变量称为数组元素,它们可以是基本数据类型或者是构造数据类型。数组元素按顺序分配在内存中的一块连续的存储区域,每个元素的类型相同并占用相同大小的内存单元。数组元素是一种变量,只是数组中的元素没有独立的变量名,而是用数组名以及元素在数组中的位置号来标识该元素。

数组元素在数组中的位置号通常称为下标,所以数组元素也称为下标变量,并通过下标相互区分。

数组可以有多个下标,下标的个数称为数组的维数。数组按维数的多少可分为一维数组和多维数组。

5.2 一维数组

5.2.1 一维数组的定义与初始化

5.2.1.1 一维数组的定义

在C语言中使用数组之前必须先进行定义。数组要占用内存空间,定义时需要指定数组有多少个元素以及类型，以便分配相应的内存空间。数组的维数在其定义中给定。本节首先介绍一维数组。

一维数组定义的一般格式为：

存储类型　数据类型　数组名[整型表达式]；

其中，存储类型与变量声明中的存储类型相同。

数据类型可以是所有的 C 语言数据类型(包括基本数据类型或构造类型)。它指明了数组的数据类型也就是该数组所有元素的数据类型，对于同一个数组，其所有元素的数据类型都是相同的。

数组按数据类型的不同，又可分为整型数组、实型数组、字符数组、指针数组等。

数组名是标识符。数组名后的一对方括号"[ ]"是必不可少的，它指明前面的标识符是数组名而不是普通变量名。方括号"[ ]"中的整型表达式表示数组元素的个数，也称为数组的长度或大小。要求必须是整型，并且表达式的值必须大于 0。

例如，下面的数组定义：

```
# define SIZE   20
int    n=5;
int    a1[5];                          /* 可以,整型常量 */
int    a2[5 * 2+1];                    /* 可以,整型常量表达式 */
static   double   a3[sizeof(int)];
/* 可以,sizeof 表达式被认为是一个整型常量 */
char   a4[SIZE];                       /* 可以,符号常量 */
int    a5[-3];                       /* 不可以,数组大小必须大于 0 */
int    a6[0];                      /* 不可以,数组大小必须大于 0 */
int    a7[4.5];                   /* 不可以,数组大小必须是整数 */
int    a8[(int)4.5];          /* 可以,强制转换为整型 */
int    a9[n];                     /* C99 之前不可以 */
```

从上面的定义可以看到，定义数组时，在方括号"[ ]"中通常使用整型常量表达式，包括整型常量、符号常量及其表达式，要求必须是整型并且表达式的值必须大于 0。

遵循 C99 之前标准的编译器不允许最后一个用整型变量的定义，而 C99 标准允许这样定义，称为变长数组。

C99 引入变长数组主要是为了使 C 语言程序更适合于做数值计算，而变长数组也有某些限制，如必须是自动(auto)存储类型而且定义时不能进行初始化。

由于 VC 不支持 C99 标准，这里对变长数组不做进一步的介绍。在程序中都采用整型常量表达式来定义数组。

注意：数组的元素个数是固定的，需要在定义时明确指定。

数组定义可以和普通变量定义写在一起。但要注意在相同作用域内，数组名与普通变量名不能同名。一旦定义了一个数组，系统将分配一块连续内存空间来存放它的所有元素，数组元素通过数组名和下标来表示。

例如，有如下定义：

int a[5];

表示定义了一个自动(auto)型的整型数组 a,方括号"[]"中的整型常量"5"指定该数组共有 5 个数组元素,分别为:a[0],a[1],a[2],a[3],a[4]。每个元素占用一个整型大小的内存空间。

注意:数组元素下标从 0 开始计算,其他元素顺序编号。

内存分配情况如图 5-1 所示。

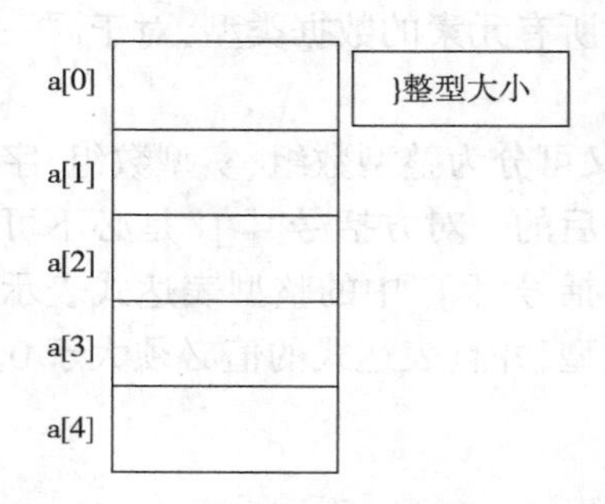

图 5-1 数组 a 的内存分配示意图

5.2.1.2 一维数组的初始化

数组初始化是指在数组定义的同时给数组元素赋予初值(变长数组不能进行初始化)。数组初始化是在编译阶段进行的,这样将减少运行时间,提高效率。

数组初始化的一般格式为:

存储类型 数据类型 数组名[常量表达式]={值,值……,值};

其中在一对花括号"{}"中的各个值即为各元素的初值,各值之间用逗号间隔。

初始化时,花括号"{}"中的初值的个数通常和数组元素的个数一致。

例如:int a[5]={23,57,42,36,89}

表示定义了一个有 5 个数组元素的数组 a,初始化列表花括号"{}"中的初值的个数也是 5 个。其初始化结果是将各个初值按顺序赋予对应的数组元素。即 a[0]=23,a[1]=57,a[2]=42,a[3]=36,a[4]=89。

如果初始值的个数少于数组元素个数,则部分初始化的数组元素的值,其余的元素将被初始化为零。

例如:int b[5]={23,57,42};

表示定义了一个有 5 个数组元素的数组 b,初始化列表花括号"{}"中的初值个数只有 3 个。其初始化结果是只给 b[0]到 b[2]前 3 个元素赋值,而后两个元素自动赋 0 值。即 b[0]=23,b[1]=57,b[2]=42,b[3]=0,b[4]=0。

如果初值的个数多于数组元素的个数,将产生编译错误。

如果初始化时,方括号"[]"中的常量表达式为空,即省略数组元素的个数,那么编译器将用初始化列表花括号"{}"中初值的个数来隐式地指定数组的大小。

例如:int a[]={23,57,42,36,89} ;则编译器根据初始化列表中初值的个数指定数组的大小为 5。

如果不初始化数组,自动(auto)型的数组元素和未初始化的自动(auto)型普通变量一样,其中存储的是无用的数据。

5.2.2 一维数组元素的引用

数组元素是组成数组的基本单元。对数组的引用最终都是通过对其元素的引用而实现的。

数组元素可以通过数组名和用方括号“[ ]”括起来的下标表达式来引用。

引用数组元素一般格式为:

数组名[下标表达式]

其中,下标表达式可以为常量、变量或表达式,要求必须为整型。下标表达式计算的结果是元素在数组中的下标。

实际上,包括下标的方括号“[ ]”是一个 C 语言运算符,称为下标运算符,其优先级和结合性与圆括号“( )”相同。

下标表达式如果是整型常量,则可直接明确地指定要访问的是哪一个数组元素。

例如,有如下定义:

```
int c[10]={6,-30,45,0,12,-89,2,-7,56,93};
```

那么,表达式(c[0]+c[2]+c[4])的值是多少呢?

在上面的定义中,定义了一个数组 c,它有 10 个元素,分别为 c[0]……c[9],并进行了初始化赋值。表达式 c[0]+c[2]+c[4]中,引用数组元素时的下标表达式都为整型常量,直接指定所访问的数组中的元素 c[0]、c[2]、c[4],也就是计算 6+45+12=63,所以表达式的结果为 63。

下标表达式如果是变量,则可比较灵活地指定要访问的是哪个数组元素。

例如,下面的程序段就可以输出数组 c 中所有的元素。

```
int i;
int  c[10]={6,-30,45,0,12,-89,2,-7,56,93};
for (i=0;i<10;i++)
    printf("%d\t",c[i]) ;
```

在这段程序中,引用数组元素时的下标表达式为循环变量 i。在 for 循环中,通过循环变量 i 从 0 到 9 逐步改变,依次将 c[0]到 c[9]共 10 个数组元素输出。从这个例子可以看到,利用循环变量 i 可以用统一方式 c[i]访问一批数组元素。能以这种统一的方式处理一批数据,是数组和一批独立命名的变量之间的主要区别。

【例 5.1】输入 10 个学生的成绩,要求输出所有高于平均分的成绩。

```
#include<stdio.h>
#define  SIZE 10
void main()
{
  int i;
  float a[SIZE], avg, sum=0; /* 定义一个数组用来存放学生成绩 */
```

```
    for(i=0;i<SIZE;i++)
        {
          scanf("%f",&a[i]);        /*循环中逐个元素的输入*/
          sum=sum+a[i];             /*求和*/
        }
    avg=sum/SIZE;
    printf("avg=%f\n",avg);
    for(i=0;i<SIZE;i++)
        if(a[i]>avg)              /*循环中依次判断各数组元素*/
          printf("%.2f\t",a[i]);
    printf("\n");
}
```

在上面的程序中,定义了一个 float 型的数组 a,指定有 10 个元素,用来存放 10 个学生成绩。在第一个 for 循环语句中,逐个从键盘输入 10 个学生成绩,数组 a 中的每个数组元素 a[i],从元素 a[0]开始依次从键盘得到一个相应的数据,并求和。

在第二个 for 循环语句中,从数组元素 a[0]开始,依次判断数组 a 中的每一个元素 a[i],输出所有高于平均值的学生成绩。程序运行结果如图 5-2 所示。

```
78 65 90 54 64 79 80 90 87 53
avg=74.000000
78.00   90.00   79.00   80.00   90.00   87.00
请按任意键继续. . .
```

图 5-2　例 5.1 运行结果

如果有 100 或 1 000 个学生成绩,则只要修改一个地方,即将宏定义中的 10 改为 100 或 1 000,程序其他部分不变。

在引用数组元素时要注意,如果用超出数组的合法下标范围的表达式进行数据的访问,会导致越界访问的错误。例如,有如下定义:

```
int    c[10]={6,-30,45,0,12,-89,2,-7,56,93};
```

要想执行语句:printf("%d\n",c[10]);出现了对 c[10]的访问,而数组中没有这个数组元素,导致越界访问。实际上 c[10]表示的是最后一个数组元素后面的存储单元,存放的是无用的数据。不同的编译器,输出结果可能不同。

C 语言的编译器不会检查下标的合法性。如果使用了错误的下标,程序执行结果是不可知的,程序或者能运行,但是运行结果可能很奇怪,也可能会中断程序的执行。因此在程序中引用数组元素时一定要注意这一点。

程序中通常使用数组存储数据,C 语言不支持把数组作为一个整体来赋值,也不支持用花括号括起来的列表形式进行赋值(初始化的时候除外)。程序中要对数组赋值,只能一个一个元素地逐个赋值,通常是利用循环进行的。程序中不能用 scanf()函数直接赋值给整个数组,也不能用 printf()函数直接输出整个数组(字符数组除外)。程序中用 scanf()函数给数组元素赋值，以及用 printf()函数输出数组元素值时通常要用到循环。

例如下面的程序：

```
#include<stdio.h>
void main()
{
    int a[5],i;
    for(i=0;i<5;i++)
        scanf("%d",&a[i]);
    for(i=0;i<5;i++)
        printf("%d\n",a[i]);
}
```

第一个 for 循环语句使用 scanf()函数给数组元素 a[i]逐个赋值，注意不要漏掉数组元素 a[i]前的 & 符号。第二个 for 循环语句使用 printf()函数逐个输出数组元素 a[i]的值。

5.2.3 一维数组作为函数参数

数组可以作为函数的参数进行数据传送。数组用作函数参数有两种形式：一种是把数组元素作为函数实参；另一种是把数组名作为函数的形参和实参。

5.2.3.1 数组元素作为函数实参

数组元素作为函数实参使用与处理普通变量没有什么差别，在发生函数调用时，把作为实参的数组元素的值传送给形参，实现单向的值传送。如果在函数中形参发生改变，对作为实参的数组元素是没有影响的。

【例 5.2】数组元素作函数实参。

```
#include <stdio.h>
void modifyElement(int  );
void  main()
{
   int a[5]={1,2,3,4,5},i;
   for(i=0;i<5;i++)
        printf("%d\t",a[i]);
   printf("\n");
   for(i=0;i<5;i++)
        modifyElement(a[i]);   //数组元素 a[i]作函数实参
   printf("\n");
   for(i=0;i<5;i++)
        printf("%d\t",a[i]);
   printf("\n");
}
void modifyElement(int x )
```

```
{
    x * =2;
    printf(“%d\t”,x);
}
```

程序运行结果如图 5-3 所示。

```
1       2       3       4       5
2       4       6       8       10
1       2       3       4       5
请按任意键继续. . .
```

图 5-3　例 5.2 运行结果

在上面的程序中，函数 modifyElement( ) 的形参是与数组元素类型相同的普通变量，函数调用时，用数组元素作为实参，对数组元素的处理是按普通变量对待的。从上面的运行结果来看，在函数中修改了形参 x 的值，但对数组元素没有影响。这是因为，形参变量（普通变量）和实参变量（数组元素）是由编译器分配的两个不同的内存单元。函数调用时，将实参（数组元素）的值传递给形参变量，进行的是单向的值传送，因此当形参 x 的值发生改变后，而实参（数组元素）的值不变。

5.2.3.2　数组名作为函数参数

可以用数组名作为函数的形参和实参进行处理。

【例 5.3】　数组名作为函数参数。

```
#define   SIZE   5
#include <stdio.h>
void modifyArray(int [ ],int );              //函数声明
void   main( )
{
    int a[ SIZE ] = {1,2,3,4,5},i;
    printf(“The   values of   the   original   array   are:\n”);
    for(i=0;i< SIZE ;i++)
       printf(“%d\t”,a[i]);
    printf(“\n”);
    modifyArray(a,SIZE);                    //数组 a 作为实参调用函数
    printf(“The   values of   the   modified   array   are:\n”);
    for(i=0;i< SIZE ;i++)
         printf(“%d\t”,a[i]);
    printf(“\n”);
}
void modifyArray(int   b[ ],int   sizeofarray)      //数组 b 作为形参
```

```
{
int i;
  for(i=0;i<sizeofarray;i++)
      b[i]*=2;
}
```

程序运行结果如图 5-4 所示。

```
The  values of   the  original  array  are:
1      2      3      4      5
The  values of   the  modified  array  are:
2      4      6      8      10
请按任意键继续. . .
```

图 5-4　例 5.3 运行结果

在上面程序中,函数 modifyArray()形参列表中的参数 b 是一个数组类型。数组方括号“[]”中的数组长度可以省略,即使指定编译器也将其忽略。

在主函数中调用该函数时,提供了对应的实参:数组 a(直接用数组名,不要带方括号“[]”)。

注意:数组名作为函数参数时,形参和实参都必须是类型相同的数组。

另外,为了防止越界访问,将数组传递给被调函数时,通常也将其长度同时传递给被调函数,如上面程序中的实参 SIZE 和形参 sizeofarray,这样使被调函数只能处理数组中特定个数的元素。

在上面程序中,函数 modifyArray()将形参数组 b 的所有元素进行了乘 2 运算。从运行结果来看,这种改变影响到了实参数组 a。这是因为数组名代表了整个数组存储空间的首地址(即数组中第一个元素的地址)。数组名作函数参数时,传递的即是该地址值,也就是说把实参数组的首地址赋予形参数组名。这时,形参数组和实参数组将拥有共同的一段存储空间。因此,被调函数在函数体中修改形参数组元素时,实际上修改的也是同一存储空间中的实参数组元素。这样当形参数组发生变化时,实参数组也随之变化。

注意:在用数组名作函数参数时,不是把实参数组的每一个元素的值都赋予形参数组的各个元素。编译器不为形参数组分配内存。函数调用时,形参数组名从实参数组那里取得首地址之后,也就等于有了实际的存储空间(与实参数组共用)。

5.2.4　一维数组应用举例

【例 5.4】有一个学院在学生会换届选举中由全体学生无记名投票直选学生会主席,共有 10 名候选人,每个人的代号分别用 1,2,3,…,10 表示。每个学生填写一张选票,若同意某名候选人则在其姓名后画个圆圈即可(只能选一个)。编写一个程序根据所有选票统计出每位候选人所得票数,其中每张选票上所投候选人的代号从键盘输入,当输入完所有选票后用-1 作为数据输入结束的标志。

分析:由于需要同时使用 10 个变量分别统计 10 位候选人的票数,为了处理方便,应该利用数组来存储和统计。

这里可以定义一个具有 11 个元素的一维整型数组 vote 来统计每个候选人的票数，其中忽略第一个数组元素 vote[0]，因为用数组元素 vote[1]对应于代号为 1 的候选人票数比用元素 vote[0]更好理解。这样用 10 个数组元素 vote[1]到 vote[10]来分别统计对应代号为 1 到 10 的 10 位候选人的票数。

当输入某一个代号时，设为 x($1\leqslant x\leqslant 10$)，表示该候选人得一票，则对数组元素 vote[x]进行加 1 运算(直接用代号 x 作为数组元素的下标，即该候选人票数所对应的数组元素是 vote[x])。

从键盘输入一个代号序列(输入-1 表示结束)，当程序运行结束后，每个数组元素 vote[x]的值就是代号为 x 的候选人最后所得的票数。

```
#include <stdio.h>
#define  SIZE  11
void  main()
{
    int  x,vote[SIZE]={0};  //将数组元素的值都初始化为 0
    printf("Input  number:");
    scanf("%d",&x);
    while(x!=-1)
    {
        if(x>=1&&x<SIZE)
            vote[x]++;              //进行统计
        scanf("%d",&x);             //循环中反复输入
    }
    printf("\n");
    for(x=1;x<SIZE;x++)          //从元素 vote[1]开始输出
        printf("%3d : %3d\n",x,vote[x]);
}
```

【例 5.5】已知有 10 个整数:24,56,8,47,63,82,27,15,90,39，编写一个程序将它们按照从小到大的顺序输出。

分析:排序数据是个复杂问题，也是计算机科学中大量研究的课题，目前已经研究出了许多排序算法，这里仅介绍一种简单的排序算法——选择排序。

选择排序的算法思想:先假设定义了一个具有 n 个元素的一维整型数组 a 来存放 n 个整数。对数组 a 中的 n 个元素进行从小到大排序共需要进行 n-1 次比较过程。

第一次在待排序区间 a[0]~a[n-1]中，将第一个位置上的元素 a[0]与它后面的所有元素依次比较，如果后面的元素较小，则将 a[0]与该元素进行交换，这样与后面所有元素都比较完一遍后，a[0]肯定就成为数组中的最小值的元素。

第二次在待排序区间 a[1]~a[n-1]中，将第一个位置上的元素 a[1]与它后面的所有的元素依次比较，如果后面的元素较小，则将 a[1]与该元素进行交换，这样与后面所有元素

都比较完一遍后,a[1]就成为整个数组中第二小的元素。

依此类推,第 n-1 次(即最后一次)在待排序区间 a[n-2]~a[n-1]中,将第一个位置上的元素 a[n-2]与数组中最后一个元素 a[n-1]比较一次,如果 a[n-1]的值较小,则将 a[n-2]与 a[n-1]进行交换。整个排序过程结束。此时数组 a 中的所有 n 个元素就按其值从小到大的顺序排列了。

选择排序过程使用双重 for 循环来实现。设外循环变量为 i,它需要从 0 顺序取值到 n-2,确定总共要比较多少次。其中 n 为待排序数组中元素的个数,每次待排序区间为 a[i]~a[n-1]。设内循环变量为 j,它需要从 i+1 顺序取值到 n-1,确定每次要与哪些元素进行比较。在内循环中,每次都让 a[i]同 a[j]比较,若 a[i]>a[j]成立则将 a[i]与 a[j]进行交换。

选择排序算法描述如下。

```
for(i=0;i<n-1;i++)
  for(j=i+1 ;j<n;j++)
    if(a[i]>a[j])
    {
      t=a[i];a[i]=a[j];a[j]=t;
    }
```

根据以上分析,源程序代码如下:

```
#include <stdio. h>
#define   SIZE   10
void   selectsort(int   a[],   int   len ) //选择排序函数
{
    int i,j,t;
    for(i=0 ; i<len-1; i++)
    for(j=i+1 ; j<len; j++)
        if (a[i]>a[j])
        {
            t=a[i];
            a[i]=a[j];
            a[j]=t;
        }
}
void displayArray(int   a[],int   len)    //数组输出函数
{
    int i;
    for(i=0 ; i<len ; i++)
        if(i!= len-1)
            printf("%d\t",a[i]);
        else
```

```
        printf("%d\n",a[i]);
}
void  main()
{
    int  a[SIZE]={24,56,8,47,63,82,27,15,90,39};
    printf("Before sorting :\n");
    displayArray(a,SIZE);  //调用数组输出函数显示排序前的情况
    selectsort(a,SIZE);  //调用选择排序函数进行排序
    printf("After sorting :\n");
    displayArray(a,SIZE);   //调用数组输出函数显示排序后的情况
}
```

在上面的程序中，将选择排序算法单独用一个函数 selectsort()实现，同时提供一个函数 displayArray()用于数组输出。

程序运行结果如图 5-5 所示。

```
Before sorting :
24      56      8       47      63      82      27      15      90      39
After sorting :
8       15      24      27      39      47      56      63      82      90
请按任意键继续. . .
```

图 5-5　例 5.5 运行结果

【例 5.6】已知有 10 个整数:22,10,44,17,31,51,89,68,120,95,从键盘输入一个给定值 x,在该序列中查找是否有与给定值 x 相等的一个数。

这里介绍两种查找算法:顺序查找和二分查找。

(1)顺序查找。顺序查找的算法思想:先假设定义了一个具有 n 个元素的一维整型数组 a 来存放 n 个整数。顺序查找就是从数组的第一元素 a[0]开始，从头到尾对数组中的每个元素逐个进行比较，直到找到指定元素或查找失败。

根据以上分析，实现例 5.6 的源程序代码如下:

```
#include <stdio.h>
#define  SIZE  10
int sequentialSearch(int  a[],  int  len,int  x) //顺序查找函数
{
int i;
  for(i=0;i<len;i++)        //从元素 a[0]开始逐个进行比较
     if(x==a[i])
         return  i;             //查找成功,返回该元素的下标
    return -1;                   //查找失败返回-1
}
void displayArray(int  a[],int  len)      //数组输出函数
```

```
{
    int i;
    for(i=0 ; i<len ; i++)
        if(i!= len-1)
            printf("%d\t",a[i]);
        else
            printf("%d\n",a[i]);
}
void  main()
{
    int  x,f,a[SIZE]={ 22,10,44,17,31,51,89,68,120,95};
    displayArray(a,SIZE);           //调用数组输出函数显示数组各元素
    printf("Input  a   number:");
   scanf("%d",&x);                         //输入要查找的值
    f=sequentialSearch(a,SIZE,x);        //调用顺序查找函数进行查找
    if(f==-1)
        printf("%dvalue  not  found\n",x);
    else
        printf("found %d in element subscript  is %d\n",x,f);
}
```

在上面的程序中,将顺序查找算法单独用一个函数 sequentialSearch()实现,若查找成功返回该元素的下标,如果查找失败返回-1。同时利用函数 displayArray()输出所有数组元素。程序运行结果如图 5-6 和图 5-7 所示。

```
22      10      44      17      31      51      89      68      120     95
Input  a   number:51
found 51 in element subscript  is 5
请按任意键继续. . .
```

图 5-6　当输入 51 时程序运行结果

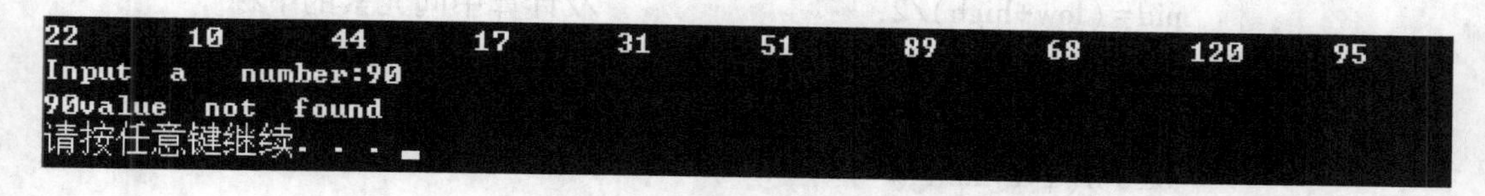

图 5-7　当输入 90 时程序运行结果

(2)二分查找。顺序查找适用于小数组或未排序数组。但当数据量很大时,顺序查找效率很低。下面介绍另一种查找算法:二分查找。二分查找又称折半查找。注意使用二分查找算法进行查找有一个前提条件就是要求数组元素已排好序了。

二分查找的算法思想:先假设定义一个具有 n 个元素的一维整型数组 a 来存放 n 个整

数,并已按从小到大的顺序排好序。

首先待查找区间为所有 n 个元素 a[0]~a[n-1],将其中间元素 a[mid](mid=(0+n-1)/2)的值同给定值 x 进行比较,若 x==a[mid]则表示查找成功,返回该元素的下标 mid 的值,若 x<a[mid],则表示待查找元素只可能在该中间元素的左边区间 a[0]~a[mid-1]中,接着只要在左边这个区间继续进行二分查找即可。若 x>a[mid],则表示待查找元素只可能在该中间元素的右边区间 a[mid+1]~a[n-1]中,接着只要在右边这个区间继续进行二分查找即可。如此进行下去,直到查找到对应的元素,或者待查找区间为空(即区间下界 low 大于区间上界 high),表示查找失败。

这样,在每次比较之后可排除所查找数组的一半元素,极大地提高了查找效率。

源程序代码如下:

```
#include <stdio.h>
#define  SIZE  10
void  selectsort(int  a[],  int  len )     //选择排序函数
{
   int i,j,t;
   for (i=0 ; i< len-1 ; i++)
   for (j=i+1 ; j< len; j++)
       if (a[i]>a[j])
           {
               t=a[i];
               a[i]=a[j];
               a[j]=t;
           }
}
int  BinarySearch(int  a[],  int  len,int  x)     //二分查找函数
{
    int low=0,high=len-1,mid;
    do
       {  mid=(low+high)/2;                    //计算中间元素的下标
          if(x==a[mid])
               return  mid ;
          else if(x<a[mid])
               high=mid-1;                      //在中间元素的左边区间
          else
               low=mid+1;                       //在中间元素的右边区间
       }  while (low<=high);
    return -1;
}
```

```
void displayArray(int  a[],int  len)          //数组输出函数
{
int i;
   for(i=0 ; i<len ; i++)
       if(i!= len-1)
           printf(“%d\t”,a[i]);
       else
           printf(“%d\n”,a[i]);
}
void  main(  )
{
   int  x,f,a[SIZE]={ 22,10,44,17,31,51,89,68,120,95};
   printf(“Before sorting :\n”);
   displayArray(a,SIZE);        //调用数组输出函数显示排序前的情况
   selectsort(a,SIZE);          //调用选择排序函数进行排序
   printf(“After sorting :\n”);
  displayArray(a,SIZE);         //调用数组输出函数显示排序后的情况
   printf(“\nInput  a  number:”);
   scanf(“%d”,&x);                          //输入要查找的值
   f=BinarySearch (a,SIZE,x);         //调用二分查找函数进行查找
   if(f==-1)
       printf(“%d value  not  found\n”,x);
   else
       printf(“found %d in  element\n”,x);
}
```

在上面的程序中,将二分查找算法单独用一个函数 BinarySearch()实现,若查找成功返回该元素的下标,如果查找失败返回-1。利用排序函数 selectsort()对数组先进行从小到大排序以及用函数 displayArray()输出所有数组元素。程序运行结果如图 5-8 和图 5-9 所示。

```
Before sorting :
22      10      44      17      31      51      89      68      120     95
After sorting :
10      17      22      31      44      51      68      89      95      120

Input  a  number:89
found 89 in  element
请按任意键继续. . .
```

图 5-8　当输入 89 时程序运行结果

```
Before sorting :
22      10      44      17      31      51      89      68      120     95
After sorting :
10      17      22      31      44      51      68      89      95      120

Input  a  number:55
55 value  not  found
请按任意键继续. . .
```

图 5-9　当输入 55 时程序运行结果

5.3　二维数组

5.3.1　二维数组的定义与初始化

5.3.1.1　二维数组的定义

在 C 语言中有多个下标的数组称为多维数组，C 语言对数组的维数没有上限。这里仅介绍具有两个下标的二维数组。

二维数组定义的一般格式是：

存储类型　数据类型　数组名[整型表达式 1][整型表达式 2]；

二维数组定义的要求和一维数组定义的一样，只是多了一对方括号“[ ]”及整型表达式。其中整型表达式 1 表示第一维(行)的长度，整型表达式 2 表示第二维(列)的长度。

假设第一维(行)的长度为 m，第二维(列)的长度为 n，则整个数组的元素个数为 m×n 个。二维数组的数组元素用数组名和两个下标表示，则数组元素行下标的取值范围是 0~m-1之间的 m 个整数，列下标的取值范围是 0~n-1 之间的 n 个整数。

例如有定义：int a[3][4]；就是定义了一个二维数组 a，共有 3×4＝12 个数组元素，行下标的取值范围是 0~2，列下标的取值范围是 0~3。如表 5-1 所示。

表 5-1　二维数组数组元素示意表

a[0][0]	a[0][1]	a[0][2]	a[0][3]
a[1][0]	a[1][1]	a[1][2]	a[1][3]
a[2][0]	a[2][1]	a[2][2]	a[2][3]

定义了一个二维数组后，系统也同样为它分配一块连续的存储空间。VC++中是按照行优先的方式存储数组元素的，即先按行下标从小到大的次序，行下标相同再按列下标从小到大的次序进行存放。例如，上面程序中定义的二维数组 a，首先存储第一行四个元素，其次是第二行的四个元素，最后是第三行四个元素。

在 C 语言中，二维数组也可以看作其元素是一维数组的一维数组。例如，上面程序中定义的二维数组 a,就可以看作由三个一维数组构成,分别为 a[0]、a[1]、a[2](二维数组 a 有三个元素 a[0]、a[1]、a[2])。这三个一维数组分别都有 4 个数组元素。例如,一维数组 a[0]的 4 个数组元素为 a[0][0],a[0][1],a[0][2],a[0][3]。必须强调的是,这里 a[0]、a[1]、a[2]是数组名,不能当作下标变量使用。

5.3.1.2 二维数组初始化

对二维数组也可以在定义时进行初始化(变长数组不能)。二维数组初始化有按行分组赋值和按行连续赋值两种方式。

(1)按行分组赋值。将初值分别用花括号"{}"括起来进行按行分组,若有如下定义:

int a[2][3]={{80,75,92},{61,65,71}};

初始化结果是将初值 80,75,92 分别赋值给数组元素 a[0][0]、a[0][1]和 a[0][2],初值 61,65,71 分别赋值给数组元素 a[1][0]、a[1][1]和 a[1][2]。

也可以只对部分元素赋初值,如果指定行没有足够的初值,未赋初值的元素自动赋 0 值。

若有如下定义:

int a[2][3]={{80,75},{61}};

初始化结果是将初值 80,75 分别赋值给数组元素 a[0][0]、a[0][1],初值 61 赋值给数组元素 a[1][0],其余的元素自动赋 0 值。

(2)按行连续赋值。初值之间没有用花括号"{}"按行分组,只有最外面的一对花括号"{}"。若有如下定义:

int a[2][3]={80,75,92,61,65,71};

系统将自动用初值按顺序一行一行初始化各数组元素。如果没有足够的初值,剩余的元素自动赋 0 值。若有如下定义:

int a[2][3]={80,75,92,61};

初始化结果是数组元素 a[0][0]的值为 80,a[0][1]为 75,a[0][2]为 92,a[1][0]为 61,其余的元素自动赋 0 值。

如对全部元素赋初值,则第一维的长度可以不给出,但第二维的长度不允许省略。若有如下定义:

int a[][3]={1,2,3,4,5,6,7,8,9};

系统将认定定义了一个 3 行 3 列的二维数组。

5.3.2 二维数组元素的引用

二维数组的元素由于使用了两个下标,所以也称为双下标变量,其使用的格式为:

数组名[下标表达式][下标表达式]

其中下标表达式可以为常量、变量或表达式,要求必须为整型。对行下标和列下标都要进行运算来唯一指定二维数组中的某一个元素。

使用二维数组的元素同使用一维数组的元素和普通变量一样,既可以用它存储数据,又可以参与各种运算。

若有如下定义:

int a[3][4]={{20,51,-64,8},{42,97,33,84},{102,76,12,9}};

下面的语句：

printf("%d\n",a[0][1]) ;

表示输出 a[0][1]的值,则输出结果为 51。

下面的语句：

for(i=0;i<4;i++) printf("%d\t",a[1][i]);

表示输出行下标为 1 的数组元素值,则输出 42 97 33 84。

下面的语句：

```
sum=0;
for(i=0;i<3;i++)
  for(j=0;j<4;j++)
    sum+=a[i][j];
```

表示计算所有数组元素的累加和。

5.3.3 二维数组应用举例

【例 5.7】有下列一个 3×4 的矩阵,要求编写程序输出其中值最大的那个元素,以及其所在的行号和列号。

```
1     2    -3    4
9     8     7    6
-10   16   -5    2
```

分析:对于这个 3×4 的矩阵,可以用一个有三行四列的二维数组进行处理,设数组名为 a。另设三个变量 max、row、column 分别用来表示最大值、行号、列号。可以先用某个数组元素如 a[0][0]对变量 max 进行初始化。变量 row 和 column 的值初始化为 0。使用一个双重 for 循环分别控制行下标和列下标的变化,依次比较数组中的每个元素,每次把大于 max 的元素的值赋给 max,并且同时用变量 row 和 column 记下该元素所在的行号和列号,即此时两个循环控制变量的取值。

源程序代码如下：

```
#include <stdio. h>
#define  M  3
#define  N  4
void  main()
{
   int a[M][N]={{1,2,-3,4},{9,8,7,6},{-10,16,-5,2}};
   int i,j,row=0,colum=0,max= a[0][0];
   for(i=0;i<M;i++)
      for(j=0;j<N;j++)
         if(a[i][j]>max)
         {
```

```
            max=a[i][j];            //保存最大值
            row=i;                  //记下该元素所在的行号
            colum=j;                //记下该元素所在的列号
        }
    printf("max=%d,row=%d,colum=%d\n",max,row,colum);
}
```

运行结果如图 5-10 所示。

```
max=16,row=2,colum=1
请按任意键继续. . .
```

图 5-10　例 5.7 运行结果

【例 5.8】一个小组有 5 位学生,每个人有三门课程的考试成绩。编写一个程序计算全组学生的各门课程的分科平均成绩和总平均成绩。

分析:可定义一个二维数组 a[5][3]存放 5 个学生三门课的成绩。行下标表示学生,列下标表示课程。再定义一个一维数组 v[3]存放所求得各分科平均成绩,另定义一个变量 avg 存放所求得总平均成绩。要计算各分科平均成绩只要先计算出各分科总成绩再除以人数即可。成绩从键盘输入。

源程序代码如下:

```
#include <stdio.h>
#define  M  5
#define  N  3
void  main()
{
    int i,j;
    float sum=0,v[3],a[5][3],avg=0;
    printf("Input score:");
    for(i=0;i<N;i++)                        //变量 i 控制列下标变化
    {
        for(j=0;j<M;j++)
//计算一门课程的成绩之和,变量 j 控制行下标变化
        {
    scanf("%f",&a[j][i]);       //逐个输入成绩
            sum=sum+a[j][i];
        }
        v[i]=sum/M;        //计算一门课程成绩的平均分
        sum=0;
    }
```

5 数组

```
    for(i=0;i<N;i++)
      {
        printf("class %d average is:%.2f\n",i+1,v[i]);
        avg+=v[i];        //计算三门课程平均分之和
      }
    printf("\n");
    printf("total   average=%.2f\n",avg/N);
}
```

在上面程序中，首先用了一个双重 for 循环。在内循环中依次输入某门课程的各个学生的成绩，并把这些成绩累加起来，退出内循环后再把该累加成绩除 M(人数)，即计算出该门课程的平均成绩并保存在 v[i]之中。外循环共循环三次，分别求出三门课程的分科平均成绩并存放在数组 v 之中。再用一个 for 循环输出数组 v 的各个元素即各分科平均成绩并进行相加。最后计算并输出总平均成绩。

5.4 字符数组

5.4.1 字符串与字符数组

字符串是一个或多个字符的序列。下面是一个字符串的例子：

"How are you"

这里双引号""不是字符串的一部分。它们只是通知编译器其中包含了一个字符串。

C 语言中没有为字符串定义专门的变量类型，而是把它存储在字符数组中。双引号中的字符加上编译器自动添加的结束符'\0'，作为一个字符串被存储在相邻的内存单元中，每个字符占用一个单元，如图 5-11 所示。

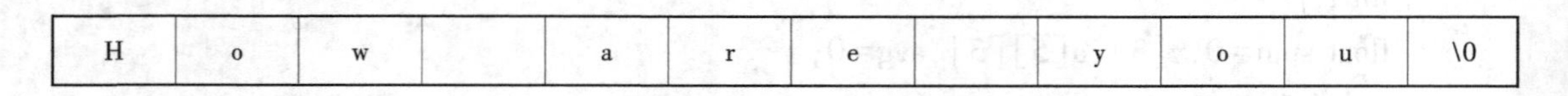

H	o	w		a	r	e		y	o	u	\0

图 5-11 字符串存储

请注意，图 5-11 中最后一个字符'\0'，称为空字符，C 语言程序中用它来标记字符串的结束。空字符是非打印字符，其 ASCII 码的值为 0。字符串实际上就是以空字符'\0'结尾的字符数组。

字符数组就是数据类型为字符型的数组，每个元素可以用来存放一个字符。如果字符数组包含了空字符'\0'，那么字符数组的内容就构成一个字符串，其中空字符'\0'标志着字符串的结尾。但如果字符数组中没有空字符'\0'，则不能表示一个字符串。

5.4.2 字符数组的定义与初始化

字符数组也是数组，只是数组元素的类型为字符型。所以字符数组的定义、初始化、字符数组数组元素的引用与一般的数组类似。

5.4.2.1 字符数组定义

字符数组定义形式与其他类型数组相同。例如,下面定义了一个有10个元素的字符数组c(其中每个数组元素中可以存放一个字符)。

char c[10];

字符数组也可以是二维或多维数组。例如,下面定义了一个5行10列的二维字符数组d。

char d[5][10];

5.4.2.2 字符数组初始化

字符数组也允许在定义时作初始化赋值。

(1)以字符常量的形式对字符数组初始化。一般数组的初始化方法,给各个元素赋初值。注意:这种方法,系统不会自动在最后一个字符后加'\0'。

例如,char str1[7]={'p','r','o','g','r','a','m'};

也可省去长度说明对字符数组初始化。

例如,char str1[]={'p','r','o','g','r','a','m'};

如果要加结束标志,必须明确指定。

例如,char str1[8]={'p','r','o','g','r','a','m','\0'};

或者

char str1[10]={'p','r','o','g','r','a','m'};

没初始化值的元素初始化为0,相当于有字符串结束标志。

(2)以字符串常量直接进行初始化。在指定数组大小时,一定要确定数组元素个数比字符串长度至少多1个(多出来的1个元素用于存放空字符'\0')。方法就是指定一个足够大的数组来存放字符串。

下面几种形式都是合法的。

char str1[]={"CHINA"};或 char s1[6]="CHINA";

char str2[80]={"CHINA"};或 char s2[80]="CHINA";

5.4.3 字符数组的引用

字符数组的引用和其他类型数组一样,通过数组名和用方括号"[]"括起来的下标表达式来引用数组中的各个元素。

【例5.9】字符数组中各元素的访问。

```
#include<stdio.h>
void main()
{
int i=0;
char str[]="program";
while(str[i]!='\0')
{
```

```
    str[i]=str[i]-32;
    printf("%c",str[i]);
    i++;
    }
  printf("\n");
  }
```

程序运行结果是输出字符串"PROGRAM"。

程序中,用字符串"program"初始化字符数组 str,在 while 循环中从第一个数组元素 str[0]即字符 p 开始,一个元素(字符)一个元素(字符)地输出。循环结束的条件是判断数组元素 str[i]是否为空字符'\0',即判断字符串是否结束。这是用字符数组处理字符串时最常采用的结束循环的方式。

5.4.4 字符串输出和输入

5.4.4.1 字符串输出

(1)printf()函数。字符串常量可以直接作为 printf()函数的参数,程序中用这种方式显示提示信息便于人机交互。在程序中还可以使用带%s 格式控制符的 printf()函数,输出一个字符串,但需要一个字符串地址,如字符数组名作为对应的输出项。

若有定义:

char string[]="stringlitera1";

printf("%s\n",string);字符数组名作为输出项,将输出整个字符串。

printf("%s\n",&string[3]);数组元素的地址作为输出项,将输出从数组元素 string[3],即字符 i 开始直到字符串结束的所有字符(但不包括空字符'\0')。

(2)puts()函数。使用 puts()函数输出字符串,只需要给出字符串地址作为参数。

puts()函数输出字符串时自动在其后添加一个换行符。puts()函数在遇到空字符'\0'时才会停止输出,因此应该确保有空字符'\0'存在。

puts()函数和 printf()函数都可以用于输出字符串。下面两条语句效果一样。

```
printf("%s\n",string);
puts(string);
```

printf()函数与 puts()函数主要区别在于:printf()函数并不会自动添加换行符而在新行上输出每个字符串。使用 printf()函数时,必需明确指出需要另起一行的位置,并添加换行符'\n'进行换行。所以 printf()函数使用起来没有 puts()函数方便,需要键入更多的代码,不过用 printf()函数可以很简单地在一行上输出多个字符串。

5.4.4.2 字符串输入

要把一个字符串读入程序中,必需首先预留存储字符串的空间,然后使用输入函数来获取这个字符串。最简单的方法是定义一个足够大的字符数组,用来存放该字符串。

为字符串预留空间后,就可以用有关输入函数读取字符串了。

(1)scanf()函数。使用带%s 格式控制符,scanf()函数可以用来读入一个字符串。

若有定义:

char name[51];

要读入字符串的值,就可以使用:scanf("%s",name);实现。

scanf()函数带%s 格式控制符,对应的输入项为字符数组名 name(数组名前不要再加取地址符'&')。当程序执行时,scanf()函数在读取输入后,会自动将空字符'\0'插入数组 name 中,作为字符串结束标志。

scanf()函数开始读取输入后,会在遇到的第一个空白字符:空格(blank)、制表符(tab)或换行符(newline)处停止读取。因此,使用%s 的 scanf()函数只会把一个单词而不是把整个语句作为字符串读入。

(2)gets()函数。使用 gets()函数可以从系统的标准设备(通常是键盘)获取一个字符串。因为字符串没有预定的长度,所以 gets()函数需要知道输入何时结束。解决方法是读字符串直到遇到一个换行符(newline),按 Enter 键可以产生这个字符。

gets()函数将读取换行符之前(不包括换行符)的所有字符,并在这些字符后添加一个空字符'\0'。然后把这个字符串交给调用它的程序。

gets()函数会将读取的换行符丢弃,这样下一次读取就会在新的一行开始。

若有定义:

char name[51];

要读入字符串的值,就可以使用:gets(name);实现。

由于字符数组 name 的长度定义为 51,因此可接受并存储最多 50 个字符(包括空格)的任何字符,在数组中要为空字符'\0'预留空间。

scanf()函数和 gets()函数主要区别在于如何决定字符串何时结束。

scanf()函数遇到的第一个空白字符(空格、制表符或换行符)停止读取。

gets()函数在遇到的第一个换行符停止读取。

5.4.5 字符数组应用举例

【例 5.10】编写一个程序,实现从键盘上输入一个字符串,将该字符串中的小写字母变为大写字母,而其他字符保持不变。

分析:先定义一个足够大的字符数组 str,存放从键盘上输入的一个字符串。

从该字符数组第一元素 str[0](存放着字符串第一个字符)开始,每个数组元素逐一(即字符)判断,看是否为小写字母,如果是就进行转换。如果不是则不变,直到该字符串结束。

```
#include<stdio. h>
#define   N    100
void main()
{
  char   str[N];
  int  i=0;
  printf("Input   a   string:\n");
  scanf("%s",str);
  while(str[i]!='\0')                    //判断字符串是否结束
```

```
    {
        if(str[i]>='a'&& str[i]<='z')       //判断是否为小写字母
            str[i]= str[i]-'a'+'A';        //进行转换
        i++;
    }
    printf("str=%s\n",str);
}
```

【例 5.11】"回文"是从前向后和从后向前读起来都一样的句子。例如,英文中的"level""radar"等。编写一个程序判断一个字符串是否为"回文"。

分析:先用字符串的第一个字符和最后一个字符进行比较看是否相等,如果相等就继续比较第二个字符和倒数第二个字符,以此类推。比较过程中只要有一次比较不相等,则可判断不是"回文",如果比较到最中间的字符时都相等则可以判断是"回文"。

源程序代码如下:

```
#include  <stdio.h>
#include  <string.h>
int word(char  s[],  int  n)
{
    int i,j;
    for(i=0,j=n-1; i<=j; i++,j--)
        if(s[i]!=s[j])              //比较前后两个字符是否相等
            return  -1;
    return  1;
}
void main()
{
    char  str[81];
    printf("Input  a  string:");
    scanf("%s",str);
    if(word(str,strlen(str))>0)          //根据函数返回值进行判断
        printf(" yes\t%s\n",str);
    else
        printf(" no\t%s\n ",str);
}
```

程序中,定义一个字符数组 str,存放从键盘上输入的字符串。将对字符串前后对应两个字符比较的算法单独用一个函数 word()实现。如果是"回文"返回 1,如果不是返回-1。

从上面的几个例子可以看到,用字符数组处理字符串,实际上是将对字符串的处理分解为一个个字符的处理,表现为每个数组元素的处理。

5.4.6 字符串处理函数

由于字符串的使用非常广泛,C 语言标准库提供了许多专门处理字符串的函数(参见附录 C),这些函数的原型在头文件"string. h"里说明。要使用标准字符串处理函数时,程序中应写:

#include <string. h>

下面介绍几个最常用的字符串处理函数。

5.4.6.1 求字符串长度函数 strlen()

函数原型:int strlen(const char s[])

本函数的功能是求出字符串的长度,也就是字符串里的字符个数。在计算字符个数时,不计表示字符串结束的空字符'\0'。该函数只有一个类型为字符的数组参数,参数前面使用了关键字 const,表示该参数的内容在函数执行中是不允许改变的。该函数对应的实参可以是任何形式的字符串,如一个字符串常量、一个一维字符数组等。函数的返回值是求出的字符串长度。

5.4.6.2 字符串复制函数 strcpy()

函数原型:char strcpy(char * dest,const char * src)

本函数的功能是把第二个参数 src 所指字符串复制到第一个参数 dest 所指的存储空间(即 dest 字符数组)中。该函数有两个字符指针参数,因为每个字符指针是指向相应字符串的首地址。而字符数组名就是所在字符串的首地址,所以字符数组名也就是一个字符指针。字符指针参数说明同字符数组参数说明是等价的,即该函数的两个参数说明同 char dest[]和 const char src[]是等价的。参数 dest 或 src 都能接受由实参传递来的一个字符指针,即一个字符串存储空间的首地址。因为该函数只需要从第二个参数 src 字符串中读取内容,不需要修改它,所以用 const 修饰,而对于第一个参数 dest 需要修改它的内容,所以就不能用 const 修饰。函数的返回值是一个字符指针,即 dest 字符数组的首地址。dest 应是一个足够大的字符数组,以保证字符串复制不越界。

5.4.6.3 字符串比较函数 strcmp()

函数原型:int strcmp(const char * s1,const char * s2)

本函数的功能是比较 s1 所指字符串与 s2 所指字符串的大小,若字符串 s1 大于字符串 s2 时返回一个大于 0 的值(C 语言标准没有规定采用什么值);若两个字符串 s1 和 s2 相同时返回 0;若字符串 s1 小于字符串 s2 时返回一个小于 0 的值。判断字符串大小的标准是字典序(普通英语词典里排列单词词条时所用的顺序)。该函数有两个字符指针参数,各自指向相应的字符串。函数的返回值为整型。

5.4.6.4 字符串连接函数 strcat()

函数原型:char * strcat(char * dest,const char * src)

本函数的功能是把第二个参数 src 所指字符串复制到第一个参数 dest 所指字符串中已有字符的后面,形成相当于两个串联在一起的字符串。这里要求 dest 所指字符串之后有足够大的存储空间用于存储 src 串。该函数有两个字符指针参数,各自指向相应的字符串。函数的返回值为 dest 的指针。

5.4.7 字符串数组

利用一维字符数组能够保存一个字符串,而利用二维字符数组能够同时保存多个字符串。当用二维字符数组处理多个字符串时,通常被称为字符串数组。

例如,char weekday[7][10] = {"Monday","Tuesday","Wednesday","Thursday","Friday","Saturday","Sunday"};

这里定义了一个7行10列的字符串数组 weekday(二维字符数组),并同时进行了初始化。可以用来存储7个字符串,每个字符串的长度不超过9个字符。

可以通过字符串数组的数组元素访问其中的每个字符。

【例5.12】编程实现输入5个国家的名称按字母顺序排列输出。

分析:5个国家的名称是5个字符串,由一个字符串数组(二维字符数组)来存放。可把该二维数组当成5个一维数组处理,每个一维数组存放一个国家名称的字符串。对这5个字符串采用某一种排序算法进行排序,其中可用字符串比较函数 strcmp()对字符串的大小进行比较。

源程序代码如下:

```
#include<stdio.h>
#include<string.h>
#define  M   5
#define  N   20
void main()
{
    char str[N],cname[M][N];
    int i,j,p;
    printf("Input country's name:");
    for(i=0;i<M;i++)                          //输入字符串
        scanf("%s",cname[i]);
    printf("\n");
    for(i=0;i<M;i++)
      {
        p=i;
        strcpy(str,cname[i]);
        for(j=i+1;j<5;j++)
    if(strcmp(cname[j],str)<0)             //字符串进行比较
          {
        strcpy(str,cname[j]);      //字符串复制
        p=j;
          }
        if(p!=i)                    //条件成立时,字符串进行交换
```

```
    {
        strcpy(str,cname[i]);
        strcpy(cname[i],cname[p]);
        strcpy(cname[p],str);
    }
  printf("%s\n",cname[i]);
 }
printf("\n");
}
```

程序中,第一个 for 循环语句用于输入 5 个国家名称的字符串。第二个 for 循环语句中采用改进的选择排序算法完成按字母顺序排序,以及输出字符串的工作。

在外层循环中把下标 i 赋予 p(即把下标 i 的值先保存在变量 p 中),并把字符数组 cname[i]中的国家名称字符串复制到数组 str 中(即同时把 cname[i]中的字符串也保存在数组 str 中)。

进入内层循环后,用字符串 str 与从 cname[i+1]开始的各字符串做比较,若有比字符串 str 小的字符串,则把该字符串复制到 str 中并把其下标赋予 p(即随时保存较小的字符串以及对应的下标)。内循环结束后,变量 p 保存了这次比较后最小的一个字符串的下标。

接着判断,如果 p 不等于 i,说明有比 cname[i]更小的字符串出现(其下标保存在变量 p 中),因此交换 cname[i]和 cname[p]的内容,使 cname[i]获得最小的字符串;如果 p 和 i 相等,则不用交换,说明没有比 cname[i]更小的字符串出现(即 cname[i]中的字符串本身就最小)。最后输出 cname[i]中的字符串。

5.5 案例应用

任务描述:餐饮服务质量调查打分。

在商业和科学研究中,人们经常需要对数据进行分析并将结果以直方图的形式显示出来。例如,一个公司的主管可能需要了解一年来公司的营业状况,比较一下各月份的销售收入状况。如果仅给出一大堆数据,这显然太不直观了,如果能将这些数据以条形图(直方图)的形式表示,将会大大增加这些数据的直观性,也便于数据的分析与对比。下面以顾客对餐饮服务打分为例,练习这方面的程序编写方法。假设有 40 个学生被邀请来给自助餐厅的食品和服务质量打分,分数划分为 1~5 这 5 个等级(1 表示最低分,5 表示最高分),试统计调查结果,并用 * 打印出如下形式的统计结果直方图。

```
Grade   Count   Histogram
  1       5     *****
  2      10     **********
  3       7     *******
  4       8     ********
  5      10     **********
```

源程序代码如下：

```
#include <stdio. h>
#define  STUDENTS  40
#define  GRADE_SIZE6
main( )
{
  int  i,j,grade;
  int  score[STUDENTS],count[GRADE_SIZE] = {0};
  printf("Please enter the response score of forty students:\n");
  for (i=0; i<STUDENTS; i++)
  {
    scanf("%d",&score[i]);
  }
  for (i=0; i<STUDENTS; i++)
  {
    count[score[i]]++;
  }
  printf("Grade\tCount\tHistogram\n");
  for (grade=1; grade<=GRADE_SIZE-1; grade++)
  {
    printf("%5d\t%5d\t",grade,count[grade]);
    for (j=0; j<count[grade]; j++)
    {
      printf("%c",'*');
    }
    printf("\n");
  }
}
```

运行结果如图 5-12 所示。

```
Please enter the response score of forty students:
1 2 3 4 5 5 4 3 2 2 3 3 1 2 4 3 2 1 1 1
3 2 1 4 5 5 5 3 3 2 1 1 2 3 4 4 5 3 2 1
Grade    Count    Histogram
    1        9    *********
    2        9    *********
    3       10    **********
    4        6    ******
    5        6    ******
请按任意键继续. . .
```

图 5-12 运行结果

本章小结

本章主要介绍C语言的数组。数组是数目固定、类型相同的若干变量的有序集合。在内存中占用一块连续的内存单元。

(1)一维数组：一维数组只有一个下标。在定义的同时可以进行初始化赋值(变长数组不能初始化)；数组元素是通过数组名和下标来引用。数组可以作为函数参数传递数据。一维数组的典型应用包括统计、排序、查找和插入等。

(2)二维数组：数组可以有多个下标，其中二维数组有两个下标。二维数组初始化有按行分组和按行连续两种方式。二维数组常用于表示行和列组成的矩阵。

(3)字符数组：字符数组是C语言处理字符串的方法。C语言处理字符串与字符数组有其特殊的地方。C语言标准库提供了大量的专门处理字符串的函数。

习 题

1. 分析下面程序的运行结果。

(1)程序1：

```
#include <stdio. h>
void main()
{int a[6];
int i,j,t;
for(i=1;i<6;i++)
scanf("%d",&a[i]);
  for(j=1;j<=4;j++)
     for(i=1;i<=5-j;i++)
     if(a[i]>a[i+1])
     {t=a[i];a[i]=a[i+1];a[i+1]=t;}
for(i=1;i<6;i++)
  printf("%d,",a[i]);
}
```

输入数据：45 67 -23 0 27

(2)程序2：

```
#include <stdio. h>
void main()
{static int a[3][3]={{3,2,1},{4,5,6},{-2,9,1}};
int i,j,sum=0;
for(i=0;i<3;i++)
for(j=0;j<3;j++)
```

```
    {if(i==j) sum=sum+a[i][j];
    }
    printf("sum=%d\n",sum);
}
```

2. 已知有 10 个整数:3,6,18,28,54,68,87,105,127,162,已经从小到大排好序,编写一个程序将一给定值 x 插入该序列中并保持原来的从小到大的顺序不变。给定值 x 从键盘输入。

3. 定义一个 10 个元素的 double 数组,录入数据后,统计其中最大值、最小值和平均值并输出。

4. 输入一个字符串,统计其中各个小写英文字母出现的次数并输出。

5. 输入一个以回车结束的字符串(少于 10 个字符),它由数字字符组成,将该字符串转换成整数后输出。

6. 编程将一个数组的值按逆序重新存放并输出。例如,原来的顺序为 8、6、5、4、1,要求改为 1、4、5、6、8。

7. 将一个 3×3 的整型矩阵转置后输出该矩阵。

6 指针

指针是C语言中广泛使用的一种数据类型。运用指针编程是C语言最主要的风格之一。利用指针变量可以表示各种数据结构,能很方便地使用数组和字符串,并能像汇编语言一样处理内存地址,从而编出精练而高效的程序。指针极大地丰富了C语言的功能。

本章主要介绍指针的概念和定义,指针变量的定义与引用方法,指针与函数、指针与数组、指针与字符串之间的联系,带指针型参数和返回指针的函数定义与使用,动态内存分配和释放的方法。

通过对本章的学习,读者应能掌握指针的编程技术,从而使程序更为简洁、生成的代码质量更高。学习好本章内容是学好C语言的关键。

6.1 指针的概念

6.1.1 地址与指针

在计算机中,正在运行的程序及数据都是存放在内存中的。内存由线性连续的内存单元组成。为了正确地访问这些内存单元,计算机系统以字节为单位对内存单元进行了编号,内存单元的编号称为地址。根据一个内存单元的地址(编号)即可准确地找到该内存单元。

通常,一个变量在内存中占用一个存储空间,而存储空间的大小(字节数)是由变量的类型决定的。例如,char类型的变量占用1个字节内存单元,double类型的变量占用8个字节内存单元。如果变量占用多个字节的内存单元将对应多个编号。为了能正确地访问变量所代表的存储空间,C语言规定将一个变量所占用的存储空间第1个字节的地址(即首地址)称为该变量的地址。变量的地址就好像是变量的门牌号码,指向了变量在内存中的具体位置,对变量的存取操作是对某个地址的存储空间进行操作。

在编写程序时,可通过变量名来直接访问变量所占用的存储空间。实际上,编译器在编译程序时会将变量名转换为实际的内存地址,编程者一般不必关心变量在内存中具体的地址。这种访问数据的方式称为直接访问。

例如,下面的程序段:

```
int x=5,y=8,z;
z=x * y;
```

定义了三个整型变量x,y,z。编译器将会给这三个int型变量分别分配相应大小的存储空间(设为4个字节,不同编译器,结果可能不同)。假设x,y,z三个变量的地址分别是1001、1005、2000,如图6-1所示。程序中还指定了变量x和y的初始值,而变量z没有指定初始值,其对应的存储空间中的值不确定。

执行语句z=x * y;时,将从变量x所占用的存储空间(从地址1001起4个字节)中取出值,从变量y所占用的存储空间(从地址1005起4个字节)中取出值,进行运算后将结果存放到变量 z 所占用的存储空间(从地址 2000 起 4 个字节)。而在程序中直接用变量名存取数据而不必考虑变量在内存中存储的具体地址。

这种按变量名来访问变量所对应的存储空间而存取变量值的方式称为直接访问。

在计算机中,地址是用二进制编码的,因此也可以成为程序处理的数据。为此 C 语言提供了一种特殊的数据类型——指针类型,专门用来处理地址值。通常也把这个地址称为指针。

指针类型的变量称为指针变量,指针变量是一个其数值为地址的变量,正如 char 类型的变量用字符作为其数值,而 int 类型变量的数值是整数,指针变量中所存放的数值是地址,即内存单元的编号。

变量占用的一定的存储空间,有对应的地址。若程序可以处理变量的地址,就可通过该地址来处理相关变量。例如,假设指针 p 中存放了另一个整型变量 x 的地址。通常形象地描述为 p"指向"x,如图 6-1 所示。

当要访问变量 x 的存储空间时,除了前面介绍的直接访问的方式以外,还可以通过指针 p 来访问(使用对应的运算符)。其访问过程是:先访问(直接访问)指针 p 的存储空间,其中存放的是变量 x 的地址值,再根据该地址值访问变量 x 的存储空间。这是对变量的存储空间访问的另外一种方式称为间接访问。

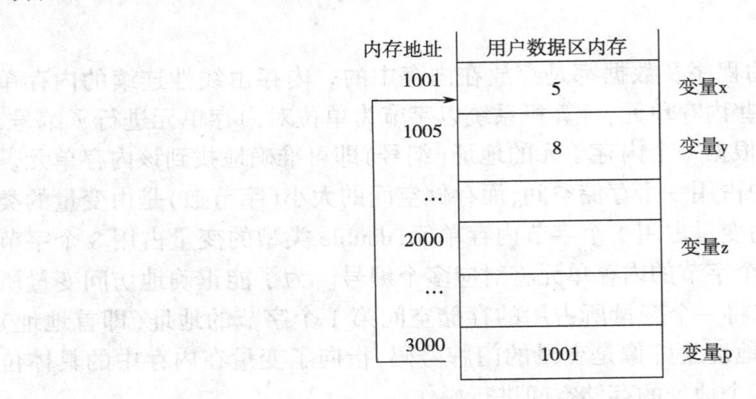

图 6-1 变量与地址

内存单元的指针和内存单元的内容是两个不同的概念。可以用一个通俗的例子来说明它们之间的关系。我们到银行去存取款时,银行工作人员将根据我们的账号去找我们的存款单,找到之后在存单上写入存款、取款的金额。在这里,账号就是存单的指针,存款数是存单的内容。对于一个内存单元来说,单元的地址即为指针,其中存放的数据才是该单元的内容。一个指针变量的值就是某个内存单元的地址或称为某内存单元的指针。

6.1.2 指针的定义与初始化

6.1.2.1 指针的定义

指针与其他变量一样,在使用前必须先定义。指针定义在程序的不同位置,决定了指针的作用范围。

定义指针的一般形式：

[存储类型]　数据类型　＊指针变量名表；

指针和普通变量一样，也有 auto、static、register 和 extern 存储类型，它决定了指针的生存期或作用域。

数据类型表示指针所要指向目标变量的数据类型，而不是指针本身的类型。

指针类型是由"＊"指定的。"＊"表示其后定义的是指针变量名。

指针变量名同样也遵循标识符的起名规则。

例如，下面的定义：

```
int *p, *q;
char c, *s;
```

第一条语句同时定义了两个指针变量，p、q 可以用来存放整型变量的地址，即可指向整型变量。第二条语句定义了一个字符变量 c(普通变量)和一个指针变量 s，指针变量 s 可以用来存放字符变量的地址，如字符变量 c 的地址。

尽管指针变量的地址值都是整型的，指向不同类型对象的指针变量存储空间大小也相同，但还是要将指针变量按其指向的对象定义为不同的类型，原因是计算机对于指针的运算是按照定义指针变量时所指向对象类型来进行的。指向不同类型对象的指针在内存中进行移动操作时，其移动的字节数是不一样的。

所以对指针变量的定义必需包括以下三个内容。

(1)指针类型说明，即定义变量为一个指针变量。

(2)指针变量名。

(3)变量值(指针)所指向的变量的数据类型。

再如定义：

```
int *p2;      /*p2是指向整型变量的指针变量*/
float *p3;    /*p3是指向浮点变量的指针变量*/
char *p4;     /*p4是指向字符变量的指针变量*/
```

应该注意的是，一个指针变量只能指向同类型的变量，如 P3 只能指向浮点变量，不能时而指向一个浮点变量，时而又指向一个字符变量。

当指针没有指向具体类型的数据对象，仅指向内存的某个地址，而该地址所存储的数据对象的类型也尚未确定，可以定义为 void 型指针。例如：

```
void *p;
```

void 型指针也称为无指定类型指针。它是一种具有独特性质的指针，它不能直接用来访问数据，但可以通过强制类型转换将它转换成某种数据类型的指针，然后用它来访问同类型的对象。

6.1.2.2　指针的初始化

指针初始化是指在定义指针的同时给它赋予合法的初始值。

指针初始化的一般形式为：

[存储类型] 数据类型　＊指针变量名=初始值；

指针初始化时，合法的初始值可以是一个地址值、0 或者 NULL。

(1)地址值。由于指针是存放地址的变量,所以初始化时赋予的初值通常是地址值。

例如:float x, * p=&x;　　//& 为取地址运算符

定义了一个 float 变量 x(普通变量)和一个指向 float 类型对象的指针变量 p,并在定义指针 p 的同时,把变量 x 的地址作为初始值赋予了指针 p。

(2)0 或 NULL。指针数值为 0 称为空指针值,标准库专门定义了符号常量 NULL 表示它(头文件 stdio. h 和另外几个标准库头文件中定义)。例如:

```
#define NULL 0
```

将指针初始化为 NULL 等于将指针初始化为 0。

数值为 0 或者 NULL 的指针称为空指针。空指针并不是指针的存储空间为空,而是有着特定的值——零,它是指针的一种状态,表示指针不指向任何目标变量,即指针变量闲置。为使程序具有良好的可移植性,初始化指针应用 NULL 表示而不用 0 表示。例如,int * p= NULL;以 NULL 作为初始值进行初始化。

6.1.3　指针的运算

指针运算是以指针所存放的地址值为运算量进行的运算。指针运算的实质是地址的计算。C 语言具有自己的一套通用于指针、数组等地址计算的规则化方法。由于许多运算对于地址进行操作是没有意义的,因此,C 语言对指针只支持几种有特定意义的运算。

6.1.3.1　基本运算

在 C 语言中,有两个与指针有关的运算符。

(1)取地址运算符 &,其功能是取得操作数的地址。表达式一般格式为:

&operand

其中:"&"是单目运算符,操作数 operand 是变量名或数组元素,表达式的值为操作数 operand 的地址。

变量的存储单元是在编译时或程序运行时分配的,因此变量的地址要通过取地址运算符"&"获取。

(2)间接访问运算符 *,其功能是用来获取指定地址中的数据。

使用格式为:

* add

其中,"*"是单目运算符,操作数 add 是地址量,如指针变量名、数组名、变量或数组元素的地址等。表达式的值为操作数所指定地址中的数据。

例如,下面的程序段:

```
int a=3, * p=&a;              //初始化时,将变量 a 的地址存放在指针 p 中
printf("a=%d\n",a);
printf("a=%d\n", * p);
```

第一个调用 printf()函数输出变量 a 的值 3,这里是通过变量名直接访问该变量的存储空间。

第二次调用 printf()函数输出的还是变量 a 的值 3,* p 表示通过指针 p 进行间接访问运算,表达式的值为指针 p 所指定地址中的数据。由于当前指针 p 中存放的是变量 a 的地

址,所以这里通过指针 p 间接访问所指向的是目标变量 a 的存储空间。

这里要注意,在程序中出现了两处 * p,它们的含义是不同的,前者 int a=3, * p=&a;中表示定义一个指针型的变量 p,后者 printf("a=%d\n", * p);中表示指针变量 p 所指向的目标变量,即变量 a。

间接访问运算符" * "的形式和算术运算符中的乘" * "运算符相同,但后者是一个双目运算符,编译器会根据操作数个数自动判别。

6.1.3.2 指针的赋值运算

指针变量同普通变量一样,使用之前不仅要定义,而且必需赋予具体的地址值。指针赋值是将对象(如变量)的地址存入指针变量。

能够给指针赋值的只有:0 或 NULL、同类型的地址值。

6.1.3.3 指针的引用

使用指针可以对它所指向的目标变量进行间接访问。在程序中只要能正确使用变量名的地方都可以用其指针的等价形式表示。

通过指针访问它所指向的一个变量是以间接访问的形式进行的,所以比直接访问一个变量要费时间,而且不直观,因为通过指针要访问哪一个变量,取决于指针的值(即指向)。但由于指针是变量,我们可以通过改变它们的指向,以间接访问不同的变量,这给程序员带来很大灵活性,也使程序代码编写得更为简洁和有效。

指针变量也可出现在表达式中,例如,有如下定义:

```
int x,y, * px=&x;
```

指针变量 px 指向整数 x,则 * px 可出现在 x 能出现的任何地方。例如:

```
y= * px+5; /* 表示把 x 的内容加 5 并赋给 y */
y=++ * px; /* px 的内容加上 1 之后赋给 y,++ * px 相当于++( * px) */
y= * px++; /* 相当于 y= * px; px++ */
```

【例 6.1】用指针进行两个变量值的交换。

```
#include <stdio.h>
void main()
{
int a,b, * p, * q,t;
p=&a;
q=&b;
printf("Enter two numbers:\n");
scanf("%d%d",p,q);       // 利用指针变量输入 a、b 的值
printf("before:a=%d,b=%d\n",a,b);
t= * p;                  //利用指针变量的间接访问交换 a、b 的值
* p= * q;
* q=t;
printf("after:a=%d,b=%d\n",a,b);
}
```

当输入 5 和 8 时,程序运行结果如图 6-2 所示。

```
Enter two numbers:
5 8
before:a=5,b=8
after:a=8,b=5
请按任意键继续. . .
```

图 6-2　例 6.1 运行结果

【例 6.2】从键盘输入两个整数赋给变量 a 与 b,不改变 a 与 b 的值,要求按先小后大的顺序输出。

```
#include <stdio.h>
void main()
{
int a,b,*p,*p1=&a,*p2=&b;
printf("Enter two numbers:\n");
scanf("%d,%d",&a,&b);
if(a>b)
   {
   p=p1;
   p1=p2;
   p2=p;
   }
     printf("a= %d\tb= %d\n",a,b);
     printf("min= %d\tmax=%d\n",*p1,*p2);
}
```

当输入 8 和 5 时,程序运行结果如图 6-3 所示。

```
Enter two numbers:
8,5
a= 8    b= 5
min= 5  max=8
请按任意键继续. . .
```

图 6-3　例 6.2 运行结果

注意:在使用指针变量之前,一定要给该指针赋予确定的地址值、0 或 NULL。一个没有赋值的指针其指向目标是不确定的,这种指针被称为"悬空指针"。使用悬空指针做间接访问是个严重错误,常常会破坏内存中其他领域的内容,严重时会造成系统失控,甚至危及系统的正常运行。

6.2 指针与函数

6.2.1 指针作函数的参数

函数的参数可以是整型、实型、字符型等基本数据类型以及数组,也可以是指针类型。使用指针类型作函数的参数,实际向函数传递的是地址值。

指针作为函数参数可以把实参的地址传入被调函数中,被调函数对形参进行处理时,可以通过指针间接访问到实参,而实现对实参的处理。因此,形参的改变能够影响实参。从而达到被调函数中形参的改变能够影响实参的目的。

【例 6.3】交换两个变量的值(传地址调用)。

```
#include   <stdio. h>
void swap( int  * p,int  * q)
{
    int temp;
    temp  =  * p;
    * p  =  * q;
    * q  =  temp;
}
void main( )
{
   int a=5,b=8;
   printf(“before swap: a=%d,b=%d\n”,a,b);
   swap(&a,&b);
   printf(“after swap: a=%d,b=%d\n”,a,b);
}
```

程序运行结果如图 6-4 所示。

```
before swap: a=5,b=8
after swap: a=8,b=5
请按任意键继续. . .
```

图 6-4　例 6.3 运行结果

从上面程序中可知,swap( )函数形参的类型为指针类型 int *。从程序运行结果来看,可以实现实参 a、b 值的交换。这是因为这里以指针作为函数参数进行的是传地址调用。主函数调用 swap( )函数时,以地址值 &a 和 &b 作为实参,指针型形参 p 和 q 接受对应的地址,即分别指向实参 a 和 b,在 swap( )函数中通过指针 p 和 q 间接访问实参 a 和 b,实现了实参 a、b 值的交换。

指针作函数的参数,不仅能保留函数中对实参的修改,而且由于传递的是地址,不需要生成实参的副本,因此参数传递的效率较高,特别是传递“体积”较大的数据,如数组、结构体等。

【例 6.4】编写程序,将数组 a 中的 n 个整数按相反顺序存放。

分析:将 a[0]与 a[n-1]对换,再 a[1]与 a[n-2] 对换……,直到将 a[(n-1/2)]与 a[n-int((n-1)/2)]对换。今用循环处理此问题,设两个“位置指示变量”i 和 j,i 的初值为 0,j 的初值为 n-1。将 a[i]与 a[j]交换,然后使 i 的值加 1,j 的值减 1,再将 a[i]与 a[j]交换,直到 i=(n-1)/2 为止,如图 6-5 所示。

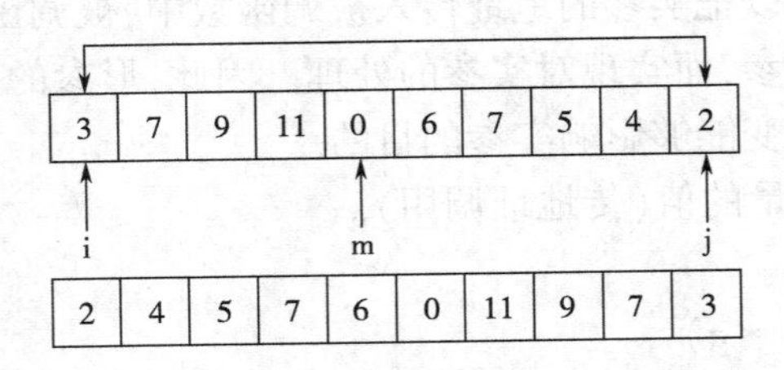

图 6-5 数据交换过程

```
#include <stdio. h>
void inv(int x[],int n)      /*形参 x 是数组名*/
{
    int temp,i,j,m=(n-1)/2;
    for(i=0;i<=m;i++)
      {j=n-1-i;
    temp=x[i];x[i]=x[j];x[j]=temp;}
return;
}
void main()
{int i,a[10]={3,7,9,11,0,6,7,5,4,2};
printf("The original array:\n");
for(i=0;i<10;i++)
    printf("%d,",a[i]);
printf("\n");
inv(a,10);
printf("The array has been inverted:\n");
for(i=0;i<10;i++)
  printf("%d,",a[i]);
printf("\n");
}
```

程序运行结果如图 6-6 所示。

数组名可以作函数的实参和形参。在上面程序中,数组名 a 就是数组的首地址,实参向

```
The original array:
3,7,9,11,0,6,7,5,4,2,
The array has benn inverted:
2,4,5,7,6,0,11,9,7,3,
请按任意键继续. . .
```

图 6-6 例 6.4 运行结果

形参传送数组名实际上就是传送数组的地址,形参得到该地址后也指向同一数组。这就好像同一件物品有两个彼此不同的名称一样。

6.2.2 函数返回指针

在 C 语言中,函数的返回值可以是整型、字符型、实型等数据,还可以是指针类型,即返回值为存储某种数据的内存地址。返回指针的函数被称为指针函数。

在指针函数中,返回的地址值可以是变量的地址、指针变量或数组的首地址,还可以是结构体、联合体等构造数据类型的首地址。

当返回指针变量时,要求该指针是指向全局变量、静态局部变量的指针,注意要谨慎使用返回指向自动局部变量的指针。

对于返回指针的函数,函数调用后必须要把它的返回值赋给指针类型的变量。

例如:

```
int *ap(int x,int y)
{
   int *p;
   ......          /*函数体*/
   return p;
}
```

表示 ap 是一个返回指针值的指针函数,它返回的指针指向一个整型变量。

6.2.3 指向函数的指针

在 C 语言中,函数的函数名表示该函数的存储首地址,即函数的执行入口地址。当调用函数时,程序流程转移的位置就是函数名给定的入口地址。如果把函数名赋予一个指针变量(指针变量的值就是函数的程序代码存储区的首地址),就可以用该指针来调用函数。这种指针变量称为指向函数的指针,简称为函数指针。它的定义形式如下:

数据类型 (*指针变量名)(函数参数表);

其中,数据类型为函数返回值的类型。由于间接访问运算符“*”的优先级低于运算符“()”,因此前面一对包括“*指针变量名”的圆括号“()”不能省,表明定义的是一个指针变量;后面一对圆括号“()”表示是专门指向函数的指针,其中的“函数参数表”表示函数的形参个数和类型。注意和返回指针的函数定义形式的区别。

例如:

```
int (*p)();
```

定义了一个指向函数的指针变量 p,指针 p 所指向函数应有 int 型返回值,并没有形参。

当给函数指针赋值后,在进行函数调用时既可以通过函数名,也可以通过函数指针。对函数指针进行间接访问"＊"运算时,其结果是使程序控制流程转移到函数指针所指向的函数入口地址执行该函数。函数指针的这一特性与其他数据指针不同,数据指针的间接访问"＊"运算访问是指定地址的数据。

【例 6.5】用函数指针调用函数,求三个数中最大的数。

```
#include <stdio.h>
float max(float,float,float);              //函数定义
void main()
{
   float (*p)(float,float,float);       //定义函数指针
   float a,b,c,big;
   p=max;                  //使函数指针 p 指向 max()函数
   scanf("%f%f%f",&a,&b,&c);
   big=(*p)(a,b,c); // 通过函数指针调用函数,与 big=max(a,b,c);等价
   printf("a=%.2f\tb=%.2f\tc=%.2f\nbig=%.2f\n",a,b,c,big);
   }
float max(float x,float y,float z)
{
   float m=x;
   if(m<y) m=y;
   if(m<z) m=z;
   return m;
}
```

当输入 3、6、9 时,程序运行结果如图 6-7 所示。

```
3 6 9
a=3.00  b=6.00  c=9.00
big=9.00
请按任意键继续. . .
```

图 6-7 例 6.5 运行结果

在上面的程序中,语句 float (＊p)(float,float,float);定义了一个函数指针 p,可以指向一个函数(该函数的返回值应为 float 型,且有三个 float 型形参)。

语句 p=max;的作用是将 max()函数的入口地址赋值给函数指针 p,即函数指针 p 指向函数 max()。此时函数指针 p 和函数名 max 都能代表函数的入口地址。注意在给函数指针赋值时,只要给出函数名即可,不用给出参数。

语句(＊p)(a,b,c);使用(＊p)代替函数名调用函数,并且在其后的圆括号"()"中加上实参,用(＊p)调用与用函数名 max 调用函数是等价的。

在 C 语言中,函数指针的主要作用是作为参数在函数间传递函数,实际上传递的是函数的执行地址,或者说传递的是函数调用控制。当函数在两个函数间传递时,主调函数的实参应该是被传递函数的函数名,而被调函数的形参是接收函数地址的函数指针。可以给函数指针赋予不同的函数名(函数的入口地址),而调用不同的函数。

6.3 指针与数组

在 C 语言中,指针与数组之间有着密切的关系,凡是由数组下标完成的操作皆可用指针来实现。使用指针处理数组可使代码更紧凑、更灵活,程序运行效率更高。

6.3.1 指针对数组元素的访问

6.3.1.1 指针与一维数组的关系

一个数组是由连续的一块内存单元组成的。数组名就是这块连续内存单元的首地址。一个数组也是由各个数组元素(下标变量)组成的。每个数组元素按其类型不同占有几个连续的内存单元。一个数组元素的首地址也是指它所占有的几个内存单元的首地址。数组元素的地址等于该元素相对数组首地址的偏移量。可以定义指针指向数组元素,但用于指向数组元素的指针类型必须与数组类型相同。

定义一个指向数组元素的指针变量的方法,与以前介绍的指针变量相同。

例如:

```
int a[10];    /*定义 a 为包含 10 个整型数据的数组*/
int *p;       /*定义 p 为指向整型变量的指针*/
```

应当注意,因为数组为 int 型,所以指针变量也应为指向 int 型的指针变量。下面是对指针变量赋值:

```
p=&a[0];
```

把 a[0]元素的地址赋给指针变量 p。也就是说,p 指向 a 数组的第 0 号元素,如图 6-8 所示。

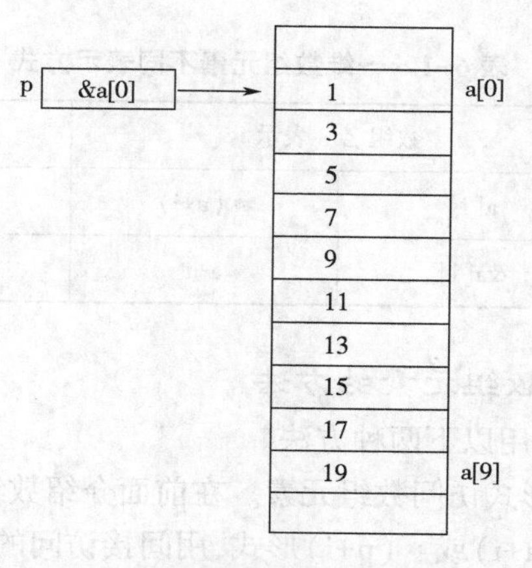

图 6-8 指向数组 a 元素的指针

C 语言规定,数组名代表数组的首地址,也就是第 0 号元素的地址。因此,下面两个语句等价:

```
p=&a[0];
p=a;
```

在定义指针变量时可以赋给初值:

```
int *p=&a[0];
```

它等效于:

```
int *p;
p=&a[0];
```

当然定义时也可以写成:

```
int *p=a;
```

从图中我们可以看出有以下关系。

p,a,&a[0]均指向同一单元,它们是数组 a 的首地址,也是 0 号元素 a[0]的首地址。应该说明的是 p 是变量,而 a,&a[0]都是常量。在编程时应予以注意。

当一个指针指向数组中的某个元素时,不但可以通过该指针访问被指数组元素,还可以通过它访问数组里的其他元素。

C 语言规定:如果指针 p 已指向数组中的一个元素,则 p+1 指向同一数组中的下一个元素。

数组名表示数组首地址(即数组第一个元素的地址),这个地址是在数组定义时就已确定的且不可更改,所以数组名可以看作是一个常量指针。则 a+1 指向同一数组中的第 2 个元素即 a[1]。以此类推。即当指针 p 指向数组的首地址时:p+i 和 a+i(0≤i≤9)表示指向同一数组 a 中的第 i 个元素 a[i]或者说它们就是 a[i]的地址。

(p+i)或(a+i)(0≤i≤9)表示指针 p+i 或 a+i 所指向的数组元素,即 a[i]。

指针 p 也可以带下标表示数组元素,如 p[i](0≤i≤9)即表示 a[i]。

当一个指针 p 指向数组 a 的首地址时,指针名 p 和数组名 a 能够相互表示和互换使用,对于一维数组,下表 6-1 总结了对数组元素表示的不同方式。

表 6-1 一维数组元素不同表示方式

	数组名 a 表示		指针名 p 表示	
第 i 个元素	a[i]	*(a+i)	p[i]	*(p+i)
第 i 个元素的地址	&a[i]	a+i	&p[i]	p+i

6.3.1.2 指针访问数组元素的方法

引用一个数组元素可以用以下两种方法。

(1)下标法,即用 a[i]形式访问数组元素。在前面介绍数组时都是采用这种方法。

(2)指针法,即采用*(a+i)或*(p+i)形式,用间接访问的方法来访问数组元素,其中 a 是数组名,p 是指向数组的指针变量,其初值 p=a。

引入指针变量后,不仅可以通过数组名和下标的方式访问数组元素,也可以通过指针名和偏移量的方式访问数组元素。一般来说,通过指针名和偏移量的方式访问数组元素的速度比通过数组名和下标的方式访问数组元素的速度更快。

【例 6.6】输出数组中的全部元素(下标法)。

```
#include <stdio. h>
void main( )
{
  int a[10],i;
  for(i=0;i<10;i++)
    a[i]=i;
  for(i=0;i<5;i++)
    printf("a[%d]=%d\n",i,a[i]);
}
```

【例 6.7】输出数组中的全部元素(通过数组名计算元素的地址,找出元素的值)。

```
#include <stdio. h>
void main( )
{
  int a[10],i;
  for(i=0;i<10;i++)
    *(a+i)=i;
  for(i=0;i<10;i++)
    printf("a[%d]=%d\n",i,*(a+i));
}
```

【例 6.8】输出数组中的全部元素(用指针变量指向元素)。

```
#include <stdio. h>
void main( ){
  int a[10],i,*p;
  p=a;
  for(i=0;i<10;i++)
    *(p+i)=i;
  for(i=0;i<10;i++)
    printf("a[%d]=%d\n",i,*(p+i));
}
```

6.3.1.3 指针的算术运算

指针的算术运算是指可以进行指针加和减的整数运算,指针的自增和自减运算以及同类型指针之间的减法运算,而乘法、除法、求余运算以及指针之间的加法运算等,并无实际意义,也不支持。

(1)指针的加、减整数运算。指针作为地址量加上或减去一个整数 n,表示指针当前指

6 指针

向位置的前方或后方第 n 个数据的位置,表达式的运算结果是一个新的地址值。由于指针可以指向不同数据类型,即数据长度不同的数据,所以这种运算的结果值取决于指针所指向对象的数据类型。

对不同数据类型的指针 p,p+n(n 为整数)表示的实际地址值是:p 中的地址值+n * 数据长度(字节数)。

通常指针加、减整数运算与数组相联系才有具体的意义。

(2)指针的自增、自减运算。指针自增运算"++"和自减运算"--"也是地址运算。指针进行"++"运算后,指针值会发生变化而指向下一个对象,同样地,指针进行"--"运算后,指针值会发生变化而指向上一个对象,运算后指针的地址值也取决于它所指向对象的数据类型。

要注意指针变量可以实现本身的值的改变,如 p++是合法的,而 a++是错误的。因为 a 是数组名,它是数组的首地址,是常量。但要注意,虽然定义数组时指定数组长度,但指针变量可以指到数组以后的内存单元,系统并不认为非法。

要注意"*"运算符和"++"或"--"运算符混合运算的意义,具体如下。

①*p++,由于++和*同优先级,结合方向自右而左,等价于*(p++)。

②*(p++)与*(++p)作用不同。若 p 的初值为 a,则*(p++)等价 a[0],*(++p)等价 a[1]。

③(*p)++表示 p 所指向的元素值加 1。

④如果 p 当前指向 a 数组中的第 i 个元素,则:

*(p--)相当于 a[i--];

*(++p)相当于 a[++i];

*(--p)相当于 a[--i]。

(3)两个同类型指针相减。两个同类型的指针可以相减,其运算结果是两个指针所指向的地址位置之间所包含的对象个数(也和指针所指向对象的数据类型有关)。两个指针相减也是地址计算,但结果值不是地址量,而是一个整数(对象个数)。

6.3.1.4 指针的关系运算

两个同类型的指针,或者一个指针和一个地址量之间可以进行比较,比较的结果可以反映出两个地址位置的前后关系。两个指针相等是指两个指针同时指向同一位置。

例如,设指针 p 和 q 指向同类型的对象,有关系表达式:p<q,如果 p 指向的位置在 q 所指向位置的前方,则该关系表达式的值为 1,即为真。

不同类型指针之间或指针与一般的整型数据之间的比较是没有实际意义的。但是指针 p 与整数 0 可以进行等于或不等于的比较,即:p== NULL 或 p!= NULL (NULL 也可以写成 0)。

程序中常用这种方式来判断指针 p 是否为空指针(即未指向任何目标)。

【例 6.9】若有一个数列是升序排列的,现插入一个数,要求该数列仍保持升序排列。

插入算法思想:先假设定义一个具有 n+1 个元素的一维整型数组 a 来存放已从小到大排好序的 n 个整数。即要多一个数组元素用来存放待插入的给定值 x。

从数组的第一元素 a[0]开始,将要插入的给定值 x 与数组中各元素按顺序逐个比较,当找到第一个比给定值 x 大的数组元素 a[i]时(0≤i≤n-1),表示该元素之前即为要插入的位置。

找到该插入的位置后,应从数组 a 倒数第二个元素 a[n-1]开始到元素 a[i]为止,逐个后移(即将前一个数组元素 a[j]的值赋予后一个元素 a[j+1],其中 n-1≥j≥i)。其目的是要留出一个用于存放给定值 x 的位置,并保持从元素 a[i+1]到最后一个元素 a[n]的排序顺序不变。

最后把插入的给定值 x 赋予数组元素 a[i]。如果 x 比所有的元素值都大则将插入数组最后的元素中。

程序中使用指针法访问数组元素。

```
#include <stdio.h>
void main()
{
  int a[8]={2,3,5,8,10,11,15};
  int i,j,x,*p;
  p=a;                        //指针 p 指向数组 a 的首地址
  scanf("%d",&x);
  if(x<*p)                    //将插入的数插到列头
   {   for(i=7;i>=1;i--)
         *(p+i)= *(p+i-1);
         *p=x;
   }
  else if(x>*(p+6))           //将插入的数插到列尾
         *(p+7)=x;
  else
   {   for(i=1;i<6;i++)                //查找插入的位置并插入
           if(x>*(p+i) && x<*(p+i+1))
               {
                  for(j=6;j>i;j--)
                     *(p+j+1)= *(p+j);
                     *(p+j+1)=x;
               }
   }
    for(i=0;i<8;i++)
        printf("%5d",*p++);
    printf("\n");
}
```

当输入 9 时,程序运行结果如图 6-9 所示。

```
9
    2    3    5    8    9   10   11   15
请按任意键继续. . .
```

图 6-9　例 6.9 运行结果

6.3.2　字符指针

在 C 语言中,可以用字符指针来处理字符数组及字符串,用字符指针处理字符串更为灵活,使程序运行速度更快、效率更高。

6.3.2.1　用字符指针处理字符数组

在 C 语言中字符串是通过字符数组来处理的,同样也可以使用字符指针来处理字符串。通常用字符指针处理字符串时,是先将字符串存放到字符数组中,然后通过字符指针处理数组元素(字符)的方式处理字符串。

字符串指针变量的定义说明与指向字符变量的指针变量说明是相同的。只能按对指针变量的赋值不同来区别。对指向字符变量的指针变量应赋予该字符变量的地址。

例如:

```
char c, *p=&c;
```

表示 p 是一个指向字符变量 c 的指针变量。

而:

```
char *s="C Language";
```

则表示 s 是一个指向字符串的指针变量。把字符串的首地址赋予 s。

上面的定义等效于:

```
char *s;
s="C Language";
```

【例 6.10】　字符串的复制。

```
#include<stdio.h>
//定义函数实现将字符串 str2 拷贝到字符串 str1 中
void strcopy(char *str1,char *str2)
{
  while(*str2!='\0')
    {
   *str1=*str2;
  str1++;
  str2++;
    }
   *str1='\0';
}
```

```
void main()
{
    char s1[30],s2[30];
    printf("Enter string:");
    scanf("%s",s2);
    strcopy(s1,s2);
    printf("s1=%s\ns2=%s\n",s1,s2);
}
```

当输入 China 时,运行结果如图 6-10 所示。

```
Enter string:china
s1=china
s2=china
请按任意键继续. . .
```

图 6-10　例 6.10 运行结果

从上面的例子可以看到,对存放在字符数组中的字符串,除了可以用数组名和下标来处理其中的字符外,如果定义了指向字符数组的指针,也可以通过字符指针处理。

6.3.2.2　用字符指针处理字符串常量

字符串常量是由双引号括起来的字符序列,编译器将它安排在内存的常量存储区中。例如:

"Computer"

编译器将会建立一个内部的无名字符型数组来存放字符串常量。如果能看见的话,其声明应该是这样的:

char[]={'C','o','m','p','u','t','e','r','\0'};

这种内部表示没有任何字面上的标识符赋予该字符串常量,程序员不能像这样来声明字符数组,只有编译器才可以。所以程序中无法用标识符来直接引用和处理它。但系统在存放字符串常量时,会记下字符串常量存放的起始地址,即字符串常量中第一个字符的存放地址,因此可以通过指针来引用和处理。

若定义一个字符指针,并用字符串常量对它初始化,或者用字符串常量直接对它赋值,该指针中就存放了字符串常量的首地址,即该指针指向字符串常量。例如,有定义:

char *st="Hi,Good morning!";

或

char *st;

st="Hi,Good morning!";

通过上面的定义与赋值使指针 st 指向字符串常量"Hi,Good morning!"的首地址,于是,就可以用该指针来处理字符串常量。

注意,在初始化或程序中向字符指针赋予字符串常量,并不是把该字符串本身复制到指针中，而是把存储字符串的首地址赋予指针，从而使指针指向该字符串的首字符位置。

这里总结一下字符数组、字符串和字符指针的联系与区别。

（1）字符数组和字符指针都能实现对字符串的处理。

（2）字符数组由元素组成，每个元素中存放一个字符，而字符指针中存放的是字符串的地址。

（3）只能对字符数组中的各个元素赋值，而不能用赋值语句对整个字符数组赋值。例如，下列赋值是错误的：

```
char s[20];
s="How are you!";                    //不允许
```

而对字符指针变量赋的是字符串首地址。例如，下列赋值是合法的：

```
char *p;
p="How are you!";
```

（4）字符数组名虽然代表地址，但数组名的值不能改变。例如，下列用法是错误的：

```
char s[]="How are you!";
s=s+4;                               //不允许
printf("%s\n",s);
```

但字符指针变量的值可以改变。例如，下列用法是合法的：

```
char *p="How are you!";
p=p+4;
printf("%s\n",p);
```

（5）可以用下标形式引用指针所指向的字符串中的字符。例如：

```
char *p="How are you!";
printf("%c\n",p[4]);        //相当于*(p+4),输出字符a
```

（6）可以通过键盘输入字符串的方式为字符数组输入字符元素，但不能通过输入函数使字符指针变量指向一个字符串。因为由键盘输入的字符串，系统是不分配存储空间的。例如：

```
char s[100],*p;
scanf("%s",s); //可以,定义时已经为字符数组分配了存储空间
scanf("%s",p); //不可以,指针p未指向明确地址
strcpy(p,"Hello"); //不可以,指针p未指向明确地址
p=s;    //指针p指向数组s
scanf("%s",p); //可以,通过指针p访问数组s
strcpy(p,"Hello"); //可以,通过指针p修改数组s的内容
```

（7）将字符串常量通过赋值语句赋予字符指针后，其中的字符不能被修改。

例如：

```
char s[100]="How are you!";
char *p;
p="How are you!";
```

s[4]='#'；　　//可以,访问数组元素,并修改

p[4]='#'；　　//不可以,指针 p 所指向的是字符串常量,不能修改其元素

strcpy(p,"Hello");//不可以,指针 p 所指向的是字符串常量,不能修改

6.3.3　指向数组的指针

在 C 语言中,二维数组可以看成其元素是一维数组的一个一维数组。

设有整型二维数组 a[3][4]定义为:

int a[3][4]={{0,1,2,3},{4,5,6,7},{8,9,10,11}}

前面介绍过,C 语言允许把一个二维数组分解为多个一维数组来处理。因此数组 a 可分解为三个一维数组,即 a[0]、a[1]、a[2]。每一个一维数组又含有 4 个元素。假设每个元素占 2 个字节,a 数组元素地址及值表示如图 6-11 所示。

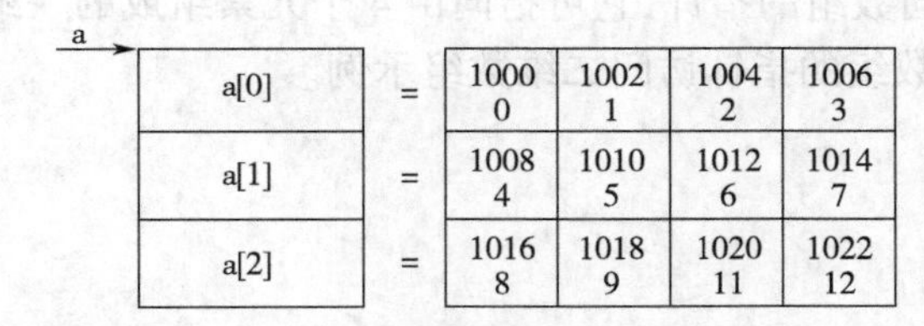

图 6-11　二维数组元素地址及值

例如,a[0]数组含有 a[0][0]、a[0][1]、a[0][2]、a[0][3]4 个元素。

数组及数组元素的地址表示如下。

从二维数组的角度来看,a 是二维数组名,a 代表整个二维数组的首地址,也是二维数组 0 行的首地址,等于 1000。a+1 代表第一行的首地址,等于 1008。

a[0]是第一个一维数组的数组名和首地址,因此也为 1000。*(a+0)或*a 是同 a[0]等效的,它表示一维数组 a[0]的 0 号元素的首地址,也为 1000。&a[0][0]是二维数组 a 的 0 行 0 列元素首地址,同样是 1000。因此,a、a[0]、*(a+0)、*a、&a[0][0]是相等的。

同理,a+1 是二维数组第 1 行的首地址,等于 1008。a[1]是第二个一维数组的数组名和首地址,因此也为 1008。&a[1][0]是二维数组 a 的 1 行 0 列元素地址,也是 1008。因此 a+1、a[1]、*(a+1)、&a[1][0]是等同的。

由此可得出:a+i、a[i]、*(a+i)、&a[i][0]是等同的。

此外,&a[i]和 a[i]也是等同的。因为在二维数组中不能把 &a[i]理解为元素 a[i]的地址,不存在元素 a[i]。C 语言规定,它是一种地址计算方法,表示数组 a 第 i 行首地址。由此,我们得出:a[i]、&a[i]、*(a+i)和 a+i 也都是等同的。

另外,a[0]也可以看成是 a[0]+0,是一维数组 a[0]的 0 号元素的首地址,而 a[0]+1 则是 a[0]的 1 号元素首地址,由此可得出 a[i]+j 则是一维数组 a[i]的 j 号元素首地址,它等于 &a[i][j]。

由 a[i]=*(a+i)得 a[i]+j=*(a+i)+j。由于*(a+i)+j 是二维数组 a 的 i 行 j 列元素的首地址,所以,该元素的值等于*(*(a+i)+j)。

把二维数组 a 分解为一维数组 a[0]、a[1]、a[2]之后,对二维数组的访问可以通过指向

数组的指针来实现。

定义一个指向数组的指针方式为：

[存储类型] 数据类型（*指针变量名）[数组长度]

其中，由于运算符“[ ]”比“*”优先级更高，指针变量名连同其前面的“*”一定要用圆括号“()”括起来，表示定义的是一个指针。方括号中的数组长度是一个整数，表示指针所指向一维数组的长度，也就是二维数组的列数。

例如，有如下定义：

```
int a[3][4];
int(*p)[4];
p=a;
```

其中：用圆括号“()”将*p括起来，让p先与*结合，说明p是一个指针，然后才与[4]结合，表示p是一个指向数组的指针，它可指向由4个元素组成的一维数组。

【例6.11】用指向数组的指针访问二维数组示例。

```
#include <stdio.h>
void main()
{
    int a[3][4]={0,1,2,3,4,5,6,7,8,9,10,11};
    int(*p)[4];
    int i,j;
    p=a;
    for(i=0;i<3;i++)
    {for(j=0;j<4;j++) printf("%2d  ",*(*(p+i)+j));
    printf("\n");}
}
```

运行结果如图6-12所示。

```
0   1   2   3
4   5   6   7
8   9  10  11
请按任意键继续. . .
```

图6-12 例6.11运行结果

6.3.4 指针数组

6.3.4.1 指针数组定义

一个数组，若数组元素均为指针类型，称为指针数组。指针数组是指针的集合，它的每一个数组元素都是一个指针变量，并且可以指向具有相同数据类型的目标变量。

一维指针数组的定义形式为：

[存储类型] 数据类型 *指针数组名[数组长度];

int *p[4];

其中,由于运算符"[]"比"*"优先级更高,因此标识符p先与[4]结合,形成p[4]的形式,表示定义一个有4个元素的p数组。p前面"int *"表示此数组是指向int型对象的指针类型,每个数组元素都是一个指针,可以指向一个int型对象。这里要注意与指向数组的指针定义形式的区别。

和普通数组一样,编译器在处理指针数组定义时,给它在内存中分配一个连续的存储空间,这时指针数组名p就表示指针数组的存储空间首地址。

6.3.4.2 指针数组应用

在程序中,通常使用指针数组处理多维数组。例如,定义一个二维数组和一个指针数组:

int a[2][3],*p[2];

其中,二维数组a[2][3]可分解为a[0]和a[1]两个一维数组,它们各有3个元素。指针数组p由两个指针p[0]和p[1]组成。可以把一维数组a[0]和a[1]的首地址分别赋予指针p[0]和p[1]。例如:

p[0]=a[0];或 p[0]=&a[0][0];

p[1]=a[1];或 p[1]=&a[1][0];

则两个指针分别指向两个一维数组,这时通过两个指针就可以对二维数组中的数据进行处理。

根据"*"和"[]"的运算意义和地址计算规则,a[i][j]、*(a[i]+j)、*(p[i]+j)、p[i][j]是意义相同的表示方法,可以根据需要使用任何一种表示形式。

【例6.12】求二维数组a[M][N]各行的平均值,并将各行的平均值依次存放在数组b[M]中。

```
#include <stdio.h>
#define M 5
#define N 4
void main()
{
int a[M][N],*pa[M]={a[0],a[1],a[2],a[3],a[4]};
int i,j; float b[M],*pb=b,s;
for (i=0;i<M;i++)
for (j=0;j<N;j++)
scanf("%d",&pa[i][j]);            //输入二维数组
  for (i=0;i<M;i++)
  {
   s=0;
   for(j=0;j<N;j++)
   s=s+pa[i][j];                   //求各行元素之和
```

```
        pb[i]=s/N;              //将各行元素的平均值存入数组pb
    }
    for(i=0;i<M;i++)
    printf("第%d行的平均值:%.2f\n",i,pb[i]);
}
```

运行结果如图 6-13 所示。

```
1 2 3 4
5 6 7 8
9 4 2 6
6 3 4 8
9 1 3 4
第0行的平均值: 2.50
第1行的平均值: 6.50
第2行的平均值: 5.25
第3行的平均值: 5.25
第4行的平均值: 4.25
请按任意键继续. . .
```

图 6-13　例 6.12 运行结果

6.3.4.3　命令行参数

指针数组的一个重要应用是作为 main( ) 函数的形参。一般在程序中,主函数 main( ) 都使用无参形式。实际上,主函数 main( ) 也是可以指定形参的。

主函数 main( ) 的有参形式:

```
main(int argc,char *argv[])
{……
}
```

其中:

第一,形参 argc 是命令行中参数的个数(可执行文件名本身也算一个)。

第二,形参 argv 是一个字符指针数组,其数组元素是指向实参字符串的指针。元素 argv[0]指向第 1 个实参字符串"文件名",元素 argv[1]指向第 2 个实参字符串,元素 argv[2]指向第 3 个实参字符串。

运行带形参的主函数,必须在操作系统状态(一般在 DOS 状态)下,输入带形参主函数所在的可执行文件名,以及所需的实参(字符串),然后回车即可。

命令行的一般格式为:

可执行文件名[实参 1　实参 2 ……]

【例 6.13】输出命令行参数示例。

```
#include <stdio.h>
void main(int argc,char *argv[])
{
```

```
while(argc-->0)//从第一个实参字符串开始
printf("%s\n",*argv++);
}
```

如果将上面的程序保存为文件名为 test.c,编译、链接生成可执行文件 test.exe;然后在 DOS 状态下运行(文件 test.exe 所在路径下),当输入为:

```
test.exe Hello world
```

程序将输出命令行中包括可执行文件名在内的以空格分隔的所有字符串(一行输出一个字符串)。程序运行结果如图 6-14 所示。

```
F:\>test hello world!
test
hello
world!
```

图 6-14 例 6.13 运行结果

由于命令行参数(字符串)的数目可以是任意的,而且这些字符串的长度不一定相同,利用指针数组作为 main()函数的形参,可以较好地解决这些问题,并通过指针数组向程序传送命令行参数,对程序的运行进行控制。

6.3.5 指向指针的指针

指针是一个其数值为地址的变量,如果指针中存放的是数据对象,如普通变量或数组元素的地址,则称为一级指针(通常简称为指针)。

指针是变量,系统将为它分配相应大小的存储空间,也有其内存地址,则该地址也可以成为被处理的对象。如果有变量存放的是指针变量的地址,则该变量称为指向指针的指针,即二级指针。二级指针并不直接指向数据对象,而是指向一级指针。

在 C 语言中,通过一级指针可以实现间接访问所指向的数据对象,称为一级间级访问,通过二级指针可以实现二级间接访问。依此类推,C 语言允许多级间接访问。但由于间接访问的级数越多,对程序的理解就越困难,出错的机会也会越多,因此,在程序中很少使用超过二级的间接访问。

二级指针定义的形式:

[存储类型] 数据类型 * * 指针变量名;

其中,指针变量名前面有两个"*",表示是一个二级指针。

例如,有以下定义:

```
int a, *pa, **ppa;
pa= &a;
ppa= &pa;
```

其中,定义了三个变量。变量 a 是一个普通 int 型变量,变量 pa 是个一级指针,变量 ppa 是个二级指针。通过赋值使一级指针 pa 存放变量 a 的地址,即指向了变量 a,二级指针 ppa 存放一级指针 pa 的地址,即指向了指针 pa。

一般情况下,二级指针必须与一级指针联合使用才有意义,不能用二级指针直接指向数据对象。按上面给出的定义和赋值,当一级指针 pa 指向变量 a,二级指针 ppa 指向一级指针 pa,则既可以用一级指针 pa 间接访问变量 a,也可以用二级指针 ppa 间接访问变量 a,即表达式 a、* pa、* * ppa 都表示访问变量 a 的值,三者是等价的。例如,下面三条语句是等价的。

```
a=3;      //直接访问
* pa=3 //一级间接访问
* * ppa=3 //二级间接访问
```

【例 6.14】用二级指针处理字符串示例。

```
#include<stdio. h>
void main()
{
char * name[ ]={"C Program","BASIC","Computer English","Word"};
char * * p;
for(p=name;p<name+4;p++)
printf("%s\n", * p);
}
```

运行结果如图 6-15 所示。

```
C Program
BASIC
Computer English
Word
请按任意键继续. . .
```

图 6-15　例 6.14 运行结果

6.4　动态内存分配

当程序中定义了变量或数组以后,系统在程序编译的时候就会给变量或数组按照其数据类型及大小分配相应的内存单元,这块内存在程序的整个运行期间都存在。

例如,定义一个 float 型数组:

float price[100];

系统在程序编译的时候就会给数组 price 分配 100×4 个字节的内存空间,首地址就是数组名 price 的值。

但是,在使用数组的时候,总有一个问题困扰着:数组应该有多大?在很多的情况下,并不能确定要使用多大的数组,那么就要把数组定义得足够大。这样,程序在运行时就申请了固定大小的被认为足够大的内存空间。但是如果因为某种特殊原因存储空间利用的大小有增加或者减少,又必须重新去修改程序,改变数组的存储空间。

这种分配固定大小的内存分配方法称之为静态内存分配。这种内存分配的方法存在比较严重的缺陷,特别是处理某些问题时,在大多数情况下会浪费大量的内存空间,在少数情况下,当程序定义的数组不够大时,可能引起下标越界错误,甚至导致严重后果。

在实际的编程中,往往会产生这种情况,即所需的内存空间取决于实际输入的数据,而无法预先确定。对于这种问题,用静态内存分配的办法很难解决。用 C 语言提供的动态内存分配就可以解决这样的问题。

所谓动态内存分配就是指在程序执行的过程中,动态地分配或者回收存储空间的内存分配方法。动态内存分配不像静态内存分配方法那样需要预先分配存储空间,而是由系统根据程序的需要即时分配,且分配的大小就是程序要求的大小。

动态内存分配相对于静态内存分配的优点如下。

一是不需要预先分配存储空间。

二是分配的空间可以根据程序的需要扩大或缩小。

进行动态内存分配需要以下几个步骤。

第一,要确切地知道需要多少内存空间,以避免存储空间的浪费。

第二,利用 C 语言标准库提供的动态分配函数来分配所需要的存储空间。

第三,使用指针指向获得的内存空间,并通过指针在该空间内实施运算或操作。

第四,当对动态分配的内存操作完之后,一定要释放这一空间。如果不释放获得的存储空间,则可能把内存空间用完而影响到其他数据的存储。

C 语言标准库提供了专门的内存管理函数来处理动态分配内存的问题,这些内存管理函数可以按需要动态地分配内存空间,也可以把不再使用的空间回收待用,为有效地利用内存资源提供了手段。使用动态内存管理函数,需要包含头文件 stdlib. h。

6.4.1 带计数和清 0 的动态内存分配的函数 calloc()

函数原型:

```
void *calloc(unsigned n,unsigned size)
```

其中,参数 n 和 size 都是无符号整型,参数 n 表示要存放数据元素的个数,参数 size 表示数据元素的大小,它的功能是动态分配 n 个大小为 size 字节的连续存储空间,并且还把存储空间全部清 0。

若分配成功,则函数返回一个指向分配存储空间起始地址的指针。由于该地址内的数据类型无法确定,故为一个 void 型指针;若没有足够的内存满足要求,则返回空指针 NULL。

因此在使用内存之前,验证该函数的返回值是不是空指针(NULL 或 0)非常重要。为了给指定类型的数据进行动态分配,一般常用 sizeof 来确定该类型数据所占字节数。例如,下面的程序段:

```
int n, *pscore;
scanf("%d",&n);
//分配 n 个连续的整型单元,首地址赋给 pscore
```

```
pscore= (int *)calloc(n,sizeof(int));
//分配内存失败,则给出错误信息后退出
if(pscore==NULL)
{
printf("Insuffcient memory available!");
exit(0);
}
```

如果成功,可分配 n 个连续的整型单元,并把这个起始地址赋给指针变量 pscore,利用该指针就能对该区域里的数据进行操作或运算。

6.4.2 按照指定的字节分配内存的函数 malloc()

函数原型:

```
void * malloc(unsigned size)
```

其中,参数 size 是无符号整型,它的功能是动态分配 size 个字节的连续存储空间。例如,下面的程序段:

```
int *p1, *p2,n;
scanf("%d",&n);
if((p1=(int *)malloc(80))==NULL)
  exit(1);
if((p2=(int *)malloc(n *sizeof(int)))==NULL)
  exit(1);
```

如果成功,就分别得到 80 和 n * sizeof(int)字节的存储空间。

6.4.3 动态重分配函数 realloc()

函数原型:

```
void *realloc(void *p,unsigned size)
```

其中,指针 p 是以前通过动态分配得到的存储空间起始地址,其功能是对指针 p 所指向的已动态分配的存储空间重新进行分配,新分配的大小为 size 字节。

该函数的返回值是新分配内存区的起始地址。允许新内存区大于或小于原分配的内存区。

6.4.4 释放动态内存的函数 free()

函数原型为:

```
void free(void *p)
```

其中,指针 p 是指向待释放存储空间首地址的指针。其功能是释放不再使用的动态内存。该函数没有返回值,故为 void 型。

计算机中最宝贵的资源就是内存,因此一定要释放不再使用的动态内存。

【例 6.15】编写程序:利用动态内存分配存放 n 个整数的存储空间,n 的值在程序运行过程中指定,然后从键盘输入任意 n 个整数存入该存储空间中,并计算其各个整数的平方和。

```
#include <stdlib. h>
#include <stdio. h>
void main( )
{
int n,s,i, * p;
printf("Enter the dimension of array:");
scanf("%d",&n);
if((p=(int *)calloc(n,sizeof(int)))= =NULL)   //动态分配内存
{
printf("Not able to allocate memory. \n");
exit(1);
}
printf("enter %d values of array:\n",n);
for(i=0;i<n;i++)
  scanf("%d",p+i);
s=0;
for(i=0;i<n;i++)                          //计算平方和
  s=s+ * (p+i) * ( * (p+i));
printf("%d\n",s);
free(p);                                 //释放动态分配的内存
}
```

程序运行结果如图 6-16 所示。

```
Enter the dimension of array:10
enter 10 values of array:
1 2 3 4 5 6 7 8 9 10
385
请按任意键继续. . .
```

图 6-16　例 6.15 运行结果

在上面的程序中,先通过 scanf( )函数获得 n 的值,用 calloc( )函数申请能存放 n 个 int 型数据的动态内存。如果申请成功,就得到动态内存的首地址,并将该地址存放在指针 p 中,通过移动指针 p 存入 n 个整数,再通过移动指针 p 取出各个整数并计算它们的平方和。注意最后一定要通过 free( )函数将动态分配的内存空间释放。

6.5　案例应用

任务描述:学生成绩排名。排序是计算机内经常要进行的操作,排序的方法按所用策略

不同,可归纳为插入排序、选择排序、交换排序、归并排序和分配排序。本案例采用交换排序中的冒泡排序对学生成绩进行降序(从大到小)排序。

冒泡排序的思想:它重复地走访需要排序的数列,按照已经规定好的排序顺序,每一次比较相邻两个元素,如果它们的顺序错误就把它们交换过来。直到没有再需要交换的元素,该数列就排序完成。

具体的排序过程如下。

(1)假设有一个数组 a[10],用变量 i 表示它的下标(i 从 0 开始)。

(2)比较两个相邻元素 a[i]和 a[i+1],如果 a[i]<a[i+1],就交换这两个数的位置。

(3)重复执行第一步,直到比较到最后一对的时候(例:首次是 a[8]和 a[9],此时,a[9]的值为该数组的最小值,这个值属于有序数列)。

(4)对所有元素(除了有序数列里的元素),重复执行第一步和第二步,每执行完一次,都会找到当前比较的数里最小的那个(有序数列就会增加一个)。

(5)随着参与比较的元素越来越少,最终没有任何一对元素需要比较的时候,排序完成。

```
#include <stdio.h>
#include <string.h>
#include <stdlib.h>
void main( )
{
   int num,i,j;
   int temp, * score;
   char nameTemp[10], * sname[10];
   printf ("请输入要排名的学生人数:");
   scanf ("%d",&num);
if (num <= 0 )
   return;
score = (int * ) malloc(num * sizeof(int));
//动态分配内存存储学生成绩
if (score == NULL )
   {
    printf ("内存分配不成功\n");
    exit (0);
   }
for(i=0;i<num;i++)
{
   sname[i] = (char * ) malloc(10);  //动态分配内存存储学生姓名
   if (sname[i] == NULL )
   {
    printf ("内存分配不成功\n");
```

```
    exit (0);
    }
  }
  printf("\n 请输入%d 个学生的姓名和成绩:\n",num);
    for(i=0;i<num;i++)
        scanf("%s %d",sname[i],score+i);
  for(i=1;i<=num-1;i++)
      for(j=0;j<=num-1-i;j++)
      {
          if( *(score+j)< *(score+j+1))
          {
                  temp= *(score+j);
                  *(score+j)= *(score+j+1);
                  *(score+j+1)=temp;
                  strcpy(nameTemp,sname[j]);
                  strcpy(sname[j],sname[j+1]);
                  strcpy(sname[j+1],nameTemp);
      }}
  }
  printf("这%d 个学生的成绩从小到大排列是:\n",num);
  for(i=0;i<=num-1;i++)
    printf("\t%10s\t%d\n",sname[i],score[i]);
}
```

程序运行结果如图 6-17 所示。

```
请输入要排名的学生人数:5

请输入5个学生的姓名和成绩:
zhaoming 89
lichao 90
wangfan 93
zhangli 81
yuanbao 79
这5个学生的成绩从小到大排列是:
            wangfan       93
             lichao       90
           zhaoming       89
            zhangli       81
            yuanbao       79
请按任意键继续. . .
```

图 6-17 程序运行结果

本章小结

(1)指针变量(指针)是专门存放地址的变量。通过指针可以间接访问内存单元中的数据,包括变量、数组和字符串。

(2)有关指针的数据类型(参见表6-2)。

表6-2 指针数据类型

定义	含 义
int *p	p为指向整型数据的指针变量
int *p[n];	定义指针数组p,它由n个指向整型数据的指针元素组成
int (*p)[n];	p为指向含n个元素的一维数组的指针变量
int *p();	p为带回一个指针的函数,该指针指向整型数据
int (*p)();	p为指向函数的指针,该函数返回一个整型值
int **p;	P是一个指针变量,它指向一个指向整型数据的指针变量

(3)指针运算是以指针所存放的地址值为运算量进行的运算。有两个与指针有关的运算符"&"和"*",其中称"&"为地址运算符,"*"称为间接访问运算符。指针的运算种类是有限的,只能进行赋值运算、算术运算和关系运算。

(4)指针可以作为函数的参数,实现地址值在函数间的传递。函数也可以返回一个地址值,但是要注意不能把指针型函数内部定义的具有局部作用域数据的地址作为返回值。函数的函数名表示该函数的存储首地址,即函数的执行入口地址。因此可以把函数名赋予一个指针变量,该指针变量的内容就是该函数的程序代码存储区的首地址。这种指针变量称为函数指针。函数指针的主要作用是作为参数在函数间传递函数。

(5)数组与指针在访问内存时采用统一的地址计算方法,可以定义一个指向数组元素的指针,对内存中连续存放的数据进行处理。当指针p指向一维数组a的首地址时,a[i]、*(p+i)、*(a+i)和p[i]实现的功能是完全等价的。

使用字符指针可以很方便地处理字符串。可以将一个字符串常量赋予一个字符指针,这里并不是把该字符串本身复制到指针中,而是把存储字符串的首地址赋予指针,通过指针的运算来访问该字符串中的每个字符。

指针数组是指针的集合,它的每一个数组元素都是一个指针变量,在程序中常常用指针数组对多维数组或多个字符串进行处理。

(6)指向指针的指针(二级指针)是一个存放另一个指针变量地址的变量。在程序中常用二级指针来处理多维数组或多个字符串。C语言中使用三级以上指针的情况是很少见的。

(7)常用动态内存分配函数,有 calloc()函数、malloc()函数、realloc()函数、free()函数等。

习　题

1. 分析下面程序的运行结果。

(1)程序1:

```
#include <stdio.h>
void fun(int   *x,int   *y)
{ printf("%d %d", *x, *y); *x=3; *y=4;}
void main()
{  int   x=1,y=2;
   fun(&y,&x);
   printf(" %d %d",x,y);
 }
```

(2)程序2:

```
#include<stdio.h>
void main()
{
   int **k, *j,i=100;
   j=&i;     k=&j;
   printf("%d\n", **k);
}
```

(3)程序3:

```
#include <stdio.h>
#include <string.h>
void EXUL(char tt[ ] )
{
   char * p = tt;
   for( ; *tt;tt++)
      if (( *tt >= 'A') && ( *tt <= 'Z') )
         *tt -= 'A' - 'a';
   }
void main()
{
   char tt[81]="BeijingWelCOME";
EXUL(tt );
   printf("%s\n",tt);
   }
```

(4)程序 4:

```
#include <stdio. h>
void dele(char *s)
{
    int n=0,i;
    for(i=0;s[i];i++)
        if(! (s[i]>='0'&&s[i]<='9'))
            s[n++]=s[i];
    s[n]='\0';
}
void main()
{char str[30]="Beijing2020!";
dele(str);
printf("%s\n",str);
}
```

2. 请编写一个函数 fun(char *s),函数的功能是把字符串中所有的字母改写在该字母的下一个字母,最后一个字母 z 改写成字母 a。大写字母仍为大写字母,小写字母仍为小写字母,其他的字符不变。

例如,原有的字符串为:Mn. 123xyZ,则调用该函数后,字符串中的内容为:No. 123yzA。

函数首部:fun(char *s)。

3. 请编写一个函数 void fun(char *tt,int pp[]),统计在 tt 字符串中'a'到'z'26 个字母各自出现的次数,并依次放在 pp 所指数组中。

例如,当输入字符串:abcdefgabcdeabc 后,程序的输出结果应该是:3 3 3 2 2 1 1 0 0 0 0 0 0 0 0 0 0 0 0 0 0 0 0 0 0 0。

4. 从键盘输入一字符串 str1,写一函数 void fun (char *p),将 str1 中的所有空格去掉,在主函数中将 str1 输出。

5. 写一个函数,实现两个字符串比较。即自己写一个 strcmp 函数,函数原型为:

int strcmp(char *p1,char *p2)。设 p1 指向字符串 s1,p2 指向字符串 s2。要求当 s1=s2 时,返回值为 0。当 s1 不等于 s2 时,返回它们两者的第一个不同字符的 ASCII 码差值(如"BOY"与"BAD" 的第二个字母不同,"O" 与"A"之差为 79-65=14)。若 s1>s2 返回正值,如果 s1<s2,则输出负值。

7 结构体与共用体

C 语言提供了一种构造类型——结构体，可以将具有相互联系且不同类型的数据组成一个有机的整体。本章主要介绍结构体、共用体等自定义数据类型的机制，结构体类型定义以及结构体变量的定义、引用和初始化，结构体数组、结构体与函数的应用，链表的概念，共用体类型的概念及应用。

通过对本章的学习，读者应掌握结构体类型定义及操作，综合应用结构体、数组、指针解决常见问题，理解链表的操作算法。

7.1 结构体类型与结构体变量

在实际问题中，一组数据往往具有不同的数据类型。例如，在学生登记表中，姓名应为字符型，学号可为整型或字符型，年龄应为整型，性别应为字符型，成绩可为整型或实型。如果将这些数据类型不同的信息单独定义成相互独立的变量，分开处理则很难反映出它们之间的内在联系。在程序中如何将这些信息组织在一起，使得对它们的访问和操作同步呢？为了解决这个问题，C 语言给出了一种构造数据类型——“结构(structure)”或叫“结构体”。它相当于其他高级语言中的记录。“结构”是一种构造类型，它是由若干“成员”组成的。每一个成员可以是一个基本数据类型或者又是一个构造类型。结构既然是一种“构造”而成的数据类型，那么在说明和使用之前必须先定义它，也就是构造它。

7.1.1 结构体类型的定义

C 语言中引入结构体的主要目的是为了将具有多个属性的事物作为一个逻辑整体来描述，从而允许扩展 C 语言数据类型。作为一种自定义的数据类型，在使用结构体之前，必须完成其定义。

结构体类型定义的语法形式如下：

```
struct  结构体标识符
{
成员变量列表;
……
};
```

其中 struct 为系统关键字，说明当前定义一个新的结构体类型。结构体标识符遵循 C 语言标识符命名规则。在{}之间通过分号分割的变量列表称为成员变量(structure member)，用于描述此类事物的某一方面特性。成员变量可以为基本数据类型(如 float)、数组和指针类型，也可以为结构体。由于不同的成员变量分别描述事物某一方面的特性，因此成员变量不能重名。

例如，为了描述学生(假设仅仅包括学号、姓名、性别、成绩信息)，可以定义如下的结构体。

```
struct student
    {
        int num;        //学号
        char name[20]; //姓名
        char sex;       //性别
        float score;   //成绩
    };
```

在这个结构体定义中,结构名为 student,该结构由 4 个成员组成。第一个成员为 num,整型变量;第二个成员为 name,字符数组;第三个成员为 sex,字符变量;第四个成员为 score,实型变量。应注意在括号后的分号是不可少的。结构定义之后,即可进行变量说明。凡说明为 struct student 的变量都由上述 4 个成员组成。由此可见,结构是一种复杂的数据类型,是数目固定、类型不同的若干有序变量的集合。

7.1.2 结构体变量的定义与初始化

结构体类型变量定义与基本数据类型变量定义类似。但是要求完成结构体类型定义之后才能使用此结构体类型定义变量;换言之,只有完成新的数据类型定义之后才可以使用。

定义结构体类型变量有如下 3 种方法。

7.1.2.1 定义结构体类型后定义变量

在上面定义了一个结构体类型 struct student 之后,可以用它定义变量,以便存储一个具体的学生,例如:

```
struct student stud;
```

以上定义了 stud 是 struct student 结构体类型的变量,student 是结构体名,不能省略。系统给 stud 变量分配内存空间是按照声明的顺序存储的,它具有如图 7-1 所示的结构。

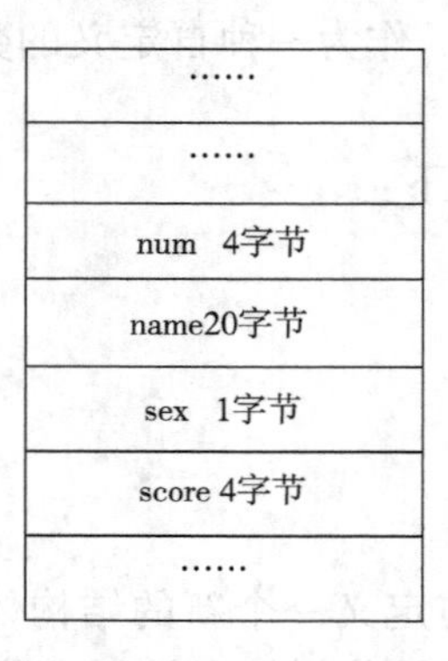

图 7-1 内存中的 stud 的结构

用 sizeof 运算符可以计算一个结构体类型数据的长度,使用表达式:

```
sizeof(struct student)
```

或使用表达式:

sizeof(stud)

可以测出结构体变量所占用的存储空间。

应该注意的是,在软件工程中,一般将所有模块中通用的结构体类型定义统一放在一个"头文件"中(以 . h 为扩展名的文本文件,一般用于存储结构体类型定义、函数声明、全局变量和常量等信息)。

7.1.2.2　定义结构体类型同时定义变量

在定义结构体类型的同时,定义结构体类型变量。

此方法的语法形式如下:

```
struct 结构体标识符
{
成员变量列表;
……
}变量1,变量2……,变量n;
```

其中,变量1,变量2……,变量 n 为变量列表,遵循变量的定义规则,彼此之间通过逗号分隔。

应注意在实际的应用中,定义结构体同时定义结构体变量,适合于定义局部使用的结构类型或结构体类型变量,例如,在一个文件内部或函数内部。

7.1.2.3　直接定义变量

此种方法在定义结构体的同时定义结构体类型的变量,但是不给出结构体标识符。

此方法的语法形式如下:

```
struct
{
成员变量列表;
……
}变量1,变量2……,变量n;
```

其实质是定义具有如下:

```
struct
{
成员变量列表;
……
}
```

类型的匿名结构体之后,再定义相应的变量。由于此结构体没有标识符,所以无法采用定义结构体变量的第一种方法来定义变量。

提示:在实际的应用中,此方法适合于临时定义局部变量或结构体成员变量。

关于结构体类型,有几点要特别说明。

(1)类型和变量是不同的概念,如以上定义的 struct student 是结构体类型名,它与 int、char 等一样是类型名。编译时,对类型不分配内存空间,只对变量分配内存空间。

(2)成员也可以是其他结构体类型的变量。例如:

```
struct date{
  int month;
  int day;
  int year;
};
struct student{
long number;
char name[10];
char sex;
struct date birthday; //出生日期
int score[3];
}stud1,stud2;
```

首先说明了 struct date 类型,包含 3 个成员:month(月)、day(日)、year(年份)。然后在说明 struct student 类型时,将成员 birthday 定义成 struct date 类型。

(3)结构体中的成员可以和程序中的变量同名,但两者不表示同一对象。例如,程序中可以定义一个变量 name,它与 struct student 中 name 成员是不同的,互不干扰。

7.1.2.4 结构体变量的初始化

在 C 语言中,引用变量的基本原则是在使用变量前,需要对变量进行定义并初始化。其方法是在定义变量的同时给其赋初始值。结构体变量的初始化,遵循相同的规律。

结构体变量的初始化方式与数组类似,分别给结构体的成员变量以初始值,而结构体成员变量的初始化遵循简单变量或数组的初始化方法。具体的形式如下:

```
struct  结构体标识符
{
成员变量列表;
……
};
struct 结构体标识符 变量名={初始化值 1,初始化值 2,……,初始化值 n} ;
```

例如:

```
struct person{
  char name[20];
  char sex;
  int age;
  float height;
}per={"Li Ming",'M',18,173.5};
```

对结构体类型变量赋初值时,按每个成员在定义时的结构类型的顺序一一对应赋值。上例中成员 name 的初值为"Li Ming",成员 sex 的初值为'M',成员 age 初值 18,成员 height 初值 173.5。

从上例可以看出,除了初值表中的每个常量表达式的类型应与对应结构成员的类型一致之外，结构体变量的初始化与数组的初始化形式是相同的。

在初始化结构体变量时，既可以初始化其全部成员变量，也可以仅仅对其中部分的成员变量进行初始化。例如：

```
structstudent
{
long id;
char name[20];
char sex;
} a={0};
```

其相当于 a. id=0;a. name="";a. sex='\0'。

仅仅对其中部分的成员变量进行初始化，要求初始化的数据至少有一个，其他没有初始化的成员变量由系统完成初始化，为其提供缺省的初始化值。

7.1.3 结构体变量的引用

结构体变量的引用可以分为对结构体变量中成员的引用和对整个结构体变量的引用。一般以对结构体变量中成员的引用为主，对结构体变量的引用必须在定义结构体变量之后进行。

7.1.3.1 对结构体变量中成员的引用

结构体成员通过结构体变量名和成员名来表示。

通过成员运算符"."可以存取结构中的成员，结构体成员的引用形式如下：

结构体变量名．成员名

"."是成员运算符，它在所有运算符中优先级别最高。所以在程序中任何地方"结构体变量名．成员名"出现都是一个整体。

结构体变量的每个成员都有其特定的数据类型，因此可以像普通变量一样参与其数据类型所允许的各种操作。

例如：

```
stud1. number                //相当于一个 long 类型的变量
stud1. name                  //相当于一个字符数组名
stud1. sex                   //相当于一个 char 类型的变量
stud1. birthday              //相当于一个 struct date 类型的变量
stud1. birthday. year        //相当于一个 int 类型的变量
```

下面的语句对结构体变量 stud1 的各成员赋值：

```
stud1. number=20101101;
strcpy(stud1. name,"Li ming");
stud1. sex='m';
stud1. birthday. year=1992;
```

【例 7.1】结构体变量成员的引用示例。

```
#include <stdio. h>
```

```
struct date{
    int month;
    int day;
    int year;
};
struct student{
    long number;
    char name[10];
    char sex;
    struct date birthday;   /*出生日期*/
    int score[3];
};
void main()
{
    struct student stud;
    stud.number=20101101L;
    printf("please input name:");
    gets(stud.name);
    stud.sex='m';
    stud.birthday.year=1992;
    stud.birthday.year++;
    stud.birthday.month=8;
    stud.birthday.day=12;
    printf("please input score:");
    scanf("%d%d%d",&stud.score[0],&stud.score[1],&stud.score[2]);
    printf("%ld:%s:%4c\n",stud.number,stud.name,stud.sex);
    printf("birthday:%d-%d-%d\n",stud.birthday.month,
    stud.birthday.day,stud.birthday.year);
    printf("score;%d,%d,%d\n",stud.score[0],stud.score[1],
    stud.score[2]);
}
```

程序运行结果如图 7-2 所示。

```
please input name:zhangli
please input score:90 78 81
20101101:zhangli:   m
birthday:8-12-1993
score;90,78,81
请按任意键继续. . .
```

图 7-2 例 7.1 运行结果

从上面程序可以看出可以对结构体成员赋值、存取以及运算，但只能对最低一级的结构体成员赋值、存取和运算。

如上面程序中将一个字符常量赋给 stud.sex。结构体成员 name 是字符数组，可以用 gets 函数输入字符串到 name 成员中。而 birthday 成员是 struct date 结构体类型的变量，因此必须连续用两个"."引用最低一级的成员 year、month、day。由于"."优先级别最高，所以 stud.birthday.year++相当于(stud. birthday. year)++。

7.1.3.2 对整个结构体变量的引用

（1）相同类型的结构体变量可以相互赋值。

例如：struct student stud1,stud2;

stud1=stud2 就是合法的赋值表达式，它可以将结构类型变量 stud2 的全部内容赋给另一个结构类型变量 stud1，而不必逐个成员地多次赋值。

（2）结构体变量可以取地址。

例如：struct student stud;

&stud 是合法的表达式，结果是结构体变量 stud 的地址。

(3)不能将一个结构体变量作为一个整体进行输入或输出。

例如：

```
struct{
    int x;
    int y;
}a;
a.x=4;
a.y=5;
```

以下引用是错误的：

```
printf("%d,%d\n",a) ;
```

只能对结构体变量的各个成员分别进行输入输出。对结构体成员的操作和同类型变量的操作相同。

【例 7.2】输入 3 个同学的姓名、数学成绩、英语成绩和物理成绩，确定总分最高的同学，并打印其姓名及其 3 门课程的成绩。

```
#include <stdio.h>
#include <string.h>
struct STU /*定义结构体 struct STU */
{
    char Name[20]; /*姓名*/
    float Math; /*数学成绩*/
    float English; /*英语成绩*/
    float Physical; /*物理成绩*/
};
void main()
```

```
{
    struct STU stu;
    struct STU maxstu;
    int i;
    float max;
    float total;
    printf("\nPlease input 3 students and there score\n");/*提示信息*/
    printf("-----------------------------------------------\n");
    printf("姓名      数学      英语      物理 \n");
    printf("-----------------------------------------------\n");
    max=0;
    for(i=0;i<3;i++)
    {
    /*读入当前同学的相关信息*/
    scanf("%s %f %f %f",stu.Name,&stu.Math,&stu.English,&stu.Physical);
    total=stu.Math+stu.English+stu.Physical;
    if(max<total)
    { max=total;
      maxstu=stu;
    }
    }
    printf("-----------------------------------------------\n");
    printf("%s %6.2f %6.2f %6.2f\n",maxstu.Name,maxstu.Math,maxstu.English,
maxstu.Physical);
}
```

程序运行结果如图 7-3 所示。

```
Please input 3 students and there score
-----------------------------------------
姓名     数学     英语     物理
-----------------------------------------
zhang    90       89       67
wang     67       98       76
zhao     83       78       81
-----------------------------------------
zhang  90.00  89.00  67.00
请按任意键继续. . .
```

图 7-3　例 7.2 运行结果

7.1.4 指向结构体变量的指针

在计算机系统中，每一个数据均需要占用一定的内存空间，而每段空间均有唯一的地址与之对应，因此在计算机系统中任意数据均有确定的地址与之对应。在C语言中，为了描述数据存放的地址信息，引入了指针变量。一个指针变量当用来指向一个结构变量时，称之为结构指针变量。结构指针变量中的值是所指向的结构变量的首地址。通过结构指针即可访问该结构变量，这同数组指针和函数指针的情况是相同的。

7.1.4.1 结构体指针变量的定义与初始化

结构体指针变量的一般形式定义如下。

形式1：

```
struct 结构体标识符
{
成员变量列表;
    ……
};
struct 结构体标识符 *指针变量名;
```

形式2：

```
struct 结构体标识符
{
成员变量列表;
    ……
    }*指针变量名;
```

形式3：

```
struct
{
成员变量列表;
    ……
}*指针变量名;
```

其中“指针变量名”为结构体指针变量的名称。形式1是先定义结构体，然后再定义此类型的结构体指针变量；形式2和形式3是在定义结构体的同时定义此类型的结构体指针变量。

例如：

```
struct time{
  int hour;
  int minute;
  int second;
};
struct time * pt;
```

或者

7 结构体与共用体

```
struct time{
    int hour;
    int minute;
    int second;
}* pt;
```

要使得结构体指针指向 struct time 类型的结构体变量,可以通过赋值的方法。如:

```
structtime worktime;
pt=&worktime;
```

要注意的是,这里赋给 pt 的初值是 &worktime。

对于结构体变量 worktime 来说,&worktime 与 &worktime. hour 取值完全相同,但是两者的类型不同,&worktime 类型是 struct time *,而 &worktime. hour 是 int *类型。结构体指针变量在使用前必须进行初始化,其初始化的方式与基本数据类型指针变量的初始化相同,在定义的同时赋予其结构体变量的地址。

例如:struct time worktime, * pt=&worktime;

当然也可以在定义的同时初始化结构体指针。例如:

```
struct time{
    int hour;
    int minute;
    int second;
} worktime, * pt=&worktime;
```

7.1.4.2 通过结构体的指针引用结构体的成员

通过结构体的指针引用结构体的成员有两种方法:一种通过间接访问运算符"*";另一种通过成员选择运算符。

(1)使用间接访问运算符"*"引用结构体成员。基本引用形式是:

(*结构体的指针). 成员名

例如:

```
struct time worktime, * p=&worktime;
```

通过结构体的指针引用结构体成员的表示形式如下所示:

```
(*p).hour              /*等同于 worktime.hour*/
(*p).minute            /*等同于 worktime.minute*/
(*p).second            /*等同于 worktime.second*/
```

由于"."运算符的优先级别高于"*",所以圆括号不可少。注意不要把(*p).hour 写成*p.hour,两者是不同的,*p.hour 等同于*(p.hour),表示结构体变量 p 的成员 hour 是一个指针,而*(p.hour)表示引用该成员指向的对象。可见 *p.hour 是非法表示。

(2)使用成员选择运算符"->"。在 C 语言中,为了使用方便和直观,用成员选择运算符"->"简化结构体成员的指针引用形式,成员选择运算符又称为箭头操作符(arrow operator),由减号和大于号拼接而成。使用成员选择运算符引用结构体成员的形式为:

结构体的指针->成员名

例如：

```
struct time d, * p=&d;
```

以下同一行的三个表达式是等价的。

p->tim	e(* p). time	d. time
p->minute	(* p). minute	d. minute
p->second	(* p). second	d. second

成员选择运算符“->”的优先级别和结合性与“.”相同。

例如，有如下变量定义：

```
struct{
int num;
char * name;
} s={1,"abcdefg"}, * p=&s;
```

分析以下表达式的结果：

表达式	表达式结果	说明
p->num++	1	先访问 s. num，再把 s. num 加 1
++p->num	2	s. num 加 1 值变为 2，后访问 s. num
p->name	“abcdefg”	表示字符串 s. name
* p->name	‘a’	访问 s. name 指向的对象，即字符‘a’
* p->name++	‘a’	访问 s. name 指向的对象，即字符‘a’，然后使 p->name 即 s. name 指向下一个字符‘b’
(* p->name)++	‘a’	先访问 p->name 指向的对象，即字符‘a’，然后使 * p->name 加 1

【例 7.3】分析下面程序的运行结果。

```
# include<stdio. h>
void main( )
{
struct{
int x;
int y;
} a[2]={{1,2},{3,4}}, * p=a;
printf("%d,",++p->x) ;
printf("%d\n",(++p)->x) ;
}
```

程序运行结果输出 2,3。

程序中定义结构体指针 p，初值指向结构数组 a。第一个输出函数要求输出表达式++p->x 的值，按照运算符的优先级别，运算符“->”优先级别高于“++”。表达式++p->x 等价与++(p->x)，则表达式结果为 2。

第二个输出函数中输出表达式(++p)->x 的结果。表达式(++p)->x 由于有括号，先执行++p 指向 s[1];再取成员 x 的值。所以该表达式结果为 3,表达式执行完后,指针变量 p 指向 s[1]。

【例 7.4】应用结构体指针变量,打印结构体成员变量的信息。

```
#include <stdio.h>
struct Point
{
double x; /* x 坐标 */
double y; /* y 坐标 */
double z; /* z 坐标 */
};
void main()
{
struct Point oPoint1={100,100,0};
struct Point oPoint2;
struct Point *pPoint; /* 定义结构体指针变量 */
pPoint=&oPoint2;      /* 结构体指针变量赋值 */
(*pPoint).x= oPoint1.x;
(*pPoint).y= oPoint1.y;
(*pPoint).z= oPoint1.z;
printf("oPoint2={%7.2f,%7.2f,%7.2f}\n",oPoint2.x,oPoint2.y,oPoint2.z);
}
```

程序运行结果如图 7-4 所示:

```
oPoint2={ 100.00, 100.00,   0.00}
请按任意键继续. . .
```

图 7-4　例 7.4 运行结果

7.1.5　关键字 typedef 的用法

在 C 语言中,可以使用 typedef 命令给已有的数据类型起"别名",用来代替原有的数据类型名。

例如:

```
typedef  int  INTERGER;
```

定义的 INTERGER 等价于数据类型名 int,可以用 INTERGER 定义变量。

```
INTERGER i,j;
```

变量 i、j 为 INTERGER 类型,也就是 int 类型的变量。

又如:

```
typedef  char  ADDRESS[20];
```

说明 char[20]类型的别名是 ADDRESS,用它来定义变量:

```
ADDRESS s1,s2 ;
```

变量 s1 和 s2 定义成为 ADDRESS 类型,即 char[20]的类型为 20 个字符组成的数组。

typedef 的一般使用形式如下:

typedef 原类型名新类型名;

下面列出几个类型定义的例子:

```
typedef struct{
   int year;
   int month;
   int day;
}    DATE;
```

定义新的类型名 DATE,它表示上面指定的结构体类型。

```
typedef int SCORE[20];
```

定义新类型 SCORE,它表示 20 个整数组成的一维数组类型。

```
typedef char * STRING;
```

定义新类型名,它表示字符指针类型。

```
typedef DATE    * DATE_P
```

这里采用了 typedef 的嵌套定义,定义的类型 DATE_P 为指向 DATE 结构类型的指针。

在使用 typedef 时,应当注意如下的问题。

第一,typedef 的目的是为已知数据类型增加一个新的名称。因此并没有引入新的数据类型。

第二,typedef 只适于类型名称定义,不适合变量的定义。

第三,typedef 与#define 具有相似的之处,但是实质不同。

提示#define AREA double 与 typedef double AREA 可以达到相同的效果。但是其实质不同,#define 为预处理命令,主要定义常量,此常量可以为任何的字符及其组合,在编译之前,将此常量出现的所有位置,用其代表的字符或字符组合无条件地替换,然后进行编译。typedef 是为已知数据类型增加一个新名称,其原理与使用 int、double 等的保留类型一致。

7.2 结构体数组

结构体数组是以同类型的结构体变量为数组元素的数组。通常一个结构体变量可以存放一个整体的数据时(如一个学生的数据),而需要存放多个整体的数据时(如多个学生的数据),则应当采用结构体数组,这是最常见的用法之一。

7.2.1 结构体数组的定义

结构体数组的定义除了基本类型为结构体类型名外,形式与普通数组相同。定义结构体数组时,应当先定义结构体,然后定义该结构体的数组。

结构体变量有 3 种定义方法,因此结构体数组也具有以下 3 种定义方法,具体如下。

方法 1:

```
struct   结构体标识符
{
成员变量列表;
……
};
struct   结构体标识符   数组名[数组长度];
```

方法 2:

```
struct   结构体标识符
{
成员变量列表;
……
}数组名[数组长度];
```

方法 3:

```
struct
{
成员变量列表;
……
}数组名[数组长度];
```

例如,定义一个可以存放 3 个学生数据的结构体数组。

```
struct student{
    long number;
    char name[20];
    char sex;
    int age;
    float height;
}s[3];
```

表示定义了一个结构体数组 s,该数组有 3 个数组元素:s[0]、s[1]和 s[2],每个数组元素都是 struct student 结构体类型变量。该数组所能表示的二维表格数据如表 7-1 所示,除了表头之外,从第 2 行开始,每一行表示一个结构体类型变量的数据,即一个学生记录,它表示一个具体的学生数据。

表 7-1　学生基本情况表

number	name	sex	age	score
11101	zhangli	M	19	93
11103	lichao	F	20	85
11106	wangli	M	18	87

结构体数组和一般数组一样,在内存中占用一段连续的内存空间。

对于数组的引用,分为数组元素和数组本身的引用。对于数组元素的引用,其实质为简单变量的引用。对于数组本身的引用实质是数组首地址的引用。

7.2.1.1 数组元素的引用

数组元素引用的语法形式如下:

数组名[数组下标];

“[ ]”为下标运算符;数组下标的取值范围为(0,1,2,……,n-1),n 为数组长度。

7.2.1.2 数组的引用

数组作为一个整体的引用,一般表现在如下两个方面。

第一,作为一块连续存储单元的始地址与结构体指针变量配合使用。

第二,作为函数参数。

引用结构体数组的元素和引用普通数组元素一样,例如,s[0]是结构数组 s 其下标为 0 的元素,它是一个结构体类型变量,因此可以像对普通结构体类型变量一样对它进行相应操作,如可以引用 s[0]的成员,但不能直接对它进行输入或输出操作。

例如,以下是对 s[0]的各个成员的引用。

s[0].number 取值为 11101;

s[0].name 取值为“zhangli”;

s[0].sex 取值为‘M’;

s[0].age 取值为 19;

s[0].score 取值为 93。

下列语句对 s[1]的各个成员进行赋值。

```
s[1].number=11103;
gets(s[1].name);
s[1].sex='F';
s[1].age=20;
s[1].score=85;
```

7.2.2 结构体数组的初始化

结构体数组的初始化遵循基本数据类型数组的初始化规律,在定义数组的同时,对其中的每一个元素进行初始化。例如:

```
struct student{
long number;
char name[20];
char sex;
int age;
  float height;
}s[3]={
{11101,"zhangli",'M',19,177},{11103,"lichao",'F',20,164.5},{11106,"wangli",
```

'M',18,175.5} };

在定义结构体 structstudent 的同时定义长度为 3 的 struct student 类型数组 s,并分别对每个元素进行初始化,每个元素的初始化规律遵循结构体变量的初始化规律。

在定义数组并同时进行初始化的情况下,可以省略数组的长度,系统根据初始化数据的多少来确定数组的长度。例如:

```
struct Key
{
  char word[20];
  int count;
} keytab[] = {{"break",0},{"case",0},{"void",0}
};
```

结构体数组 keytab 的长度系统自动确认为 3。

定义结构体数组时,也可以不指定元素个数,编译时,系统会根据初值表中的结构常量的个数来确定数组元素的个数。

7.2.3 结构体数组的应用

【例 7.5】计算学生的平均成绩和不及格的人数。

```
#include <stdio.h>
struct stu
{
    int num;
    char name[20];
    char sex;
    float score;
} boy[5]={
            {101,"Li ping",'M',45},
            {102,"Zhang ping",'M',62.5},
            {103,"He fang",'F',92.5},
            {104,"Cheng ling",'F',87},
            {105,"Wang ming",'M',58},
        };
void main()
{
    int i,c=0;
    float ave,s=0;
    for(i=0;i<5;i++)
    {
        s+=boy[i].score;
```

```
    if(boy[i].score<60) c+=1;
  }
  printf("s=%f\n",s);
  ave=s/5;
  printf("average=%f\ncount=%d\n",ave,c);
}
```

程序运行结果如图 7-5 所示。

```
s=345.000000
average=69.000000
count=2
请按任意键继续. . .
```

图 7-5 例 7.5 运行结果

【例 7.6】编程输入 5 个学生的姓名和数学、英语、语文 3 门课的成绩,计算每个学生的平均成绩,并输出学生姓名和平均成绩。

分析:程序中定义一个结构体数组 s,它有 5 个数组元素,用于存放 5 个学生数据。每个数组元素是 struct student 结构体类型变量,包含 5 个成员:name(姓名)、math(数学成绩)、eng(英语成绩)、cuit(语文成绩)、aver(平均成绩)。

```
#include <stdio.h>
#define N 5
struct student{
char name[20];  /*学生姓名*/
float math;   /*数学成绩*/
float eng;    /*英语成绩*/
float cuit;   /*语文成绩*/
float aver;  /*平均成绩*/
};
void main()
{  struct student s[N];
   int i;
   for(i=0;i<N;i++)
   {printf("请输入第%d 学生的数据\n",i+1);
      printf("姓名:");
scanf("%s",&s[i].name);
printf("数学、英语、语文成绩:");
scanf("%f %f %f",&s[i].math,&s[i].eng,&s[i].cuit);
      s[i].aver=(s[i].math+s[i].eng+s[i].cuit)/3.0;
```

```
    }
    printf("姓名    平均成绩\n");
    for(i=0;i<N;i++)
    printf("%s       %10.1f\n",s[i].name,s[i].aver);
}
```

程序运行结果如图 7-6 所示。

```
请输入第1学生的数据
姓名: zhang
数学、英语、语文成绩: 87 76 89
请输入第2学生的数据
姓名: li
数学、英语、语文成绩: 87 65 69
请输入第3学生的数据
姓名: wang
数学、英语、语文成绩: 90 87 67
请输入第4学生的数据
姓名: zhao
数学、英语、语文成绩: 86 80 81
请输入第5学生的数据
姓名: yuan
数学、英语、语文成绩: 90 87 80
姓名        平均成绩
zhang           84.0
li           73.7
wang           81.3
zhao           82.3
yuan           85.7
请按任意键继续. . .
```

图 7-6　例 7.6 运行结果

7.3　结构体与函数

在 C 语言中,与前面介绍的其他类型数据一样,结构体也可作为函数的参数,有以下三种形式。

(1)结构体变量的成员作函数的参数。与普通变量作函数参数一样,是将实参(结构体变量的成员变量)的值向形参进行单向传递。

(2)结构体变量作函数的参数。结构体变量作函数的参数是将实参(结构体变量的所有成员)的值逐个传递给同结构类型形参,因此这种方式也是属于值的单向传递。

(3)用指向结构体变量(或数组)的指针作函数的参数。在这种情况下,是将结构体变量(或数组)的首地址传递给形参,此时形参和实参有相同的内存空间,形参值的改变等价于对应实参值的改变,因此它属于双向传递。

【例 7.7】结构体变量作为函数参数,计算职工的实发工资。

```
#include<stdio.h>
struct employee{                    /* 定义结构体类型 employee */
    int num;
    char name[20];
    float jbgz,jj,bx,sfgz;
};
float count_sfgz(struct employee m);   /*函数声明*/
void main()
{
    int i,n;
    struct employee e;
    printf("请输入职工人数 n:");
    scanf("%d",&n);
    for(i=1;i<=n;i++)
    {
        printf("请输入第%d 个职工的信息:",i);
        scanf("%d%s",&e.num,e.name);
        scanf("%f%f%f",&e.jbgz,&e.jj,&e.bx);
        e.sfgz= count_sfgz(e);
        printf("编号:%d 姓名:%s 实发工资:%.2f\n",e.num,e.name,e.sfgz);
    }
}
/*函数定义*/
float count_sfgz(struct employee m)
{
    return m.jbgz+m.jj-m.bx;
}
```

程序运行结果如图 7-7 所示。

```
请输入职工人数n:3
请输入第1个职工的信息: 001 zhang 3000 300 200
编号:1 姓名:zhang 实发工资:3100.00
请输入第2个职工的信息: 002 wang 3100 450 312
编号:2 姓名:wang 实发工资:3238.00
请输入第3个职工的信息: 003 yao 3200 450 330
编号:3 姓名:yao 实发工资:3320.00
请按任意键继续. . .
```

图 7-7 例 7.7 运行结果

【例 7.8】结构体指针作为函数参数,设置学生成绩等级并统计不及格人数。

```
#define N 5
struct student{
    int num;
    char name[20];
    int score;
    char grade;
};
int set_grade(struct student *p);
void main()
{
    struct student stu[N], *ptr;
    int i,count;
    ptr = stu;
    printf("Input the student's number,name and score: \n");
    for(i = 0; i < N; i++)
{
        printf("No %d: ",i+1);/* 提示输入第 i 个同学的信息   */
        scanf("%d%s%d",&stu[i].num,stu[i].name,&stu[i].score);
    }
   count = set_grade(ptr);
   printf("The count (<60): %d\n",count);
   printf("The student grade:\n");
   for(i = 0; i < N; i++)
        printf("%d %s %c\n",stu[i].num,stu[i].name,stu[i].grade);
}
int set_grade(struct student *p)
{
    int i,n = 0;
    for(i = 0; i < N; i++,p++){
        if(p->score >= 85)
            p->grade = 'A';
        else if(p->score >= 70)
            p->grade = 'B';
        else if(p->score >= 60)
            p->grade = 'C';
        else{
            p->grade = 'D';
```

```
            n++;
        }
    }
return n;
}
```

程序运行结果如图 7-8 所示。

```
Input the student's number, name and score:
No 1: 11101 zhangli 90
No 2: 11103 lichao 83
No 3: 11106 yaopeng 78
No 4: 11107 wangliang 81
No 5: 11108 zhaopin 60
The count (<60): 0
The student grade:
11101 zhangli A
11103 lichao B
11106 yaopeng B
11107 wangliang B
11108 zhaopin C
请按任意键继续. . .
```

图 7-8　例 7.8 运行结果

7.4　动态数据结构

链表是一种常见的重要的数据结构。例如,要建立一个通讯录,每个通讯录包括联系人姓名、住址、邮编、电话等数据项。可以考虑使用数组存放数据,但是数组必须预先定义它的固定长度,如 50 个联系人。但是一个通讯录中的联系人数目很难事先确定,而且人数可能随时会变化,为了能够存储所有联系人数据,必须把数组的大小定义得足够大。显然这样会浪费内存空间。因此采用链表就可以解决这些问题。利用结构体变量可以构成链表这样的数据结构。

例如,一个存放学生学号和成绩的节点可以定义为以下结构:

```
struct stu
{ int num;
  int score;
  struct stu  * next;
}
```

前两个成员项组成数据域,后一个成员项 next 构成指针域,它是一个指向 stu 类型结构的指针变量,用来存放下一个节点的地址。

如图 7-9 为一个最简单链表的示意图。

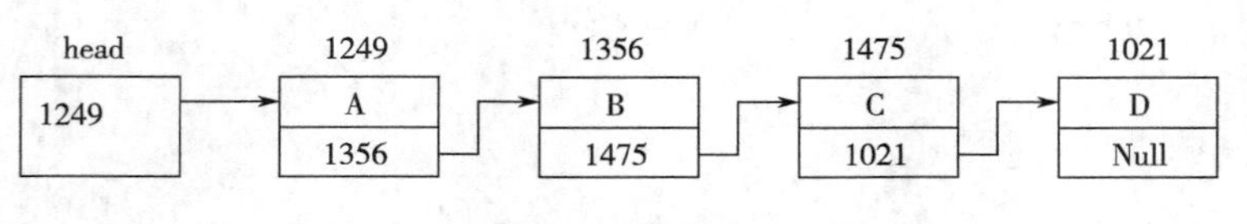

图 7-9　单链表

在图 7-9 中的单链表,是采用一组不连续的存储单元存放链表的数据元素,链表中的每个元素称为节点,而链表的每个节点在存储器中的位置可以是随意的,为了明确链表中的第一个节点的位置,需要一个指针指向链表的表头即第一个数据元素,这个指针称为头指针。每个节点都包含两个部分:一是数据域,用于存储数据元素;另一个是指针域,用于存放指针,该指针指向下一个节点。链表的最后一个节点不再指向任何其他节点,因此称为“链尾”,也称尾节点,它的指针域为 NULL 值,表示链表到此结束。有时为了操作方便,将链表的第一个节点的数据域中不存放任何有意义的数据或者存放链表的一个特殊标志,即使链表中没有任何数据元素存在,是一个空链表,该节点也始终存在,该节点被称为头节点。一个节点的下一个节点,称为该节点的后继节点,而前面的一个节点称为该节点的前趋节点。

链表的基本操作有以下几种。

(1)建立链表:是指从无到有地建立起一个链表,即一个一个地输入各节点数据,并建立起前后相链接的关系。

(2)节点的查找与输出:从链表的首节点开始,依次查找节点或将节点的数据显示输出,直至链表结尾。

(3)插入一个节点:首先根据新节点的数据找到要插入的位置,然后将新节点与右相邻的节点链接起来,最后将新节点与左相邻的节点链接起来。

(4)删除一个节点:首先根据要删除节点的数据找到要删除节点的位置,然后将左相邻节点与右相邻的节点链接起来,释放被删除节点所占的内存。

【例 7.9】建立一个 3 个节点的链表,存放学生数据。为简单起见,我们假定学生数据结构中只有学号和年龄两项。编写一个建立链表的函数和一个打印链表的函数,建立链表并输出节点数据。程序如下。

```
#include<stdio.h>
#include<stdlib.h>
#define LEN sizeof(struct stu)
struct stu
    {
      int num;
      int age;
      struct stu *next;
    };
struct stu *creat(int n)
    {
    struct stu *head,*pf,*pb;
```

```
        int i;
        for(i=0;i<n;i++)
          {
            pb=(struct stu  * ) malloc(LEN);
            printf("input Number and   Age\n");
            scanf("%d%d",&pb->num,&pb->age);
            if(i==0)
            pf=head=pb;
            else
            pf->next=pb;
            pb->next=NULL;
            pf=pb;
          }
          return(head);
      }
  void Print(struct stu  * head)
  {
      struct stu  * cur;
  int i=0;
  if(head==NULL)
      {
          //空链表无须打印
          return;
      }
      cur=head;
      //遍历链表
 printf(" 序号 | 学号   | 年龄 |节点地址\n");
      while(cur!= NULL)
      {
          i++;
          //打印元素和其对应的地址
          printf("%d\t%d\t%d\t%u\n",i,cur->num,cur->age,cur);
          //移动 cur,以达到遍历链表的目的
          cur = cur->next;
      }
      printf("\n\n");
 }
 void main()
```

```
{
    struct stu  * p;
    p=creat(3);
    Print(p);
}
```

程序运行结果如图 7-10 所示。

```
input Number and  Age
101 20
input Number and  Age
102 21
input Number and  Age
103 20
 序号 : 学号   : 年龄 :节点地址
1       101     20      10432664
2       102     21      10436864
3       103     20      10436920

请按任意键继续. . .
```

图 7-10　例 7.9 运行结果

7.5　共用体

信息在计算机系统的存储形式均为二进制数据 0 和 1 的编码组合。因此,从计算机信息存储角度来看,所有类型的数据在二进制层次上相互兼容。在前面的章节中,已经介绍了不同类型的数据可以进行转换。例如:

```
int a=10;
float d;
d=a;
```

可以用具有存储空间比较大的变量存储占用存储空间较小的变量中的数据,而不会发生数据丢失现象。例如,用 float 类型变量 d,存储 int 类型 a 的信息,并不造成数据的丢失。是否可以定义一种通用数据类型,方便存储 char、float、int 和 double 等任意类型的数据呢?

C 语言引入了新的自定义数据类型共用体(union),很像结构体类型,有自己的成员变量,但是所有的成员变量占用同一段内存空间。对于共用体变量,在某一时间点上,只能存储其某一成员的信息。

7.5.1　共用体的定义与引用

共用体类型定义的一般形式为:

union 共用体类型名{

```
成员表列;
};
```

其中,union 是关键字,是共用体类型的标志,共用体类型名是用户定义的标识符,共用体类型和结构体类型一样由若干成员组成。例如:

```
union data{
int i;
float x;
};
```

表示定义了一个共用体类型 union data,它由 i 和 x 两个成员组成。

共用体类型变量的定义和结构体类型变量的定义类似,也有以下 3 种定义方法。

(1)先定义共用体类型,再定义共用体类型的变量。例如:

```
union data{
int i;
float x;
};
union data a;
```

(2)定义类型的同时,定义共用体类型的变量。例如:

```
union data{
int i;
float x;
}a;
```

(3)直接定义共用体类型变量。例如:

```
union{
int i;
float x;
}a;
```

从上面定义可以看出,共用体类型和结构体类型在形式上很类似,但它们的含义是不同的。结构体类型变量的每个成员分别占用独立的内存空间,因此,结构体类型变量所占内存空间的字节数是其所有成员占用内存字节数之和。而共用体类型变量的所有成员共占一段内存,所以共用体类型变量所占内存的字节数是其成员中所占内存字节数最大的成员的字节数。例如,上面定义的共用体类型(union data 类型)的变量 a 占用的内存字节数为 4 字节。而如果定义相同成员的结构体类型变量:

```
struct data{
int i;
float x;
}b;
```

则变量 b 占用内存空间为 8 字节。

对于共用体类型变量的输入、输出、赋值等可以参与的运算与结构体类型变量相同。例如,同类型的共用体类型变量可以作为一个整体相互赋值,不能直接用共用体类型变量名来输入输出。不能直接使用共用体类型的变量,只能引用共用体类型变量的成员。引用共用体类型变量的成员的一般形式为:

共用体类型变量名.成员名

例如:

a.i　　引用共用体类型变量中的成员 i;

a.x　　引用共用体类型变量中的成员 x;

使用共用体类型的数据时,要特别注意的一个问题就是在共用体类型变量中起作用的是最后一次存放的成员,在存入一个新成员之后,原来的成员就失去作用。因此对于程序员来说,记住共用体类型变量当前有效的成员是非常重要的。

7.5.2　共用体类型的初始化

共用体类型变量初始化只能对第一个成员,也就是说,初值表中只能包含与第一个成员类型相对应的一个初值。

例如:

```
union data a={100};//正确
union data a={100,12.34};//错误
```

从这里可以看出,对共用体类型变量的初始化没有多大的意义,一般不用初始化的方法对共用体类型变量赋值。

7.5.3　共用体类型举例

【例 7.10】设有一个教师与学生通用的表格,教师数据有姓名、年龄、身份、教研室四项。学生有姓名、年龄、身份、班级 4 项。编程输入人员数据,再以表格形式输出。

分析:用一个结构体数组 person 来存放个人信息,该结构体共有 4 个成员,其中成员项 classOroffice 是一个共用体类型,这个共用体又由两个成员组成,一个为整型量 class,一个为字符数组 office。在程序中,首先输入人员的各项数据,先输入结构体的前三个成员 name, age 和 identity,然后判别 identity 成员项,如为's'则对共用体输入 classOroffice.class(对学生赋班级编号)否则对共用体输入 classOroffice.office(对教师赋教研组名)。

```
#include <stdio.h>/* 文件包含预处理命令 */
#include <stdlib.h>/* 文件包含预处理命令 */
#define N 3
void main()/* 主函数 main() */
{
    struct
    {
        char name[10];      /* 姓名 */
        int age;            /* 年龄 */
        char identity;/* 身份 */
```

```
        union
    {
        int class;          /* 班级 */
        char office[10];        /* 教研室 */
        } classOroffice;  /* 班级与教研室 */
    } person[N];
    int i;
    /* 输入个人信息 */
    for (i = 0; i<N;i++)
    {/* 输入第 i+1 个人信息 */
        printf("第%d 个人的输入姓名,年龄,身份,班级或教研室\n",i + 1);
        scanf("%s %d %c",person[i].name,&person[i].age,&person[i].identity);
        if (person[i].identity == 's')
        {/* 身份为学生,应输入班级 */
          scanf("%d",&person[i].classOroffice.class);
        }
        else
        {/* 身份为教师,应输入教研室 */
          scanf("%s",person[i].classOroffice.office);
        }
    }
   /* 输出个人信息 */
   printf("\n\n 姓名\t 年龄\t 身份\t 班级/教研室\n");
   for (i = 0; i < N; i++)
   {/* 输出第 i+1 个人的信息 */
       if (person[i].identity == 's')
       {/* 输出学生信息 */
         printf("%s\t%3d\t%3c\t%d\n",person[i].name,person[i].age
         ,person[i].identity,person[i].classOroffice.class);
       }
       else
       {/* 输出教师信息 */
         printf("%s\t%3d\t%3c\t%s\n",person[i].name,person[i].age
         ,person[i].identity,person[i].classOroffice.office);
       }
   }
    }
```

运行结果如图 7-11 所示。

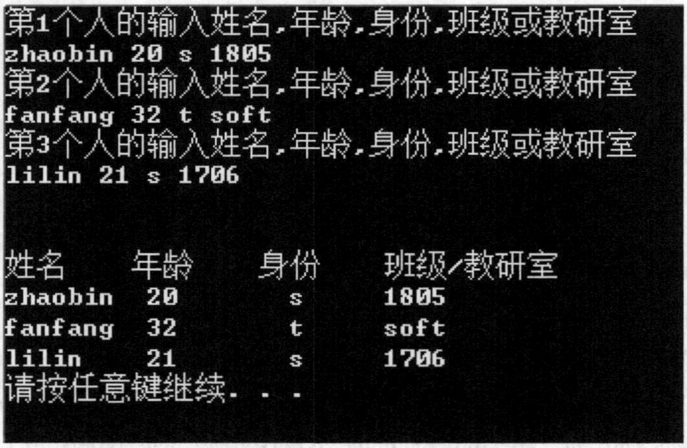

```
第1个人的输入姓名,年龄,身份,班级或教研室
zhaobin 20 s 1805
第2个人的输入姓名,年龄,身份,班级或教研室
fanfang 32 t soft
第3个人的输入姓名,年龄,身份,班级或教研室
lilin 21 s 1706


姓名      年龄      身份      班级/教研室
zhaobin   20         s        1805
fanfang   32         t        soft
lilin     21         s        1706
请按任意键继续. . .
```

图 7-11　例 7.10 运行结果

7.6　案例应用

任务描述:班级学生成绩统计分析。

从键盘输入一个班级(全班最多不超过 30 人)学生的学号、姓名、某门课的成绩,当输入成绩为负值时,输入结束,分别统计下列内容。

(1)统计不及格人数并打印不及格学生名单。

(2)统计成绩在全班平均分及平均分之上的学生人数并打印其学生名单。

(3)统计各分数段的学生人数及所占的百分比。

源程序代码如下:

```
#include    <stdio.h>
#define ARR_SIZE 30
typedef struct
{
   long num;
   char name[10];
   float score;
} STU;
intReadScore(STU stu[]);
intGetFail(STU stu[],int n);
float GetAver(STU stu[],int n);
intGetAboveAver(STU stu[],int n);
void GetDetail(STU stu[],int n);
void main()
```

```
{
    int n,fail,aboveAver;
    STU stu[ARR_SIZE];
    printf("Please enter num、name and score until score<0:\n");
    n = ReadScore(stu);
    printf("Total students:%d\n",n);
    fail = GetFail(stu,n);
    printf("Fail students = %d\n",fail);
    aboveAver = GetAboveAver(stu,n);
    printf("Above aver students = %d\n",aboveAver);
    GetDetail(stu,n);
}
/* 函数功能:从键盘输入一个班学生某门课的成绩及其学号
   当输入成绩为负值时,输入结束
   函数返回值:学生总数
 */
int ReadScore(STU stu[])
{
int i = 0;
printf("请输入学号、姓名、成绩:直到最后一名学生的成绩小于0结束\n");
scanf("%ld%s%f",&stu[i].num,stu[i].name,&stu[i].score);
while (stu[i].score>= 0)
{
   i++;
   scanf("%ld%s%f",&stu[i].num,stu[i].name,&stu[i].score);
}
return i;
}
/* 函数功能:统计不及格人数并打印不及格学生名单
   函数返回值:不及格人数
 */
int GetFail(STU stu[],int n)
{
int   i,count;
printf("Fail:\nnumber--name--score\n");
count = 0;
for (i=0; i<n; i++)
{
```

```
    if (stu[i].score< 60)
    {
printf("%ld---%s---%.0f\n",stu[i].num,stu[i].name,stu[i].score);
count++;
    }
}
return count;
}
/* 函数功能:计算全班平均分
   函数返回值:平均分
 */
float GetAver(STU stu[],int n)
{
int     i;
float   sum = 0;
for (i=0; i<n; i++)
{
   sum = sum + stu[i].score;
}
return sum/n;
}
/* 函数功能:统计成绩在全班平均分及平均分之上的学生人数并打印其学生名单
   函数返回值:成绩在全班平均分及平均分之上的学生人数
 */
int GetAboveAver(STU stu[],int n)
{
   int    i,count;
   float aver;
   aver = GetAver(stu,n);
   printf("aver = %f\n",aver);
   printf("Above aver:\nnumber--score\n");
   count = 0;
   for (i=0; i<n; i++)
   {
      if (stu[i].score>= aver)
      {
      printf("%ld--%s----%.0f\n",stu[i].num,stu[i].name,stu[i].score);
      count++;
```

```
        }
    }
    return count;
}
/* 函数功能:统计各分数段的学生人数及所占的百分比
   函数返回值:无 */
void GetDetail(STU stu[],int n)
{
    int   i,j,stut[6];
    for (i=0; i<6; i++)
    {
        stut[i]=0;
    }
    for (i=0; i<n; i++)
    {
        if ( stu[i]. score< 60)
        { j = 0; }
        else
        { j = ((int)stu[i]. score-50) / 10; }
        stut[j]++;
    }
for (i=0; i<6; i++)
{
    if (i == 0)
    {
        printf("< 60      %d   %.2f%%\n",stut[i],
        (float)stut[i]/(float)n * 100);
    }
    else if (i == 5)
    {
        printf("     %d   %d   %.2f%%\n",(i+5) * 10,stut[i],
        (float)stut[i]/(float)n * 100);
    }
    else
    {
        printf("%d--%d   %d   %.2f%%\n",(i+5) * 10,(i+5) * 10+9,
        stut[i],(float)stut[i]/(float)n * 100);
    }
```

```
    }
}
```

程序运行结果如图 7-12 所示。

```
Please enter num、name and score until score<0:
请输入学号、姓名、成绩：直到最后一名学生的成绩小于0结束
101 wang 80
102 zhang 54
103 qian 60
104 lili 45
105 tian 76
0 0 -1
Total students:5
Fail:
number--name--score
102---zhang---54
104---lili---45
Fail students = 2
aver = 63.000000
Above aver:
number--score
101--wang----80
105--tian----76
Above aver students = 2
< 60     2  40.00%
60--69   1  20.00%
70--79   1  20.00%
80--89   1  20.00%
90--99   0  0.00%
   100   0  0.00%
请按任意键继续. . .
```

图 7-12　运行结果

本章小结

结构体、共用体是两种构造型数据类型。结构体是一种构造类型，它由若干“成员”组成。每一个成员可以是一个基本数据类型或者是一个构造类型。在使用结构体之前必须先定义它，如同在调用函数之前要先定义或声明一样。在定义结构体变量时，可以进行初始化赋值，也可以定义一个指针变量用来指向一个结构体变量，这就是结构体指针变量。

链表是一种常见的重要的数据结构。链表中的每个元素称为节点，一个链表由若干节点组成。要建立链表，必须先定义节点的数据类型。对于链表可以进行插入、删除操作。

共用体数据类型是指将不同的数据项存放于同一段内存单元的一种构造数据类型。

习　题

1. 分析下面程序的运行结果。

(1)程序 1：

#include <stdio. h>

```
#include <string.h>
typedef  struct{  char name[9];  char sex;  float score[2];  } STU;
void f(STU a)
{     STU  b={"Zhao",'m',85.0,90.0};  int i;
      strcpy(a.name,b.name);
      a.sex=b.sex;
      for(i=0;i<2;i++)  a.score[i]=b.score[i];
}
void main()
{     STU  c={"Qian",'f',95.0,92.0};
      f(c);  printf("%s,%c,%2.0f,%2.0f\n",c.name,c.sex,c.score[0],c.score
[1]);
}
```

(2)程序2:

```
#include <stdio.h>
typedef struct{int b,p;}A;
void f(A c)                          /*注意:c是结构变量名 */
{ int j;
     c.b+=1; c.p+=2;}
void main()
{ int i;
     A a={1,2};
     f(a);
     printf("%d,%d\n",a.b,a.p);
}
```

(3)程序3:

```
#include <stdio.h>
struct st
{  int x,y;} data[2]={1,10,2,20};
void main()
{  struct st *p=data;
   printf("%d,",p->y);
   printf("%d\n",(++p)->x);
}
```

(4)程序4:

```
#include <stdio.h>
void main(  )
{   union {  char  i[4];
```

```
            int    k;
          } r;
    r.i[0]=2;
    r.i[1]=0;
    r.i[2]=0;
    r.i[3]=0;
    printf("%d\n",r.k);
}
```

2. 编写程序,从键盘输入10本书的名称和单价并存入结构数组中,按照单价进行排序并输出排序后的结果。

3. 输入10个学生的学号、姓名和成绩,计算并输出他们的平均成绩,并且将低于平均分学生的学号、姓名和成绩输出。

4. 定义一个结构类型表示日期,输入一个日期,输出该天是当年的第几天。

8 文件

前面章节介绍的程序在运行处理数据时,数据都是保存在内存中的。内存中保存的数据是暂时的,一旦程序运行结束,这些数据就会丢失。若将数据保存在硬盘等外部存储器上的数据文件中,独立于程序代码,程序可以通过相应的文件系统实现对数据文件的输入与输出操作。

本章主要介绍C语言文件系统,有关文件操作的基本知识,以及C语言读写文件的方法。

通过对本章的学习,读者应理解文件的概念,掌握文件的常用操作及相关函数的应用。

8.1 文件的基本概念

计算机信息系统中,根据信息的存储时间,可以分为临时性信息和永久性信息。简单来说,临时信息存储在计算机系统临时存储设备中(如存储在计算机内存中),这类信息随系统断电而丢失。永久性信息存储在计算机的永久性存储设备中(如存储在磁盘和光盘)。永久性的最小存储单元为文件,因此文件管理是计算机系统中的一个重要的问题。一般来说,每台计算机都有一个操作系统负责管理计算机的各种资源。操作系统中的文件系统负责将外部设备(如硬盘、打印机、光驱等)的信息组织起来进行统一规划,提供统一的程序访问数据方法。

8.1.1 文件概述

对于操作系统来说,文件是存储在磁盘上的一个信息序列,操作系统为这个信息序列起一个名称,这个名称就叫作文件名(或文件标识符)。由于文件存储在外存中,外存的信息相对于内存来说是海量的,而且出于安全、规范的角度,不能够允许程序随意使用外存的信息,因此,当程序要使用文件时必须向操作系统申请使用,操作系统按规则授权给程序后程序才可以使用,使用完毕后,程序应该通知操作系统(如图8-1所示)。

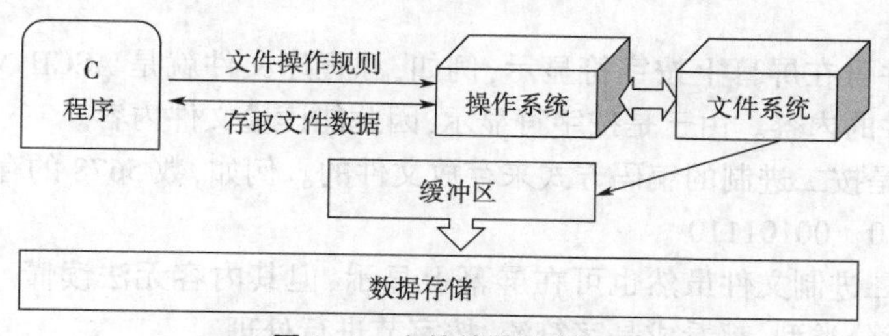

图8-1 文件的基本原理

由于内存的处理速度要比外存的快得多,在读写外存中的文件时需要用到缓冲区。所谓缓冲区是在内存中开辟的一段区域,当程序需要从外存中读取文件数据时,系统先读入足够多的数据到缓冲区中,然后程序对缓冲区中的数据进行处理。当程序需要写数据到外存文件中时,同样要先把数据送入缓冲区中,等缓冲区满了后,再一起存入外存中,所以程序实际上是通过缓冲区读写文件的。

根据缓冲区是否由计算机系统自动提供,可以分为缓冲文件系统和非缓冲文件系统。缓冲文件系统由系统提供缓冲区,非缓冲文件系统由程序员在程序指定缓冲区。大多数的C语言程序系统都支持这两种处理文件的方式。例如,UNIX使用缓冲文件系统处理文本文件,使用非缓冲文件系统处理二进制文件,但ANSI C标准只选择了缓冲文件系统。本章只介绍缓冲文件系统的使用。

从C语言的角度看,文件实际上是一个存储在外存中的由一串连续字符(字节)构成的任意信息序列,即字符流。C程序需要按照特定的规则去访问这个序列。

C语言中的文件是逻辑的概念,除了大家熟悉的普通文件外,所有能进行输入输出的设备都被看作是文件,如打印机、磁盘机和用户终端等。

终端文件中有3个文件是特殊的,每个C程序都用到。这3个文件是:标准输入文件(stdin)对应键盘,标准输出文件(stdout)对应终端屏幕,标准出错信息文件(stderr)对应终端屏幕。这3个文件对所有的C程序都是自动设置和打开的。当程序调用getchar()和scanf()时,就是从标准输入文件(键盘)读取信息;调用putchar()和printf()就是向标准输出文件(屏幕)输出信息。

8.1.2 文件的类别

对于操作系统来说,文件就是一个以字节为单位的信息流序列。如果将C语言涉及的所有数据存储在文件中,必然要有一定的规则。

从文件编码的方式来看,文件可分为ASCII码文件和二进制码文件两种。ASCII文件也称为文本文件,这种文件在磁盘中存放时每个字符对应一个字节,用于存放对应的ASCII码。

例如,数5678的存储形式为:

```
ASCII码:  00110101   00110110   00110111   00111000
              ↓          ↓          ↓          ↓
十进制码:     5          6          7          8
```

共占用4个字节。

ASCII码文件可在屏幕上按字符显示,例如,源程序文件就是ASCII文件,用DOS命令TYPE可显示文件的内容。由于是按字符显示,因此能读懂文件内容。

二进制文件是按二进制的编码方式来存放文件的。例如,数5678的存储形式为:

00010110　00101110

只占二个字节。二进制文件虽然也可在屏幕上显示,但其内容无法读懂。C系统在处理这些文件时,并不区分类型,都看成是字符流,按字节进行处理。

输入输出字符流的开始和结束只由程序控制而不受物理符号(如回车符)的控制。因此也把这种文件称作"流式文件"。

在C语言中,把文件看作一组字符或二进制数据的集合,也称为"数据流"。"数据流"的结束标志为-1。在C语言中,规定文件的结束标志为EOF。EOF为符号常量,其定义在头文件"stdio. h"中。

文本文件是把数据当作一个一个字符存储起来的相应码值,在采用 ASCII 码的计算机系统中存放的就是字符 ASCII 码,可见文本文件具有以下的特点。

(1)方便人工阅读,并且可以直接采用编辑工具输入、阅读、修改文本文件的数据。

(2)文本文件存储数据无须太多的规定,可以将简单类型的数据直接写入到文本文件中,对于结构等非简单数据存储到文本文件中就必需逐个分量读写。

(3)内存中的数据存储形式和存储到文本文件中的数据存储形式不一致,因此所有需要存储到文本文件中的数据必需先转换为文本,这本身需要时间。

二进制文件是按照数据的二进制代码形式直接存入文件中的,二进制文件的特点如下。

一是直接将字节流写入文件,方便快捷。不需要作过多的转换,节约时间、空间。

二是存放到二进制文件中的数据代码和内存中的数据代码是一致的。

三是可以存储任意内存数据,只需要将数据作为一块二进制序列即可。

8.1.3 文件指针

在一个应用程序中,可能同时处理多个文件,如何来描述并区分多个文件呢?在 C 语言中定义了一个结构体数据类型 FILE 来描述文件信息,在"stdio. h"中具体的定义如下:

```
typedef struct{
short   leve1;
unsigned flags;
char fd;
unsigned char hold;
short bsize;
unsigned char  * buffer;
unsigned char  * curp;
unsigned istemp;
short token;
} FILE;
```

在 C 语言中用一个指针变量指向一个文件,这个指针称为文件指针。通过文件指针就可对它所指的文件进行各种操作。

引入 FILE 类型之后,就可以定义文件指针了。

定义说明文件指针的一般形式为:

```
FILE  * 指针变量标识符;
```

其中 FILE 应为大写,它是由系统定义的一个结构,该结构中含有文件名、文件状态和文件当前位置等信息。在编写源程序时不必关心 FILE 结构的细节。

例如:

```
FILE  * fp;
```

表示 fp 是指向 FILE 结构的指针变量,通过 fp 即可找存放某个文件信息的结构变量,然后按结构变量提供的信息找到该文件,实施对文件的操作。习惯上也笼统地把 fp 称为指向一个文件的指针。

8.1.4 文件的操作流程

文件的使用方式与操作系统有着密切的关系。

C语言对缓冲文件系统的使用是通过一系列库函数来实现的，读写文件必须遵循一定的步骤。图8-2是一个C语言操作文件过程的示意图。

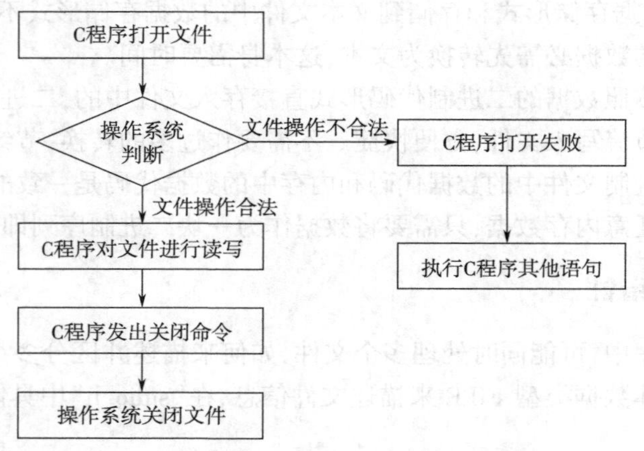

图8-2 文件的使用流程

从流程中可以看出，C语言程序是通过与操作系统的交互达到对文件进行操作的目的。可以这样想象，C语言对文件的操作算法应该为如下形式：

```
if 打开文件失败
{   显示失败信息
}
else
{按算法要求读/写文件的内容
关闭文件
}
```

在C语言中，文件输入输出处理通过一组库函数来实现，函数原型包含在"stdio. h"中。文件处理函数可以分为如下几类。

(1)文件打开与关闭函数。

(2)文件读写函数。

(3)文件定位函数。

(4)文件状态跟踪函数。

8.2 常用文件操作的标准函数

8.2.1 文件的打开与关闭

文件在进行读写操作之前要先打开，使用完毕要关闭。所谓打开文件，实际上是建立文件的各种有关信息,并使文件指针指向该文件,以便进行其他操作。关闭文件则断开指针与文件之间的联系,也就禁止再对该文件进行操作。

8.2.1.1 打开文件

在 C 语言中,除了 3 个标准文件外的所有文件在读写前都必需显示打开。文件的打开操作是通过 fopen( )函数来实现的,此函数的声明在"stdio. h"中,函数原型如下:

FILE * fopen(const char * filename,const char * mode);

函数返回值为 FILE 类型指针。如果运行成功,fopen 返回文件的地址,否则返回值为 NULL。

其中,mode 是控制该文件的打开方式的参数,filename 表示要打开的文件在操作系统中的名称,这个名称应该包括路径名称,具体的名称、路径的规定与操作系统有关。filename 可以是一个表示文件路径和名称的字符常量,也可以是一个指向字符串的指针变量,被指向的字符串要包含使用文件的路径和名称。

提示:注意检测 fopen( )函数的返回值,防止打开文件失败后,继续对文件进行读写而出现严重错误。

根据不同的需求,文件的打开方式有如下几种模式(具体见表 8-1)。

(1)只读模式。只能从文件读取数据,也就是说只能使用读取数据的文件处理函数,同时要求文件本身已经存在。如果文件不存在,则 fopen( )的返回值为 NULL,打开文件失败。由于文件类型不同,只读模式有两种不同参数。"r"用于处理文本文件(例如 . c 文件和 . txt 文件),"rb"用于处理二进制文件(例如 . exe 文件和 . zip 文件)。

(2)只写模式。只能向文件输出数据,也就是说只能使用写数据的文件处理函数。如果文件存在,则删除文件的全部内容,准备写入新的数据。如果文件不存在,则建立一个以当前文件名命名的文件。如果创建或打开成功,则 fopen( )返回文件的地址。同样只写模式也有两种不同参数,"w"用于处理文本文件,"wb"用于处理二进制文件。

(3)追加模式。这是一种特殊的写入模式。如果文件存在,则准备从文件的末端写入新的数据,文件原有的数据保持不变。如果此文件不存在,则建立一个以当前文件名命名的新文件。如果创建或打开成功,则 fopen( )返回此文件的地址。其中参数"a"用于处理文本文件,参数"ab"用于处理二进制文件。

(4)读写模式。它可以向文件写数据,也可以从文件读取数据。此模式下有如下几个参数:"r+"和"rb",要求文件已经存在,如果文件不存在,则打开文件失败;"w+"和"wb+",如果文件已经存在,则删除当前文件的内容,然后对文件进行读写操作,如果文件不存在,则建立新文件,开始对此文件进行读写操作;"a+"和"ab+"如果文件已经存在,则从当前文件末端的内容对文件进行读写操作,如果文件不存在,则建立新文件,然后对此文件进行读写操作。

表 8-1 文件的使用方式

文件使用方式	意义
"r"	只读打开一个文本文件,只允许读数据

续表

文件使用方式	意义
“w”	只写打开或建立一个文本文件,只允许写数据
“a”	追加打开一个文本文件,并在文件末尾写数据
“rb”	只读打开一个二进制文件,只允许读数据
“wb”	只写打开或建立一个二进制文件,只允许写数据
“ab”	追加打开一个二进制文件,并在文件末尾写数据
“r+”	读写打开一个文本文件,允许读和写
“w+”	读写打开或建立一个文本文件,允许读写
“a+”	读写打开一个文本文件,允许读,或在文件末追加数据
“rb+”	读写打开一个二进制文件,允许读和写
“wb+”	读写打开或建立一个二进制文件,允许读和写
“ab+”	读写打开一个二进制文件,允许读,或在文件末追加数据

例如,按只读方式打开一个文本文件,文件名从键盘输入,程序代码段如下:

```
FILE *fp;
char filename[20];
printf("please input filename:");
scanf("%s",filename) ;
if((fp=fopen(filename,"r")) = =NULL)
{
  printf("Error opening the file\n");
  exit(1) ;
}
```

其中 exit()的作用是中断程序的执行。

8.2.1.2　关闭文件

在 C 语言中,文件的关闭是通过 fclose()函数来实现。此函数的声明在“stdio. h”中,函数原型如下:

```
int fclose(FILE *fp);
```

函数返回值为 int 类型,如果为 0,则表示文件关闭成功,否则表示失败。

fclose()函数的作用是关闭已经打开的文件,要求操作系统将文件语句 fp 所代表的文件系统进行关闭。操作系统完成如下任务。

(1)收回程序对该文件的使用权限。

(2)将存储在文件缓冲区中的数据,真正写到磁盘文件中。在关闭之前,可能有部分数据存储在文件缓冲区中,当出现意外情况(如断电等),有可能使得文件中的信息出现错误。

(3)修改文件的基本信息,如结束标志等,对于网络、共享系统释放文件的读写锁,允许其他程序对文件进行读写。

【例 8.1】打开名为“aa.txt”的文件,并向文件输出字符串“hello”,然后关闭文件,同时在屏幕上输出 fclose 的返回值。

```
#include <stdio.h>
#include <stdlib.h>
void main()
{
FILE *fpFile;
int nStatus=0;
if((fpFile=fopen("aa.txt","w+"))==NULL)
{
printf("Open file failed! \n");
exit(0);
}
fprintf(fpFile,"%s","hello");
nStatus=fclose(fpFile);
printf("%d",nStatus);
}
```

提示:注意在文件处理的最后调用 fclose()函数关闭文件。在关闭文件之后,不可再对文件进行读写操作。

8.2.2 文件的读写

文件打开之后,就可以进行读写操作。文件的读写操作通过一组库函数实现,分为读函数和写函数。

8.2.2.1 字符的读写函数 fgetc()和 fputc()

字符读写函数是以字符(字节)为单位的读写函数。每次可从文件读出或向文件写入一个字符。

fgetc 函数的功能是从指定的文件中读一个字符,函数调用的形式为:

字符变量=fgetc(文件指针);

例如:

ch=fgetc(fp);

其意义是从打开的文件 fp 中读取一个字符并送入 ch 中。

对于 fgetc 函数的使用有以下几点说明。

(1)在 fgetc 函数调用中,读取的文件必需是以读或读写方式打开的。

(2)读取字符的结果也可以不向字符变量赋值,例如:

fgetc(fp);

但是读出的字符不能保存。

(3)在文件内部有一个位置指针。用来指向文件的当前读写字节。在文件打开时,该指针总是指向文件的第一个字节。使用 fgetc 函数后,该位置指针将向后移动一个字节。因此可连续多次使用 fgetc 函数,读取多个字符。应注意文件指针和文件内部的位置指针不是一回事。文件指针是指向整个文件的,需在程序中定义说明,只要不重新赋值,文件指针的值是不变的。文件内部的位置指针用以指示文件内部的当前读写位置,每读写一次,该指针均向后移动,它无须在程序中定义说明,而是由系统自动设置的。

fputc 函数的功能是把一个字符写入指定的文件中,函数调用的形式为:

fputc(字符量,文件指针);

其中,待写入的字符量可以是字符常量或变量,例如:

fputc('a',fp);

其意义是把字符 a 写入 fp 所指向的文件中。

对于 fputc 函数的使用也要说明以下几点。

(1)被写入的文件可以用写、读写、追加方式打开,用写或读写方式打开一个已存在的文件时将清除原有的文件内容,写入字符从文件首开始。如需保留原有文件内容,希望写入的字符以文件末开始存放,必需以追加方式打开文件。被写入的文件若不存在,则创建该文件。

(2)每写入一个字符,文件内部位置指针向后移动一个字节。

(3)fputc 函数有一个返回值,如写入成功则返回写入的字符,否则返回一个 EOF。可用此来判断写入是否成功。

【例 8.2】从键盘读取一行字符,并输出到"test.txt"文件中,再把该文件内容读出显示在屏幕上。

```
#include <stdio.h>
#include <stdlib.h>
void main()
{
FILE *fp;
char c;
if((fp=fopen("test.txt","w+"))==NULL)
{
printf("Open file failed! \n");
exit(0);
}
while((c=getchar())!='\n')
fputc(c,fp);
rewind(fp);//使文件位置标记返回文件开头
c=fgetc(fp);
```

```
    while(c!=EOF)
    {
      putchar(c);
      c=fgetc(fp);
    }
    printf("\n");
  fclose(fp);
}
```

程序中以读写文本文件方式打开文件 test. txt。从键盘读入一个字符后进入循环,当读入字符不为回车符时,则把该字符写入文件之中,然后继续从键盘读入下一字符。每输入一个字符,文件内部位置指针向后移动一个字节。写入完毕,该指针已指向文件末。如要把文件从头读出,需把指针移向文件头,程序中 rewind 函数用于把 fp 所指文件的内部位置指针移到文件头。后面的程序用于读出文件中的内容。

8.2.2.2 字符串读写函数 fgets 和 fputs

fgets 函数的功能是从指定的文件中读一个字符串到字符数组中,函数调用的形式为:

fgets(字符数组名,n,文件指针);

其中的 n 是一个正整数。表示从文件中读出的字符串不超过 n-1 个字符。在读入的最后一个字符后加上串结束标志'\0'。例如:fgets(str,n,fp);的意义是从 fp 所指的文件中读出 n-1 个字符送入字符数组 str 中。

【例 8.3】从 test. txt 文件中读入一个含 10 个字符的字符串。

```
#include <stdio.h>
#include <stdlib.h>
void main()
{
  FILE *fp;
  char str[11];
  if((fp=fopen("test.txt","r"))==NULL)
  {
    printf("\nCannot open file strike any key exit!");
    exit(1);
  }
  fgets(str,11,fp);
  printf("\n%s\n",str);
  fclose(fp);
}
```

程序中定义了一个字符数组 str 共 11 个字节,在以读文本文件方式打开文件 test. txt 后,从中读出 10 个字符送入 str 数组,在数组最后一个单元内将加上'\0',然后在屏幕上显示输出 str 数组。

对 fgets 函数有以下两点说明。

(1)在读出 n-1 个字符之前,如遇到了换行符或 EOF,则读出结束。

(2)fgets 函数也有返回值,其返回值是字符数组的首地址。

fputs 函数的功能是向指定的文件写入一个字符串,其调用形式为:

fputs(字符串,文件指针);

其中字符串可以是字符串常量,也可以是字符数组名,或指针变量,例如:

fputs("hello",fp);

其意义是把字符串"hello"写入 fp 所指的文件之中。

【例 8.4】在例 8.2 中建立的文件 test. txt 中追加一个字符串。

```
#include<stdio.h>
#include <stdlib.h>
void main()
{
  FILE *fp;
  char ch,st[20];
  if((fp=fopen("test.txt","a+"))==NULL)
  {
     printf("Cannot open file strike any key exit!");
     getch();
     exit(1);
  }
  printf("input a string:\n");
  scanf("%s",st);
  fputs(st,fp);
  rewind(fp);
  ch=fgetc(fp);
  while(ch!=EOF)
  {
     putchar(ch);
     ch=fgetc(fp);
  }
  printf("\n");
  fclose(fp);
}
```

程序要求在 string 文件末加写字符串,因此,在程序第 6 行以追加读写文本文件的方式打开文件 string。然后输入字符串,并用 fputs 函数把该串写入文件 string。在程序第 15 行用 rewind 函数把文件内部位置指针移到文件首。再进入循环逐个显示当前文件中的全部内容。

8.2.2.3 数据块读写函数 fread 和 fwrite

C 语言还提供了用于整块数据的读写函数,可用来读写一组数据,如一个数组元素,一个结构变量的值等。

读数据块函数调用的一般形式为:

fread(buffer,size,count,fp);

写数据块函数调用的一般形式为:

fwrite(buffer,size,count,fp);

其中,buffer 是一个指针,在 fread 函数中,它表示存放输入数据的首地址。在 fwrite 函数中,它表示存放输出数据的首地址。size 表示数据块的字节数。count 表示要读写的数据块块数。fp 表示文件指针。

例如:

fread(fa,4,5,fp);

其意义是从 fp 所指的文件中,每次读 4 个字节(一个实数)送入实数数组 fa 中,连续读 5 次,即读 5 个实数到 fa 中。

【例 8.5】从键盘输入两个学生数据,写入一个文件中,再读出这两个学生的数据显示在屏幕上。

```
#include<stdio.h>
#include <stdlib.h>
struct stu
{
  char name[10];
  int num;
  int age;
  char addr[15];
}boya[2],boyb[2], * pp, * qq;
void main()
{
  FILE * fp;
  char ch;
  int i;
  pp=boya;
  qq=boyb;
  if((fp=fopen("stu_list.dat","wb+"))==NULL)
  {
    printf("Cannot open file strike any key exit!");
    getch();
    exit(1);
  }
```

```
    printf("\ninput data\n");
    for(i=0;i<2;i++,pp++)
    scanf("%s%d%d%s",pp->name,&pp->num,&pp->age,pp->addr);
    pp=boya;
    fwrite(pp,sizeof(struct stu),2,fp);
    rewind(fp);
    fread(qq,sizeof(struct stu),2,fp);
    printf("\n\nname\tnumber      age      addr\n");
    for(i=0;i<2;i++,qq++)
    printf("%s\t%5d%7d      %s\n",qq->name,qq->num,qq->age,qq->addr);
    fclose(fp);
}
```

程序定义了一个结构 stu，说明了两个结构数组 boya 和 boyb，以及两个结构指针变量 pp 和 qq。pp 指向 boya，qq 指向 boyb。程序第 16 行以读写方式打开二进制文件"stu_list. dat"，输入两个学生数据之后，写入该文件中，然后把文件内部位置指针移到文件首，读出两个学生数据后，在屏幕上显示。

8. 2. 2. 4　格式化读写函数 fscanf 和 fprintf

fscanf 函数，fprintf 函数与前面使用的 scanf 和 printf 函数的功能相似，都是格式化读写函数。两者的区别在于 fscanf 函数和 fprintf 函数的读写对象不是键盘和显示器，而是磁盘文件。

这两个函数的调用格式为：

fscanf(文件指针，格式字符串，输入表列)；

fprintf(文件指针，格式字符串，输出表列)；

例如：

fscanf(fp,"%d%s",&i,s);

fprintf(fp,"%d%c",j,ch);

用 fscanf 和 fprintf 函数也可以完成例 8. 5 的问题。修改后的程序如例 8. 6 所示。

【例 8. 6】用 fscanf 和 fprintf 函数完成例 8. 5 的问题。

```
#include<stdio.h>
#include <stdlib.h>
struct stu
{
    char name[10];
    int num;
    int age;
    char addr[15];
}boya[2],boyb[2],*pp,*qq;
void main()
```

```
{
  FILE *fp;
  char ch;
  int i;
  pp=boya;
  qq=boyb;
  if((fp=fopen("stu_list.dat","wb+"))==NULL)
  {
    printf("Cannot open file strike any key exit!");
    getch();
    exit(1);
  }
  printf("\ninput data\n");
  for(i=0;i<2;i++,pp++)
    scanf("%s%d%d%s",pp->name,&pp->num,&pp->age,pp->addr);
  pp=boya;
  for(i=0;i<2;i++,pp++)
fprintf(fp,"%s %d %d %s\n",pp->name,pp->num,pp->age,pp->
            addr);
  rewind(fp);
  for(i=0;i<2;i++,qq++)
    fscanf(fp,"%s %d %d %s\n",qq->name,&qq->num,&qq->age,qq->addr);
  printf("\n\nname\tnumber      age       addr\n");
  qq=boyb;
  for(i=0;i<2;i++,qq++)
    printf("%s\t%5d   %7d        %s\n",qq->name,qq->num,qq->age,
           qq->addr);
  fclose(fp);
}
```

与例 8.5 相比,本程序中 fscanf 和 fprintf 函数每次只能读写一个结构数组元素,因此采用了循环语句来读写全部数组元素。还要注意指针变量 pp,qq 由于循环改变了它们的值,因此在程序的第 25 和 32 行分别对它们重新赋予了数组的首地址。

8.2.3 文件的随机访问与定位

前面介绍对文件的读写方式都是顺序读写,即读写文件只能从头开始,顺序读写各个数据。但在实际问题中常要求只读写文件中某一指定的部分。为了解决这个问题可移动文件内部的位置指针到需要读写的位置,再进行读写,这种读写称为随机读写。

实现随机读写的关键是要按要求移动位置指针,这称为文件的定位。

8.2.3.1 文件定位

移动文件内部位置指针的函数主要有两个,即 rewind 函数和 fseek 函数。

rewind 函数前面已多次使用过,其调用形式为:

rewind(文件指针);

它的功能是把文件内部的位置指针移到文件首。

下面主要介绍 fseek 函数。

fseek 函数用来移动文件内部位置指针,其调用形式为:

fseek(文件指针,位移量,起始点);

其中:"文件指针"指向被移动的文件。"位移量"表示移动的字节数,要求位移量是 long 型数据,以便在文件长度大于 64KB 时不会出错。当用常量表示位移量时,要求加后缀"L"。"起始点"表示从何处开始计算位移量,规定的起始点有 3 种:文件首,当前位置和文件尾。其表示方法如下。

起始点	表示符号	数字表示
文件首	SEEK_SET	0
当前位置	SEEK_CUR	1
文件末尾	SEEK_END	2

例如:

fseek(fp,100L,0);

其意义是把位置指针移到离文件首 100 个字节处。

还要说明的是 fseek 函数一般用于二进制文件。在文本文件中由于要进行转换,故往往计算的位置会出现错误。

8.2.3.2 文件的随机读写

在移动位置指针之后,即可用前面介绍的任意一种读写函数进行读写。由于一般是读写一个数据块,因此常用 fread 和 fwrite 函数。

下面用例题来说明文件的随机读写。

【例 8.7】在学生文件 stu_list.dat 中读出第二个学生的数据。

```
#include<stdio.h>
#include <stdlib.h>
struct stu
{
  char name[10];
  int num;
  int age;
  char addr[15];
}boy, * qq;
void main()
{
```

```
    FILE *fp;
    char ch;
    int i=1;
    qq=&boy;
    if((fp=fopen("stu_list.dat","rb"))==NULL)
    {
      printf("Cannot open file strike any key exit!");
      exit(1);
    }
    rewind(fp);
    fseek(fp,i*sizeof(struct stu),0);
    fread(qq,sizeof(struct stu),1,fp);
    printf("\n\nname\tnumber      age       addr\n");
    printf("%s\t%5d  %7d        %s\n",qq->name,qq->num,qq->age,
           qq->addr);
}
```

文件 stu_list 已由例 8.5 的程序建立,本程序用随机读出的方法读出第二个学生的数据。程序中定义 boy 为 stu 类型变量,qq 为指向 boy 的指针。以读二进制文件方式打开文件,程序第 22 行移动文件位置指针。其中的 i 值为 1,表示从文件头开始,移动一个 stu 类型的长度,然后再读出的数据即为第二个学生的数据。

8.2.4 文件检测函数

C 语言中常用的文件检测函数有以下几个。

8.2.4.1 文件结束检测函数 feof 函数

调用格式:

feof(文件指针);

功能:判断文件是否处于文件结束位置,如文件结束,则返回值为 1,否则为 0。

8.2.4.2 读写文件出错检测函数

ferror 函数调用格式:

ferror(文件指针);

功能:检查文件在用各种输入输出函数进行读写时是否出错。如 ferror 返回值为 0 表示未出错,否则表示有错。

8.2.4.3 文件出错标志和文件结束标志置 0 函数

clearerr 函数调用格式:

clearerr(文件指针);

功能:本函数用于清除出错标志和文件结束标志,使它们为 0 值。

8.2.5 文件使用举例

【例 8.8】模拟 DOS 系统的 COPY 命令,实现文件复制。

```
#include <stdio.h>
#include <stdlib.h>
void main()
{
  FILE *fpFrom, *fpTo;
  char sourceFile[20];
  char destFile[20];
  int c;
  printf("Please input the source file name:\n");
  scanf("%s",sourceFile);
  printf("Please input the dest file name:\n");
  scanf("%s",destFile);
  if((fpFrom=fopen(sourceFile,"r"))==NULL)
  {
    printf("Open file failed! \n");
    exit(0);
  }
  if((fpTo=fopen(destFile,"w"))==NULL)
  {
    printf("Open file failed! \n");
    exit(0);
  }
  while((c=fgetc(fpFrom))!=EOF)
    fputc(c,fpTo);
  fclose(fpFrom);
  fclose(fpTo);
}
```

【例 8.9】 编写一个程序,从 data.dat 文本文件中读出一个字符,将其加密后写入 data1.dat 文件中,加密方式是字符的 ASCII 码加 1。

分析:先打开 data.dat 文本文件并建立 data1.dat 文件,从前者读出一个字符 c,将(c+1)%256 这个 ASCII 码对应的字符写入后者中,直到读完为止。

```
#include <stdio.h>
#include <stdlib.h>
void main()
{
```

```
FILE *fp1, *fp2;
char c;
if ((fp1=fopen("data.dat","r"))==NULL)
{
    printf("不能打开文件\n");
    return;
}
if ((fp2=fopen("data1.dat","w"))==NULL)
{
    printf("不能建立文件\n");
    return;
}
while (! feof(fp1))
{
  c=fgetc(fp1);
  c=(c+1)%256;
  fputc(c,fp2);
}
fclose(fp1);
fclose(fp2);
}
```

8.3 案例应用

任务描述:用户注册功能是软件系统一项非常重要的功能。将系统用户信息保存在文本文件中,包括用户名和密码信息,下面程序实现新用户实现注册功能,但不能和已有用户名重复。

源程序代码如下:

```
#include <stdio.h>
#include <conio.h>
#include <string.h>
#include <windows.h>
/*  全局变量定义  */
FILE *fp;          //文件指针变量 fp
struct reg        //已注册用户信息结构体及结构体数组
{
  char name[20];//姓名
  char psw[10];//密码
```

8 文件

```
}regMember[100];
char name[20],psw[10],p[10];
//用户注册和登录处理的字符串数组,p[10]为密码中间处理数组
int n_reg;   //n_reg 用于记录已注册用户数
void gotoxy(int x,int y)   //光标定位函数的定义
{
COORD pos = {x,y};
HANDLE hOut = GetStdHandle(STD_OUTPUT_HANDLE);
SetConsoleCursorPosition(hOut,pos);
}
/*      读取已注册用户信息函数          */
void read_regMember(char fileName[50])
{
   n_reg=-1;
   fp=fopen(fileName,"r");
   if(fp!=NULL)
   {
      while(! feof(fp))
      {
      n_reg++;
      fscanf(fp,"%s\n%s\n",regMember[n_reg].name,regMember[n_reg].psw);
      }
      fclose(fp);
      }
      else
      {
      printf("该文件不存在!");
   }
}
/*      获取密码函数      */
void getspsw(int y,int x)
{
   char c;
   int i;
   int xx,yy;
   xx=x;yy=y;
   do{
   gotoxy(1,14);
```

```
printf("                                          ");
gotoxy(yy++,xx);
fflush(stdin);          //清空输入缓冲区
  for(i=0;i<10;i++)
{
   c=getch();
   if(c==13) break;    //按回车结束输入
   p[i]=c;
   printf("*");
}
 if(i>8)
 {
   gotoxy(1,14);
   printf("密码个数超过了 8 个字符,请重新录入!");
   getch();
       xx=x;yy=y;
   gotoxy(yy,xx);
   printf("              ");
 }
else
 {
   p[i]='\0';          //添加字符串结束标志
   break;
 }
}while(i>8);
}
/*          用户注册函数          */
void regist(int y,int x)        //x,y 为接收传递进来的行号和列号数据形参
{
  int xx,yy,i,jl=0;
  read_regMember("regname.txt");
  while(1)
  {
   xx=x;yy=y;
   gotoxy(1,14);                //定位清屏
   printf("                                    ");
   gotoxy(yy,xx++);
   gets(name);
```

```
    for(i=0;i<=n_reg;i++)
  {
      if(strcmp(name,regMember[i].name)==0)
  {   jl=i;                    //记录搜索到的记录位置
      break;
  }
  }
    if(jl!=0)                  //判断录入的注册用户名是否已经注册过
  {
      gotoxy(1,14);
   printf("该用户名已存在,请重新录入!                    ");
   getch();
   jl=0;                       //重新注册进行的初始操作
   gotoxy(y,x);
   printf("          ");
  }
    else break;
  }
   getspsw(yy,xx);       //可以注册后在指定位置输入密码信息
   strcpy(psw,p);        //把p字符串中的密码信息复制给psw字符串数组
/*    进行注册用户信息的追加      */
   fp=fopen("regname.txt","a");
   fprintf(fp,"\n%s\n%s",name,psw); //用户名与密码信息间用回车进行分隔
   fclose(fp);
   gotoxy(1,14);
   printf("注册成功! 请登录...                    ");
   getch();
}
/*          主函数          */
void main()
{
   system("cls");
   system("type denglu.txt");
   regist(19,8);
}
```

在上面程序中,regname.txt 用于存储用户注册信息,denglu.txt 用于存储注册显示格式,其文件内容如图 8-3 所示。

程序运行时显示结果如图 8-4 所示。

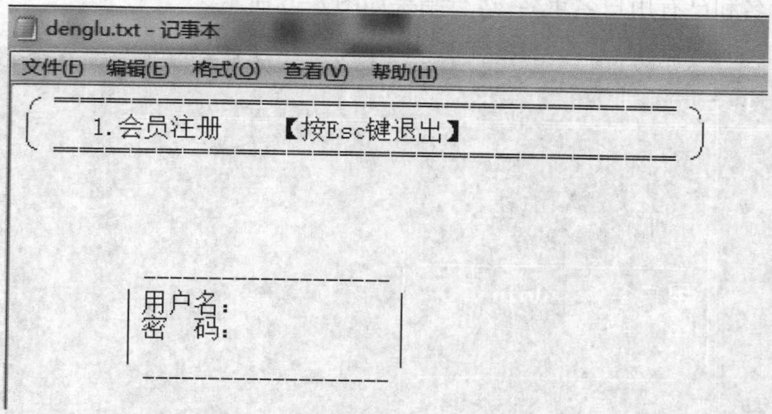

denglu.txt - 记事本

文件(F) 编辑(E) 格式(O) 查看(V) 帮助(H)

1. 会员注册 【按Esc键退出】

用户名:
密 码:

图 8-3 denglu. txt 文件内容

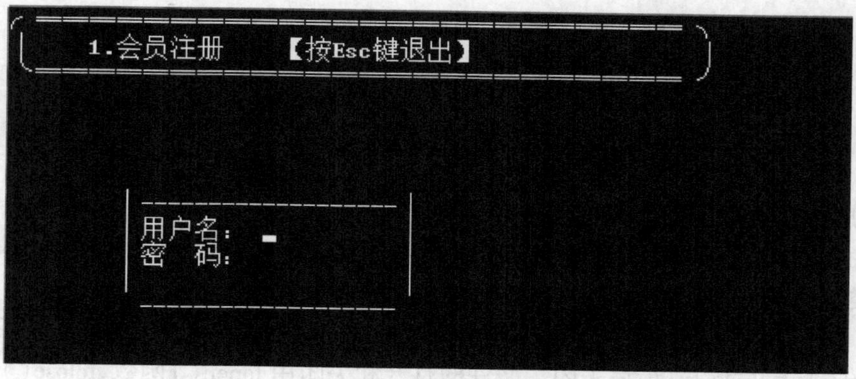

1.会员注册 【按Esc键退出】

用户名:
密 码:

图 8-4 程序运行初始界面

输入新用户的用户名和密码,如果是未注册过的用户,运行结果如图 8-5 所示。

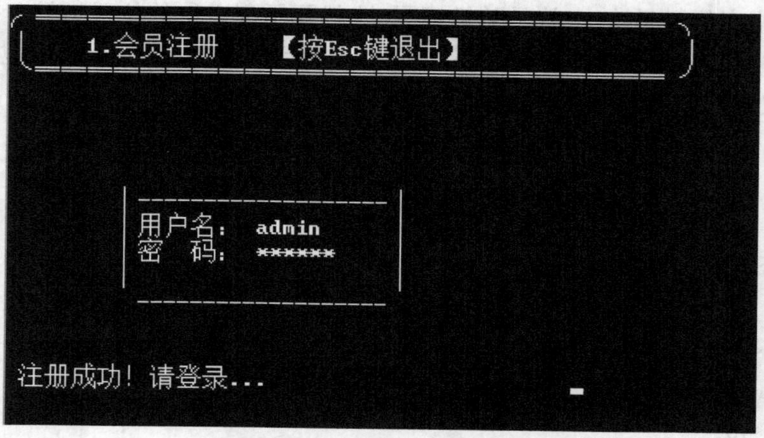

1.会员注册 【按Esc键退出】

用户名: admin
密 码: ******

注册成功! 请登录...

图 8-5 用户注册成功界面

如果用户名和已有用户名重名,运行结果如图 8-6 所示。

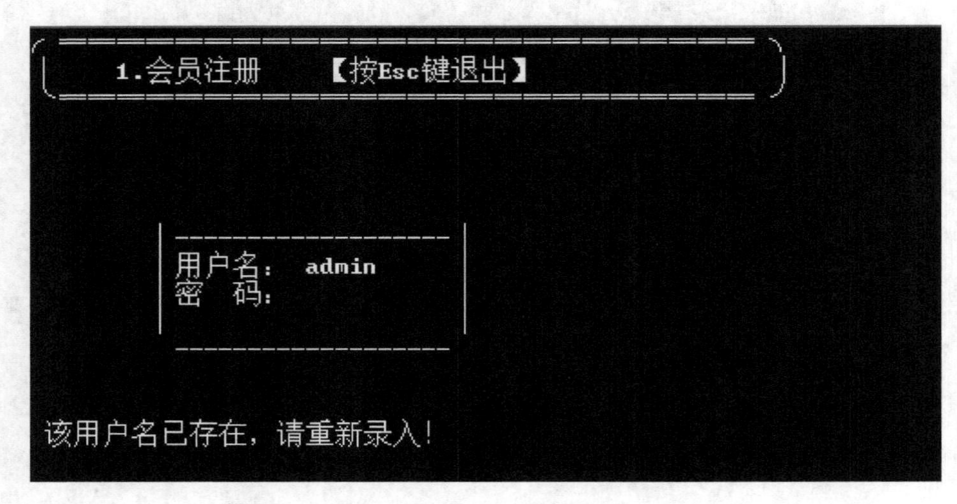

图 8-6 用户注册失败界面

本章小结

文件是指存储在外部介质上一组相关数据的集合。一批数据是以文件的形式存放在外部介质上的,而操作系统以文件为单位对数据进行管理。C 语言所使用的磁盘文件系统有两类:一类称为缓冲文件系统,即标准文件系统;另一类称为非缓冲文件系统。

在 C 语言中,没有输入输出语句,对文件的读写都是用库函数来实现的。对磁盘文件的操作必须先打开,后读写,最后关闭。文件的打开和关闭用 fopen( ) 函数、fclose( ) 函数实现。常用的读写函数有字符读写函数、字符串读写函数、数据块读写函数和格式化读写函数,这些函数的说明包含在头文件 stdio. h 中。

一般文件的读写都是顺序读写,就是从文件的开头开始,依次读取数据。在实际问题中,有时要从指定位置开始,也就是随机读写,这就要用到文件的位置指针。文件的位置指针指出了文件下一步的读写位置,每读写一次后,指针自动指向下一个新的位置。程序员可以通过文件位置指针移动函数的使用,实现文件的定位读写。

习 题

1. 分析下面程序运行结果。

(1)程序 1:

```
#include <stdio.h>
void main()
{ FILE *fp;
  int i=20,j=30,k,n;
```

```
fp=fopen("d1.dat","w");
fprintf(fp,"%d\n",i);
fprintf(fp,"%d\n",j);
  fclose(fp);
fp=fopen("d1.dat","r");
fscanf(fp,"%d%d",&k,&n);
  printf("%d %d\n",k,n);
  fclose(fp);
}
```

(2)程序 2:

```
#include <stdio.h>
void main()
{
  FILE *fp;
  int i,a[6]={1,2,3,4,5,6};
  fp=fopen("d3.dat","w+b");
  fwrite(a,sizeof(int),6,fp);
  fseek(fp,sizeof(int)*3,SEEK_SET);
/*该语句使读文件的位置指针从文件头向后移动 3 个 int 型数据*/
  fread(a,sizeof(int),3,fp);
fclose(fp);
  for(i=0;i<6;i++)
printf("%d,",a[i]);
}
```

(3)程序 3:

```
#include <stdio.h>
void main()
{ FILE *fp;
int k,n,a[6]={1,2,3,4,5,6};
fp=fopen("d2.dat","w");
fprintf(fp,"%d%d%d\n",a[0],a[1],a[2]);
fprintf(fp,"%d%d%d\n",a[3],a[4],a[5]);
fclose(fp);
fp=fopen("d2.dat","r");
fscanf(fp,"%d%d",&k,&n);
printf("%d %d\n",k,n);
fclose(fp);
}
```

(4)程序 4：

```
#include<stdio. h>
void main( )
{ FILE   * fp;
int   i;
char   ch[ ] = "abcd" ,t;
fp=fopen ( "abc. dat" , "wb+" ) ;
for ( i=0;i<4;i++)
fwrite( &ch[ i] ,1,1,fp) ;
fseek ( fp,-2L,SEEK_END) ;
fread ( &t,1,1,fp) ;
fclose ( fp) ;
printf ( "%c\n" ,t) ;
}
```

2. 编写程序统计一个文本文件中字母、数字及其他字符的个数。

3. 编写一个程序将一个文本文件的内容反序后重新存储到一个新的文件中。

4. 完成下列程序。

(1)定义一个结构体数组，存放 10 个学生的学号、姓名、三门课的成绩、总成绩。

(2)从键盘输入 10 个学生的信息，包括学号、姓名、三门课的成绩，并计算总成绩，且将学生信息存入文件 stud. dat。

(3)打开 stud. dat 文件，读出数据，将 10 个学生按照总成绩从高到低进行排序，并将结果输出到屏幕上。

9 综合案例

9.1 学生成绩管理系统

问题描述如下。

学生成绩管理系统是学校内部必不可少的学生信息管理系统，是学校日常工作中经常要用到的学生成绩管理工具，它以文件的方式保存用户录入的学生成绩数据，并提供查询功能供用户查询与统计学生成绩信息。在本节中我们将介绍一个用C语言实现的学生成绩管理系统，它支持基本的录入、删除、查找、修改、排序和文件读写功能。程序中涉及的数据类型与各种运算、程序控制结构、函数、数组、指针、结构体、文件等内容都是在前面各章中的主要学习内容，通过本案例使读者对C语言程序设计的过程与所涉及知识有一个清晰的理解，力求理论与实践相结合。

9.1.1 功能分析

学生成绩管理系统要求实现最基本的功能，包括录入、删除、查找和修改，为此需要首先定义记录项的格式，本案例定义其基本属性包括学生姓名、学号、年龄、性别、班级、语文成绩、数学成绩、英语成绩、体育成绩。班级属性是为了实现对所有学生的分组管理，同时系统还需要记录用户的所有记录项内容和总的项数。经分析，系统需完成以下功能。

(1)录入：操作添加一条新的学生记录项，包括新建数据、在指定记录前插入数据、追加数据操作。

(2)显示：显示所有的学生记录项。

(3)删除：删除一条已经存在的学生记录项。

(4)修改：改变学生记录项的一个或多个属性，并用新的记录项覆盖已经存在的记录项。

(5)查找：根据用户输入的属性值查找符合条件的记录项。依据某一属性是否可以唯一地确定一条记录项，可以将属性区分为主属性和非主属性。对非主属性上的查找可能返回多条记录项。为了区分，系统在数据录入时为每个记录项自动分配一个记录编号(学号)，这样就可以实现所有项的精确查找。

(6)排序：根据用户选择的学号或科目属性值对记录项进行排序。

(7)统计：根据用户输入的属性值进行数据统计，包括学生成绩总分和平均值的计算等。

学生成绩数据以文件形式存储在磁盘上，因此在程序运行中需要对文件进行读取操作。编程人员可以根据实际需要自己定义文件的存储格式，在数据读写时必需精确定位，以免破坏文件的正确性。除此之外，程序中还要不停地处理用户的输入，对输入数据的容错性进行检查，可以保证学生成绩数据的合法性，避免恶意和非恶意的操作对用户数据的破坏。

系统中每个功能模块即一个相对独立的子系统，子系统又可细分为以下几个子系统，逐层分解，最末层为实现具体功能的模块。这些功能模块便组成了整个的“学生成绩管理系统”,如图 9-1 所示为系统功能模块图。

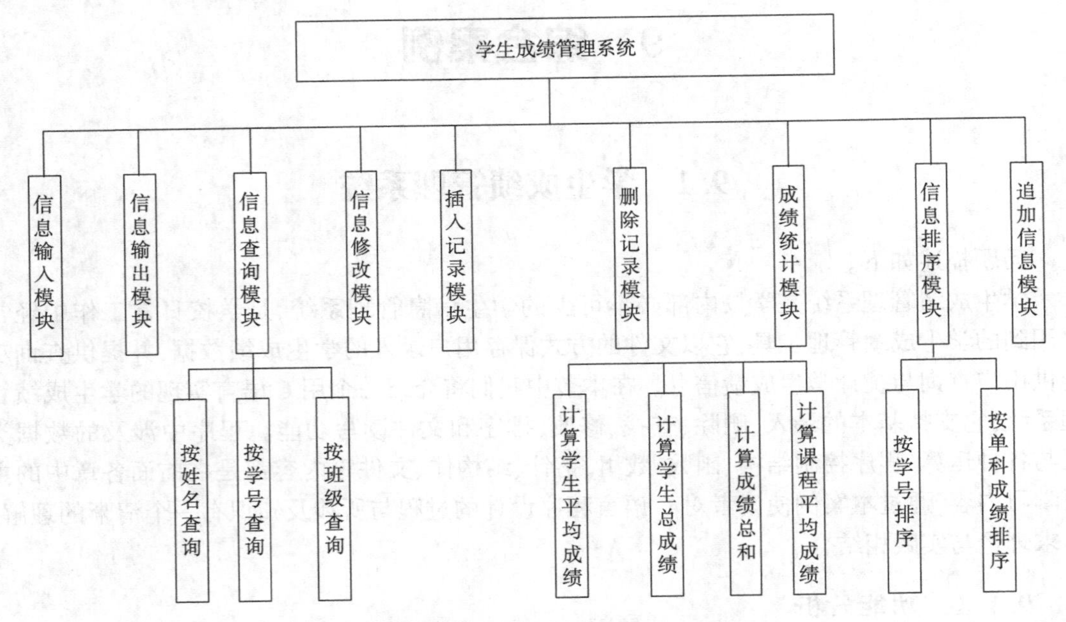

图 9-1 学生成绩管理系统功能模块图

9.1.2 界面设计

系统使用基本 C 语言输入输出函数处理交互事件,通过屏幕输出显示功能选项,用户通过键盘输入完成相应操作。程序的主界面是一个文本方式的菜单(如图 9-2 所示),通过从键盘输入对应功能项的数字选取相应的操作指令。

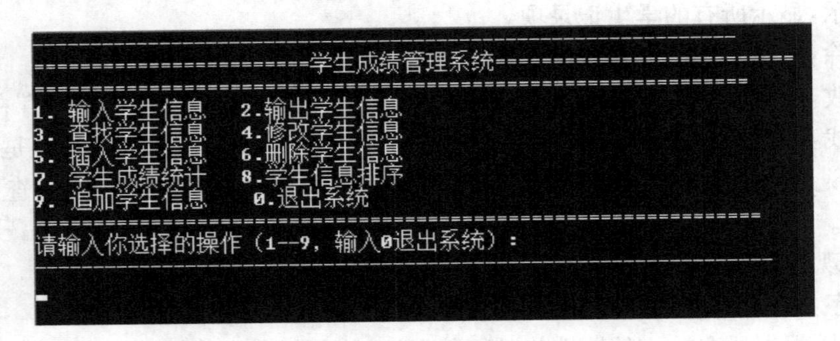

图 9-2 程序命令主菜单

9.1.3 数据结构设计

学生信息的记录项用结构体 stud_type 表示,包含 9 个属性,定义如下。

```
struct stud_type
{
```

```
char name[20];//姓名
long num;//学号
int age;//年龄
char sex;//性别
char stu_class[20];//班级
double Chinese;//语文成绩
double Math;//数学成绩
double English;//英语成绩
double Sport;//体育成绩
};
```

9.1.4 函数功能列表

函数功能见表 9-1。

表 9-1 函数功能列表

函数原型	函数功能
void menu()	显示系统主菜单
void inputinfo()	输入学生记录信息
void outputinfo()	输出学生记录信息
int searchinfo()	查询学生记录信息,用户可选择按姓名、学号、班级项目查询,找到返回 1,否则返回 0
void modifyinfo()	修改学生记录信息,先查找指定学生记录,查找成功后可选择修改该生的某项信息
void insertinfo()	插入学生记录信息,先查找指定学生记录,查找成功后在该生前面插入新输入的学生记录
void deleteinfo()	删除学生记录信息,先查找指定学生记录,查找成功后删除该学生记录信息
void totalinfo()	统计学生成绩信息,用户可选择显示指定学生平均成绩、总成绩,所有学生总成绩、指定科目的平均成绩
void sortinfo()	排序学生成绩信息,用户可选择按学号排序或是按单科成绩排序
void appendinfo()	追加学生记录信息

9.1.5 程序实现

```
#include <stdio.h>
#include <stdlib.h>
#include <string.h>
```

```
#define SIZE 100
struct stud_type
{
  char name[20];//姓名
  long num;//学号
  int age;//年龄
  char sex;//性别
  char stu_class[20];//班级
  double Chinese;//语文成绩
  double Math;//数学成绩
  double English;//英语成绩
  double Sport;//体育成绩
};
struct stud_type arrange,student[SIZE];
FILE *fp;
char numstr[20];
int n=0;
void menu();
void inputinfo();
void outputinfo();
int searchinfo();
void modifyinfo();
void insertinfo();
void deleteinfo();
void totalinfo();
void sortinfo();
void appendinfo();
void main()
{
  menu();
}
void menu()
{
  char choice;
  printf("-----------------------------------------\n");
  printf("==============学生基本信息============\n");
  printf("==============================\n");
  printf("1. 输入学生信息    2. 输出学生信息\n");
```

```
printf("3. 查找学生信息    4. 修改学生信息\n") ;
printf("5. 插入学生信息    6. 删除学生信息\n");
printf("7. 学生成绩统计    8. 学生信息排序\n");
printf("9. 追加学生信息    0. 退出系统\n");
printf("===========================\n");
printf("请输入你选择的操作(1--9,输入0退出系统):\n");
printf("------------------------------------------\n");
choice=getchar();
getchar();
switch(choice)
{
case '1' :inputinfo(); break;
case '2' :outputinfo(); break;
case '3' :searchinfo(); break;
case '4' :modifyinfo() ; break;
case '5' :insertinfo(); break;
case '6' :deleteinfo();break;
case '7':totalinfo(); break;
case '8' :sortinfo(); break;
case '9' :appendinfo(); break;
case '0' :exit(0) ;
}
menu() ;
}
/*输入信息*/
void inputinfo()
{
char ch;
n=0;
if((fp= fopen("student.txt","wb") )= = NULL) {
printf("can't open file student.txt");
exit(0) ;
}
printf("Please input a record:");
for(n=0;n<=SIZE; )
{
printf("\nrecord%d:\nenter name:",n+1);
gets(student[n].name);
```

```
    printf("enter number:");
    gets(numstr) ;
    student[n]. num=atol(numstr);
    printf("\nenter age:") ;
    gets(numstr) ;
    student[n]. age=atoi(numstr);
    printf("\nenter sex:") ;
    student[n]. sex=getchar();getchar();
    printf("\nenter stu_class:") ;
    gets(student[n]. stu_class) ;
    printf("\nenter Chinese score:") ;
    gets(numstr) ;
    student[n]. Chinese=atof(numstr) ;
    printf("\nenter Maths score:");
    gets(numstr) ;
    student[n]. Math=atof(numstr) ;
    printf("\nenter English score:");
    gets(numstr) ;
    student[n]. English=atof(numstr) ;
    printf("\nenter Sports score:");
    gets(numstr) ;
    student[n]. Sport=atof(numstr);
    n++;
    printf("have another record(y/n)\n");
    ch=getchar();getchar() ;
    if(ch=='n')
    break;
    }
    fwrite(student,sizeof(student[0]),n,fp);
    fclose(fp) ;
}
/*输出信息*/
void outputinfo()
{
    n=0;
    if((fp=fopen("student. txt","rb")) ==NULL)
    {
        printf("can't open the file student. txt");
```

```
            exit(0) ;
        }
        printf("— Name Number Age Sex stu_class Chinese Maths English Sports--\n");
        while(fread(&student[n],sizeof(student[n]),1,fp) = =1)
        {
        printf("%-6s%5ld%5d%5c%10s%8.lf%8.lf%8.lf%8.lf\n",student[n].name,student
        [n].num,student[n].age,student[n].sex,student[n].stu_class,student[n].Chinese,
        student[n].Math,student[n].English,student[n].Sport);
        n++;
        }
        fclose(fp);
    }
    /*查找学生*/
    int searchinfo()
    {
        int a=0,m; char ch;
        int flag=0;
        n=0;
        if((fp=fopen("student.txt","rb")) = =NULL)
        {
            printf("can not open the file.\n");
            exit(0) ;
        }
        while(fread(&student[n],sizeof(student[n]),1,fp) = =1)
        n++;
        a=n;
        printf("which way do you want to search by? \n");
        printf("1. 姓名 2. 学号 3. 班级 0. 返回\n");
        ch=getchar();getchar();
        switch(ch)
        {
        case '1':
printf(" Please input the record's name you want to search:\n");
gets(numstr) ;
printf("— Name Number Age Sex stu_class Chinese Maths English Sports-\n");
for(m=0;m<a;)
{
if(! strcmp(numstr,student[m].name))
```

```
{printf("%-6s%5ld%5d%5c%10s%8.lf%8.lf%8.lf%8.lf\n",student[m].name,student[m].num,student[m].age,student[m].sex,student[m].stu_class,student[m].Chinese,student[m].Math,student[m].English,student[m].Sport) ;
    flag=1;
    n=m;
    }
    m++;
    }
    break;
    case '2':
    printf("Please input the record's number you want to search\n");
    gets(numstr);
    printf("— Name Number Age Sex stu_class Chinese Maths English Sports-\n");
    for(m=0;m<a;)
    {
    if(atol(numstr) = =student[m].num)
    {
    printf("%-6s%5ld%5d%5c%10s%8.lf%8.lf%8.lf%8.lf\n",student[m].name,student[m].num,student[m].age,student[m].sex,student[m].stu_class,student[m].Chinese,student[m].Math,student[m].English,student[m].Sport);
    flag=1;
    n=m;
    break;
    }
    m++;
    }
    break;
    case '3':
    printf("Please input the record's stu_class you want to search\n");
    gets(numstr) ;
    printf("— Name Number Age Sex stu_class Chinese Maths English Sports-\n");
    for(m=0;m<a;)
    {
    if(! strcmp(numstr,student[m].stu_class))
    {
    printf("%-6s%5ld%5d%5c%10s%8.lf%8.lf%8.lf%8.lf\n",student[m].name,student[m].num,student[m].age,student[m].sex,student[m].stu_class,student[m].Chinese,student[m].Math,student[m].English,student[m].Sport) ;
```

```
flag=1;
n=m;
}
m++;
}
break;
}
fclose(fp) ;
if(flag==0)
{
printf("没有符合条件的学生记录\n");
return 0;
}
else
return 1;
}
/*修改学生信息 */
void modifyinfo()
{
char ch;int i;
printf("which record do you want to modify? you must search first\n");
if(searchinfo())
{
i=0;
if((fp=fopen("student.txt","rb+"))==NULL)
{
printf("can not open the file.\n");
exit(0) ;
}
while(fread(&student[i],sizeof(student[i]),1,fp)==1)
i++;
printf("where you want to modify? \n");
printf("1. Name 2. Number3. Age4. Sex5. stu_class");
printf("6. Chinese 7. Maths 8. English 9. Sports\n");
ch=getchar();
getchar();
switch(ch)
{
```

```
case '1' :printf("please input the new name.  \n");
gets(student[n].name);
printf("%s\n",student[n].name) ;
break;
case '2':
printf("please input the new number. \n");
gets(numstr) ;
student[n].num=atol(numstr); break;
case '3':
printf("please input the new age. \n");
gets(numstr) ;
student[n].age=atoi(numstr) ;
break;
case '4':
printf("please input the new sex. \n");
student[n].sex=getchar();
getchar();
break;
case '5':
printf("please input the new stu_class. \n");
gets(student[n].stu_class);
break;
case '6':
printf("please input the new chinses score. \n");
gets(numstr) ;
student[n].Chinese=atof(numstr) ;
break;
case '7':
printf("please input the new math score. \n");
gets(numstr) ;
student[n].Math=atof(numstr);
break;
case '8':
printf("please input the new english score. \n");
gets(numstr) ;
student[n].English=atof(numstr) ;
break;
case '9':
```

```
        printf("please input the new sports score. \n");
        gets(numstr) ;
        student[n].Sport=atof(numstr);
        break;
    }
    printf("%-6s%5ld%5d%5c%10s%8.lf%8.lf%8.lf%8.lf\n",student[n].name,student[n].num,student[n].age,student[n].sex,student[n].stu_class,student[n].Chinese,student[n].Math,student[n].English,student[n].Sport) ;
    rewind(fp) ;
    fwrite(student,sizeof(student[0]),i,fp);
    fclose(fp) ;
    }
    }
    /*插入学生信息*/
    void insertinfo()
    {
      int i;
      int a=0;
      printf("如果要插入记录,请先查询\n");
      if(searchinfo())
      printf("请注意不要插入重复记录");
      i=0;
      if((fp=fopen("student.txt","rb+"))==NULL)
      {
      printf("can not open the file.\n");
      exit(0) ;
      }
      while(fread(&student[i],sizeof(student[i]),1,fp)==1)
      i++;
      a=i;
      for(i=a-1;i>n-1;i--)
      student[i+1]=student[i];
      printf("\nenter name");
      gets(student[n].name);
      printf("enter number");
      gets(numstr);
      student[n].num=atol(numstr);
      printf("\nenter age:");
```

```
    gets(numstr);
    student[n].age=atol(numstr);
    printf("\nenter sex:");
    student[n].sex=getchar();
    getchar();
    printf("\nenter stu_class:");
    gets(student[n].stu_class);
    printf("\nenter Chinese score:");
    gets(numstr);
    student[n].Chinese=atof(numstr);
    printf("\nenter Maths score:");
    gets(numstr) ;
    student[n].Math=atof(numstr);
    printf("\nenter English score:");
    gets(numstr);
    student[n].English=atof(numstr);
    printf("\nenter Sports score:");
    gets(numstr) ;
    student[n].Sport=atof(numstr) ;
    rewind(fp) ;
    fwrite(student,sizeof(student[0]),a+1,fp);
    fclose(fp) ;
}
/* 删除学生信息 */
void deleteinfo()
{
    int i=0;
    int a=0;
    char choice;
    printf("if you want to delete  record. you must search first. \n");
    if(searchinfo())
    {
    printf("确定删除吗?(请输入 y/n):");
    choice=getchar();getchar();
    if(choice=='y'||choice=='Y')
    {
if((fp=fopen("student. txt","rb+")) ==NULL)
{
```

```
printf("cant open the file student. txt");
exit(0) ;
}
while(fread(&student[n],sizeof(student[0]),1,fp) = =1)
i++;
a=i;
for(i= n;i<a;i++)
student[i] = student[i+1] ;
fp=fopen("student. txt","wb") ;
fwrite(student,sizeof(student[0]),a-1,fp) ;
fclose(fp);
    }
}
}
/*统计成绩信息*/
void totalinfo()
{
int i=0;
int a=0;
double sum=0;
char ch;
if((fp=fopen("student. txt","rb")) = =NULL)
{
printf("cant open the file student. txt");
exit(0) ;
}
while(fread(&student[n],sizeof(student[0]),1,fp)= =1)
i++;
a=i;
printf("1. one's average2. one's total1 3. total");
printf("4. every course average score\n");
ch=getchar();getchar();
switch(ch)
{
case '1':
printf("whose average score,please search first. \n");
searchinfo();
sum=student[n]. Chinese+student[n]. Math+student[n]. English+student[n]. Sport;
```

```
printf("%s's average score is %.1f\n",student[n].name,sum/4);
break;
case '2':
printf("whose total score,please search first.\n");
searchinfo();
sum=student[n].Chinese+student[n].Math+student[n].English+student[n].Sport;
printf("%s's total is%.1f\n",student[n].name,sum);
break;
case '3':
for(i=0;i<a;i++)
sum=sum+student[i].Chinese+student[i].Math+student[i].English+student[i].Sport;
printf("total is %.1f\n",sum);
break;
case '4':
printf("which course's average score? \n");
printf("1. chinese2. math3. english4. sports\n");
switch(ch)
{
case '1':for(i=0;i<a;i++)
sum=sum+student[i].Chinese;
printf("chinese's average is%.1f\n",sum/a);break;
case'2' : for(i=0;i<a;i++)
   sum= sum+student[i].Math;
printf("math's average is%.1f\n",sum/a) ;break;
case '3': for(i=0;i<a;i++)
   sum=sum+student[i].English;
printf("english's average is%.1f\n",sum/a) ;break;
case '4': for(i=0;i<a;i++)
   sum=sum+student[i].Sport;
printf("sport's average is%.1f\n",sum/a);break;
}
}
fclose(fp) ;
}
/*排序*/
void sortinfo()
{
char ch;
```

```
int i=0;int a=0,m=0,k=0;
if((fp=fopen("student. txt","rb+")) = =NULL)
{
printf("can't open the file student. txt");
exit(0) ;
}
while(fread(&student[i],sizeof(student[0]),1,fp)= =1)
i++;
a=i;
printf("which way do you want to sort in? \n");
printf("1. number   2. score\n");
ch=getchar();getchar();
switch(ch)
{
case '1': for(i=0;i<a-1;i++)
  for(k=i+1;k<a;k++)
  if(student[i]. num>student[k]. num)
  {
  arrange= student[k] ;
  student[k] = student[i] ;
  student[i]=arrange;
  }
  break;
case '2':
printf("sort in? 1. chinese score 2. math score 3. english score 4. sports score\n");
ch=getchar();getchar();
switch(ch)
{
case '1': for(i=0;i<a-1;i++)
  for(k=i+1;k<a;k++)
  if(student[i]. Chinese>student[k]. Chinese)
  {
  arrange= student[k];
  student[k] = student[i] ;
  student[i]=arrange;
  }
  break;
case '2': for(i=0;i<a-1;i++)
```

```
    for(k=i+1; k<a;k++)
    if(student[i].Math>student[k].Math)
    {
    arrange= student[k] ;
    student[k] = student[i] ;
    student[i]=arrange;
    }
    break;
case  '3': for(i=0;i<a-1;i++)
     for(k=i+1;k<a;k++)
     if(student[i].English>student[k].English)
     {
     arrange= student[k] ;
     student[k] = student[i] ;
     student[i]=arrange;
     }
     break;
case  '4':for(i=0;i<a-1;i++)
    for(k=i+1;k<a;k++)
    if(student[i].Sport>student[k].Sport)
    {
    arrange= student[k] ;
    student[k] = student[i] ;
    student[i]=arrange;
    }
    break;
}
break;
}
rewind(fp) ;
fwrite(student,sizeof(student[0]),a,fp);
fclose(fp) ;
}
/*追加记录*/
void appendinfo()
{
n=0;
if((fp=fopen("student.txt","ab")) ==NULL)
```

```
{  printf("can't open student. txt file\n");
exit(0) ;
}
while(fread(&student[n],sizeof(student[0]),1,fp)= =1)
n++;
fclose(fp) ;
if((fp=fopen("student. txt","ab")) = =NULL)
{
exit(0) ;
}
  printf("\nenter name:") ;
  gets(student[n]. name) ;
  printf("enter number:") ;
  gets(numstr) ;
  student[n]. num=atol(numstr) ;
  printf("\nenter age:") ;
  gets(numstr) ;
  student[n]. age=atoi(numstr) ;
  printf("\nenter sex:") ;
  student[n]. sex=getchar() ;getchar();
  printf("\nenter stu_class:") ;
  gets(student[n]. stu_class) ;
  printf("\nenterChinese score:") ;
  gets(numstr) ;
  student[n]. Chinese=atof(numstr) ;
  printf("\nenter Maths score:");
  gets(numstr) ;
  student[n]. Math=atof(numstr);
  printf("\nenter English score:");
  gets(numstr) ;
  student[n]. English=atof(numstr) ;
  printf("\nenter Sports score:");
  gets(numstr) ;
  student[n]. Sport=atof(numstr) ;
  fwrite(&student[n],sizeof(student[n]),1,fp);
  fclose(fp) ;
}
```

9.1.6 运行结果

运行程序时,首先显示系统主菜单,用户可选择相应的功能进行操作,如选择 1,输入学生基本信息,输入一个学生记录后,系统询问是否继续,输入“Y”继续录入,如图 9-3 所示。

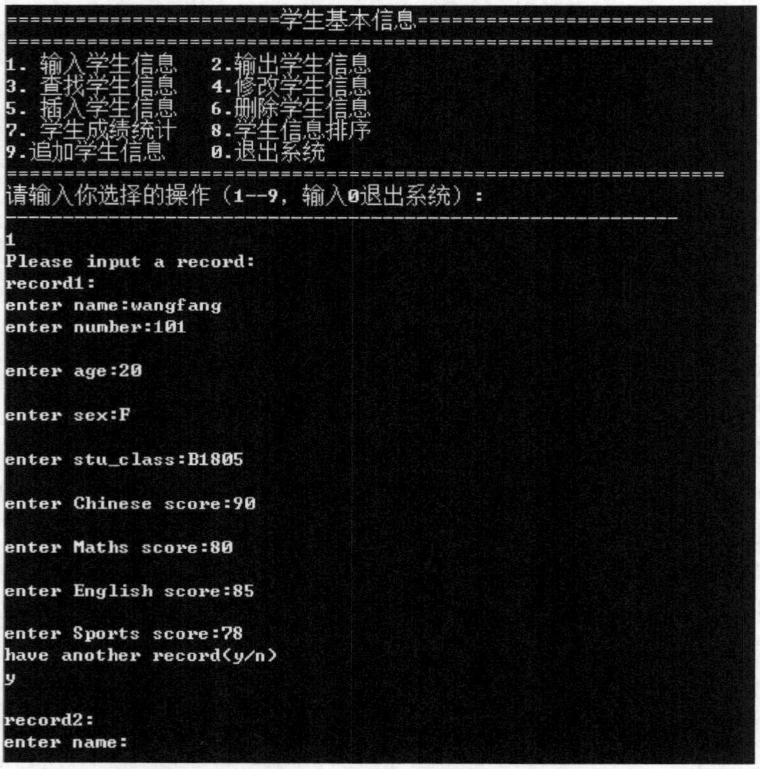

```
=====================学生基本信息=====================
======================================================
1. 输入学生信息    2.输出学生信息
3. 查找学生信息    4.修改学生信息
5. 插入学生信息    6.删除学生信息
7. 学生成绩统计    8.学生信息排序
9.追加学生信息     0.退出系统
======================================================
请输入你选择的操作(1--9, 输入0退出系统):
------------------------------------------------------
1
Please input a record:
record1:
enter name:wangfang
enter number:101

enter age:20

enter sex:F

enter stu_class:B1805

enter Chinese score:90

enter Maths score:80

enter English score:85

enter Sports score:78
have another record(y/n)
y

record2:
enter name:
```

图 9-3　数据输入

数据录入结束后,用户就可选择其他功能项进行相关操作,输入 0 退出系统。

9.2 电子时钟

问题描述如下。

电子时钟是对时、分、秒数字显示的计时装置,广泛用于个人家庭、车站、办公室等场所,成为人们日常生活中不可少的必需品。本案例设计一个电子时钟,实时显示系统时间,并设计精美的画面数字同步显示时间。此程序所模拟出来的电子时钟具有精确、实用的优点,可以为我们提供方便,也可以帮助加深对 C 语言的深入理解,便于掌握开发电子时钟的基本原理,为进一步开发高质量程序打下基础。

9.2.1 功能分析

实现电子时钟,需要获取系统时间,并且能显示时、分、秒对应的数字,需要使用 C 语言

有关时间处理的函数。调用时间函数时,要求在源文件中包含以下命令行:

```
#include <time.h>
```

time.h 头文件定义了 4 个变量类型、两个宏、各种操作日期和时间的函数。

struct tm 这是一个用来保存时间和日期的结构。

tm 结构的定义如下。

```
struct tm {
int tm_sec;          /* 秒,范围从 0 到 59 */
int tm_min;          /* 分,范围从 0 到 59 */
int tm_hour;         /* 小时,范围从 0 到 23 */
int tm_mday;         /* 一月中的第几天,范围从 1 到 31 */
int tm_mon;          /* 月,范围从 0 到 11 */
int tm_year;         /* 自 1900 年起的年数 */
int tm_wday;         /* 一周中的第几天,范围从 0 到 6 */
int tm_yday;         /* 一年中的第几天,范围从 0 到 365 */
int tm_isdst;        /* 夏令时 */
}
```

读取系统时间的函数为 time(),其函数原型为:

```
time_t time(time_t * );
```

time_t 就是 long 类型,函数返回从 1970 年 1 月 1 日(MFC 是 1899 年 12 月 31 日)0 时 0 分 0 秒,到现在的秒数。可以调用 ctime()函数进行时间转换输出:

```
char *ctime(const time_t *timer);
```

将日历时间转换成本地时间,按年月日格式进行输出。

C 语言还提供了将秒数转换成相应的时间结构的函数:

struct tm * gmtime(const time_t * timer); //将日历时间转化为世界标准时间(即格林尼治时间)

struct tm * localtime(const time_t * timer); //将日历时间转化为本地时间

用户可以根据程序功能的情况,灵活地进行日期的读取与输出。

本案例程序需要设计函数能实现 0~9 这 10 个数字的图形显示,设计函数能实现时、分、秒数值的显示,在主函数中获取当前系统时间,调用函数图形显示当前的时、分、秒,并利用循环实现当秒数有变化实时更新时间的显示,按任意键结束时钟的显示。

9.2.2 函数功能列表

函数功能见表 9-2。

表 9-2 函数功能列表

函数原型	函数功能
void gotoxy(int x,int y)	光标定位到指定位置(x,y)

续表

函数原型	函数功能
int showsep(Point p)	在指定位置图形显示时分秒中间的分隔符":"
int show0(Point p)	在指定位置图形显示数字"0"
int show1(Point p)	在指定位置图形显示数字"1"
int show2(Point p)	在指定位置图形显示数字"2"
int show3(Point p)	在指定位置图形显示数字"3"
int show4(Point p)	在指定位置图形显示数字"4"
int show5(Point p)	在指定位置图形显示数字"5"
int show6(Point p)	在指定位置图形显示数字"6"
int show7(Point p)	在指定位置图形显示数字"7"
int show8(Point p)	在指定位置图形显示数字"8"
int show9(Point p)	在指定位置图形显示数字"9"
int showtime(Point p,int n)	根据数值n在指定位置显示其十位、个位数字

9.2.3 程序实现

```
#include<windows.h>
#include <stdio.h>
#include <stdlib.h>
#include <conio.h>
#include <time.h>
typedef struct
{
  int x;
  int y;
}Point;
time_t now;
struct tm *pt,t1,t2;
void gotoxy(int x,int y)    //光标定位函数定义
{
COORD pos = {x,y};
HANDLE hOut = GetStdHandle(STD_OUTPUT_HANDLE);
SetConsoleCursorPosition(hOut,pos);
}
```

```
int showsep(Point p)
{
  Point p1;
  p1.x = p.x + 2; p1.y = p.y + 4;
  gotoxy(p1.x,p1.y);   printf("%c%c",1,1);
  gotoxy(p1.x,p1.y + 1);  printf("%c%c",1,1);
  p1.y += 4;
  gotoxy(p1.x,p1.y);   printf("%c%c",1,1);
  gotoxy(p1.x,p1.y + 1);  printf("%c%c",1,1);
  return 0;
}
int show0(Point p)
{
  int i = 0;
  for ( ; i<13; i++)
  {
    gotoxy(p.x + 1,p.y + i);
    if (i == 0 || i == 12)
      printf("%c%c%c%c%c%c",2,2,2,2,2,2);
    else
      printf("%c%4s%c",2," ",2);
  }
  return 0;
}
int show1(Point p)
{
  int i = 0;
  for ( ; i<13; i++)
  {
    gotoxy(p.x + 1,p.y + i);
    printf("%5s%c"," ",2);
  }
  return 0;
}
int show2(Point p)
{
  int i = 0;
  for ( ; i<13; i++)
```

```
    {
        gotoxy(p.x + 1,p.y + i);
        if (i == 0 || i == 6 || i == 12)
            printf("%c%c%c%c%c%c",2,2,2,2,2,2);
        else if (i>0 && i<6)
            printf("%5s%c"," ",2);
        else
            printf("%c",2);
    }
    return 0;
}
int show3(Point p)
{
    int i = 0;
    for ( ; i<13; i++)
    {
        gotoxy(p.x + 1,p.y + i);
        if (i == 0 || i == 6 || i == 12)
            printf("%c%c%c%c%c%c",2,2,2,2,2,2);
        else
            printf("%5s%c"," ",2);
    }
    return 0;
}
int show4(Point p)
{
    int i = 0;
    for ( ; i<13; i++)
    {
        gotoxy(p.x + 1,p.y + i);
        if (i<6) printf("%c%4s%c",2," ",2);
        else if (i == 6)
            printf("%c%c%c%c%c%c",2,2,2,2,2,2);
        else printf("%5s%c"," ",2);
    }
    return 0;
}
int show5(Point p)
```

```
{
  int i = 0;
  for ( ; i<13; i++)
  {
    gotoxy(p.x + 1,p.y + i);
    if (i == 0 || i == 6 || i == 12)
      printf("%c%c%c%c%c%c",2,2,2,2,2,2);
    else if (i>0 && i<6)
      printf("%c",2);
    else
      printf("%5s%c"," ",2);
  }
  return 0;
}
int show6(Point p)
{
  int i = 0;
  for ( ; i<13; i++)
  {
    gotoxy(p.x + 1,p.y + i);
    if (i == 0 || i == 6 || i == 12)
      printf("%c%c%c%c%c%c",2,2,2,2,2,2);
    else if (i>0 && i<6)
      printf("%c",2);
    else
      printf("%c%4s%c",2," ",2);
  }
  return 0;
}
int show7(Point p)
{
  int i = 0;
  for ( ; i<13; i++)
  {
    gotoxy(p.x + 1,p.y + i);
    if (i == 0)   printf("%c%c%c%c%c%c",2,2,2,2,2,2);
    else      printf("%5s%c"," ",2);
  }
```

```
    return 0;
}
int show8(Point p)
{
    int i = 0;
    for ( ; i<13; i++)
    {
        gotoxy(p.x + 1,p.y + i);
        if (i == 0 || i == 6 || i == 12)
            printf("%c%c%c%c%c%c",2,2,2,2,2,2);
        else printf("%c%4s%c",2," ",2);
    }
    return 0;
}
int show9(Point p)
{
    int i = 0;
    for ( ; i<13; i++)
    {
        gotoxy(p.x + 1,p.y + i);
        if (i == 0 || i == 6 || i == 12)
            printf("%c%c%c%c%c%c",2,2,2,2,2,2);
        else if (i>0 && i<6)
            printf("%c%4s%c",2," ",2);
        else
            printf("%5s%c"," ",2);
    }
    return 0;
}
int showtime(Point p,int n)
{
    int a,b;
    Point pp;
    a = n / 10,b = n % 10;
    pp.x = p.x + 8,pp.y = p.y;
    switch (a)
    {
    case 0: show0(p); break;
```

```
    case 1:show1(p); break;
    case 2: show2(p); break;
    case 3: show3(p); break;
    case 4: show4(p); break;
    case 5: show5(p); break;
    }
    switch (b)
    {
    case 0: show0(pp); break;
    case 1: show1(pp); break;
    case 2: show2(pp); break;
    case 3: show3(pp); break;
    case 4: show4(pp); break;
    case 5: show5(pp); break;
    case 6: show6(pp); break;
    case 7: show7(pp); break;
    case 8: show8(pp); break;
    case 9: show9(pp); break;
    }
    return 0;
}
int main()
{
    Point phour,pmin,psec,point1,point2;
    phour.x = 9,pmin.x = 32,psec.x = 55;
    phour.y = pmin.y = psec.y = 7;
    point1.x = 25,point2.x = 49;
    point1.y = point2.y = 7;
    system("cls");
    system("color f5");         //设置背景颜色
    now = time(0);
    pt = localtime(&now);
    t1 = *pt;
    showtime(phour,t1.tm_hour);
    showsep(point1);
    showtime(pmin,t1.tm_min);
    showsep(point2);
    showtime(psec,t1.tm_sec);
```

```
    while (1)
    {
        now = time(0);
        pt = localtime(&now);
        t2 = *pt;
        if (t2.tm_sec != t1.tm_sec)
        {
            t1 = t2;
            system("cls");
            showtime(phour,t1.tm_hour);
            showsep(point1);
            showtime(pmin,t1.tm_min);
            showsep(point2);
            showtime(psec,t1.tm_sec);
        }
        if (kbhit()) //按任意键退出
            exit(0);
    }
    return 0;
}
```

程序运行结果如图 9-4 所示。

图 9-4　电子时钟显示

9.3 拼图游戏

问题描述如下。

设计 n×n 矩阵的数字拼图游戏,用户可以通过按键上、下、左、右实现数字换位,并且有记录移动次数功能。游戏可初始化数字矩阵,比如 3×3 矩阵初始顺序为:

```
4 1
7 2 8
6 5 3
```

经过用户上、下、左、右移动一定次数后,直到把数字矩阵排列成为:

```
1 2 3
4 5 6
7 8
```

即为拼图成功。

本案例程序实现了 3×3 矩阵、4×4 矩阵、5×5 矩阵的数字拼图游戏。

9.3.1 功能分析

本案例程序首先需要显示主菜单由用户选择拼图数字矩阵类型,然后初始化数字矩阵,以 3×3 矩阵为例,使用一个一维数组保存 9 个数字,空缺用 0 表示,所以初始数组第一个元素为 0,其他元素的值被随机打乱,屏幕显示数字矩阵的值,数组元素的值为 0 用空白表示,否则显示其数字。

此时进入游戏循环,可以按 w、s、d、a 键控制数字移动;无效按键作忽略处理(如果空格已在最底端,则按 w 键时无效)。按 Esc 键退出拼图游戏。游戏可记录用户的移动次数。

游戏在循环中,每次执行一次按键操作,都会扫描一次当前数组是否与最终目标相符合,若相符,则游戏成功,屏幕输出"恭喜你拼图成功"提示信息,退出游戏。

9.3.2 函数功能列表

函数功能见表 9-3。

表 9-3 函数功能列表

函数原型	函数功能
void menu( )	显示游戏主菜单
void print(int m,int r)	初始化数字矩阵在屏幕输出,进入游戏
void move(int *a,int m,int r)	接收用户按键执行相关操作,控制数字移动
void swap(int *a,int t,int m,int r)	根据用户有效上下左右按键控制数组元素的变化,重新安排数组元素的值

9.3.3 程序实现

```
#include<stdio.h>
#include<stdlib.h>
#include<time.h>
#include<conio.h>
int step=0;//全局变量记录移动次数
/*显示主菜单*/
void menu()
{printf("********************************\n");
printf("**        拼 图 游 戏          **\n");
printf("**        1. 3×3 矩阵拼图        **\n");
printf("**        2. 4×4 矩阵拼图        **\n");
printf("**        3. 5×5 矩阵拼图        **\n");
printf("**        4. 退出               **\n");
printf("********************************\n");
}
/*交换数组元素的位置*/
void swap(int *a,int t,int m,int r)
{
    int i;
    int g;
    for(i=0;i<m;i++)
    {
        if(i%r==(r-1)&&(i+t)%r==0)
            continue;
        if(i%r==0&&(i+t)%r==(r-1))
            continue;
        if(a[i+t]==0 && (i+t)>=0 && (i+t)<m)
        {
            g=a[i];
            a[i]=a[i+t];
            a[i+t]=g;
            step++;
            return ;
        }
```

```
        }
    }
/*接收按键控制数字上下左右移动*/
void move(int  *a,int m,int r)
{
    char ch;
    int i,j;
   while((ch=getch())!=27)
    {
        system("cls");
printf("拼图游戏正在进行......\n");
        if(ch=='w')
        {
            i=-r;
            swap(a,i,m,r);
        }
        else if(ch=='s')
        {
            i=r;
            swap(a,i,m,r);
        }
        else if(ch=='a')
        {
            i=-1;
            swap(a,i,m,r);
        }
        else if(ch=='d')
        {
            i=1;
            swap(a,i,m,r);
        }
        else if(ch=='4')
{
        printf("您已退出游戏,请下次再玩! \n");
        exit(0);
}
        for(i=0;i<m;i++)
{
```

```
if(a[i]==0)
printf("      ");
else
printf("%2d   ",a[i]);
if((i+1)%r==0)
putchar('\n');
}
printf("共走:%d 步! \n",step);
printf("按键 w,s,d,a 实现数字上,下,左,右换位移动,ESC 退出游戏\n");
//检查是否拼图成功
for(j=0;j<m-1;j++)
if(a[j]!=j+1)
break;
    if(j==m-1)
{
printf("恭喜你拼图成功\n");
   return;
}
      }
printf("不要灰心,请下次再玩! \n");
}
/* 输出数字矩阵 */
void print(int m,int r)
{
int i=1,j,a[25],n;
srand(time(NULL));
system("cls");
printf("拼图游戏开始了:\n");
while(i<m)
{
n=1+rand()%(m-1);
for(j=1;j<i;j++)
{
if(n==a[j])
break;
}
if(j==i)
{
```

```
a[i]=n;
i++;
}
}
a[0]=0;
for(i=0;i<m;i++)
{
if(a[i]==0)
printf("      ");
else
printf("%2d   ",a[i]);
if((i+1)%r==0)
putchar('\n');
}
printf("共走:%d 步! \n",step);
printf("按键 w,s,d,a 实现数字上,下,左,右换位移动,ESC 退出游戏\n");
move(a,m,r);
}
int main()
{
char ch;
menu();//显示菜单
printf("请选择所玩游戏的类型:\n");
ch=getch();
while(ch!='1' && ch!='2' && ch!='3' &&ch!='4')
{
printf("输入有误,请重新输入:\n");
ch=getch();
}
switch(ch)
{
  case '1':
  print(9,3);
  break;
  case '2':
  print(16,4);
  break;
  case '3':
```

```
    print(25,5);
    break;
    case '4':
    printf("您已退出游戏,请下次再玩! \n");
    exit(0);
    break;
  }
  return 0;
}
```

程序运行,首先显示主菜单,如图 9-5 所示。

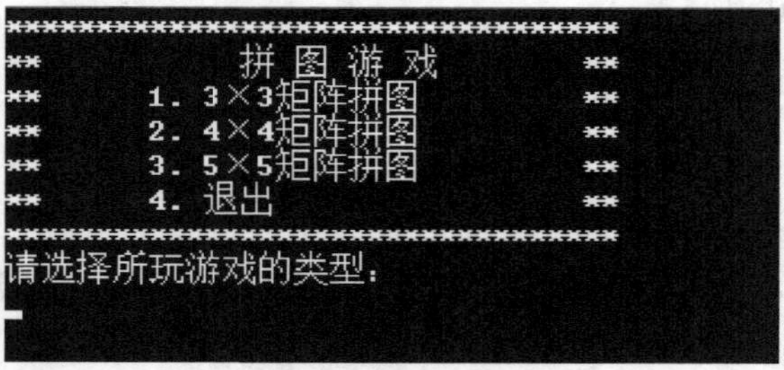

```
******************************
**        拼 图 游 戏        **
**      1. 3×3矩阵拼图       **
**      2. 4×4矩阵拼图       **
**      3. 5×5矩阵拼图       **
**      4. 退出              **
******************************
请选择所玩游戏的类型:
```

图 9-5　游戏主菜单

用户可输入对应的数字 1、2、3、4 选择相关的操作,输入其他字符无效。例如输入 1,将初始化 3×3 矩阵显示在屏幕上,进入游戏,如图 9-6 所示。

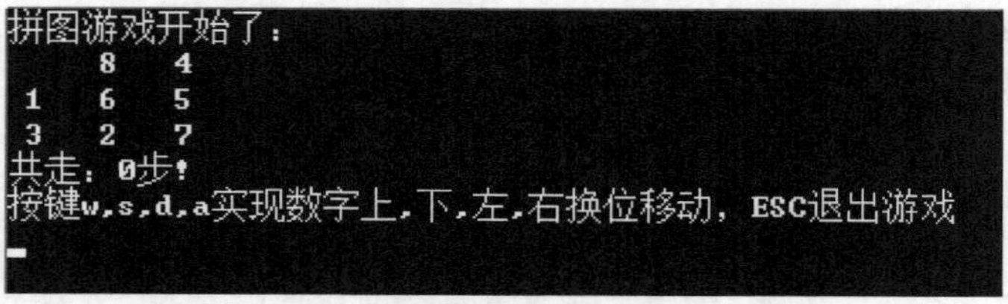

```
拼图游戏开始了:
     8   4
 1   6   5
 3   2   7
共走: 0步!
按键w,s,d,a实现数字上,下,左,右换位移动, ESC退出游戏
```

图 9-6　游戏开始界面

用户可通过按键 w、s、d、a 控制数字上、下、左、右移动,达到最终拼图目标,如果拼图不成功想结束拼图游戏,可按 ESC 键,如图 9-7 所示。

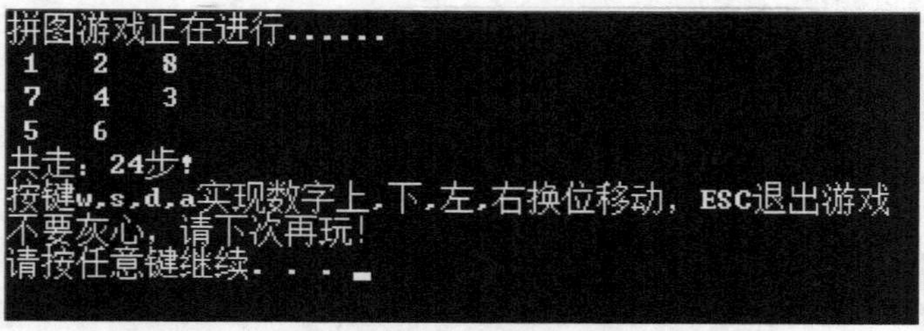

```
拼图游戏正在进行......
 1   2   8
 7   4   3
 5   6
共走: 24步!
按键w,s,d,a实现数字上,下,左,右换位移动, ESC退出游戏
不要灰心, 请下次再玩!
请按任意键继续. . .
```

图 9-7　按 ESC 键中途退出游戏

系统检查如果拼图成功,达到目标,屏幕输出"恭喜你拼图成功"提示信息,退出游戏,如图 9-8 所示。

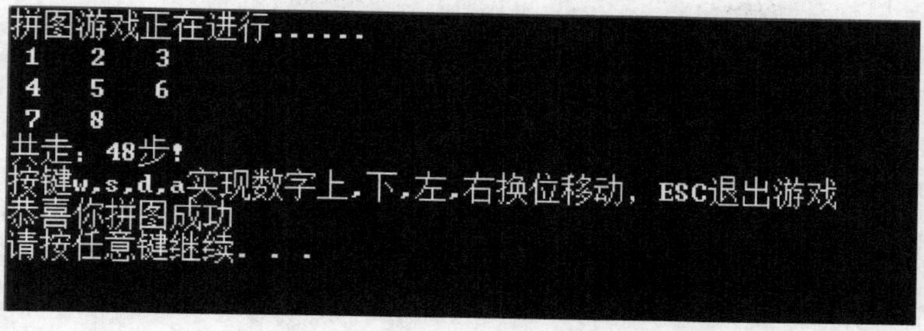

```
拼图游戏正在进行......
 1   2   3
 4   5   6
 7   8
共走: 48步!
按键w,s,d,a实现数字上,下,左,右换位移动, ESC退出游戏
恭喜你拼图成功
请按任意键继续. . .
```

图 9-8　拼图成功

附 录

附录A 上机指导

实验一 C语言程序的运行环境与运行过程

一、实验目的

(1)了解所用的计算机系统的基本操作方法,学会使用Visual C++ 6.0、Visual C++ 2010集成开发环境。

(2)学会在集成开发环境中编辑、编译、连接和运行一个C程序。

(3)了解C程序的基本框架,能够编写简单的C程序。

(4)理解程序调试的思想,能找出并改正C程序中的语法错误。

二、实验内容和步骤

(1)学习使用Visual C++6.0环境开发C程序。

①在磁盘上建立自己的文件夹,用于存放C程序,如"e:\cexam"。

②启动Visual C++6.0。执行"开始"—"所有程序"—"Microsoft Visual Studio6.0"—"Microsoft Visual Studio 6.0"命令,进入VC++编程环境,如附图1-1所示。

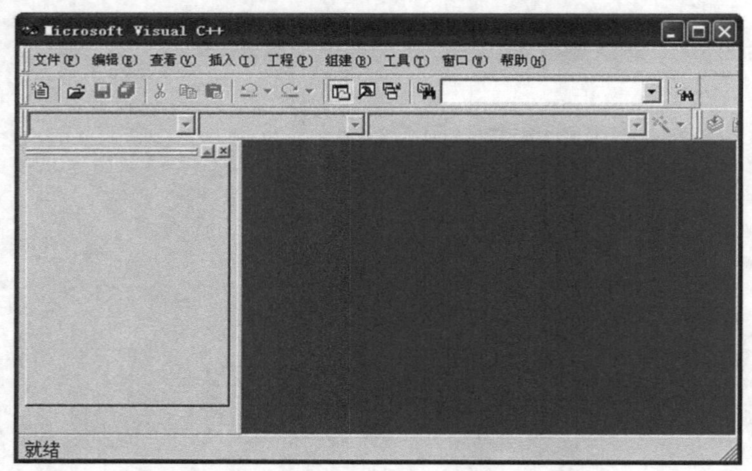

附图1-1 Microsoft Visual Studio 6.0 窗口

③新建 C 程序文件。执行“文件”菜单—“新建”命令,单击如附图 1-2 所示的“文件”选项卡,选中“C++Source File”;在“文件”文本框中输入文件名 test1,则 C 源程序被命名为 test1. cpp,若想指定扩展名为 . c,则需在“文件”文本框中输入文件名 test1. c;在“目录”下拉列表框选择已经建立的文件夹,如单击“确定”按钮,就新建了 C 源程序文件,并显示编辑窗口和信息窗口,如附图 1-3 所示,然后在编辑窗口中输入程序。

④保存程序。在如附图 1-3 的界面输入程序代码。由于完全是 Windows 界面,输入及修改可借助鼠标和菜单进行,十分方便。当输入结束后,执行“文件”菜单—“保存”命令,保存源文件。

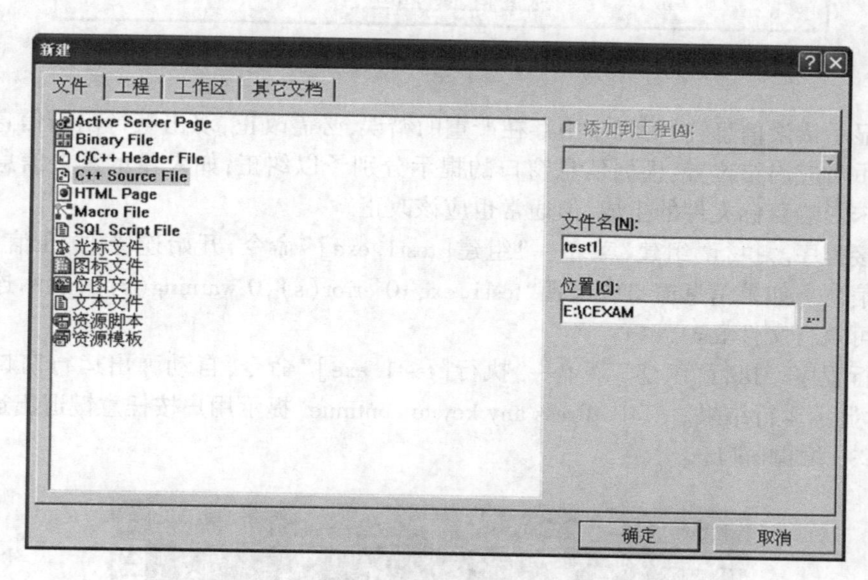

附图 1-2 新建文件

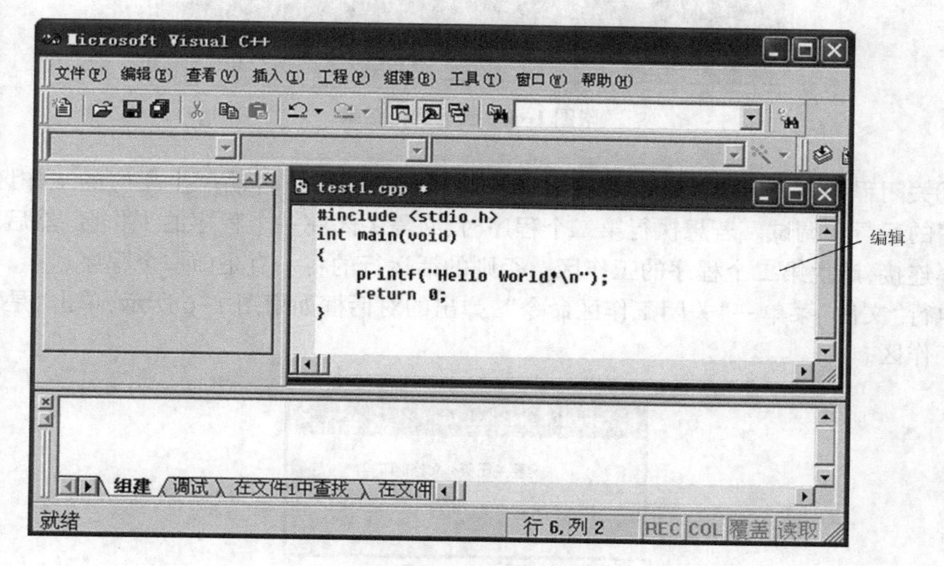

附图 1-3 编辑源程序

⑤编译程序。执行"组建"菜单—"编译[test1. cpp]"命令,弹出消息框,如附图 1-4 所示,单击"是"按钮,开始编译,并在信息窗口中显示编译信息。如果信息窗口中显示"test1. obj-0 error(s),0 warning(s)",表示编译正确,没有发现错误和警告,并生成了目标文件 test1. obj。

附图 1-4　产生工作区消息框

如果显示错误信息,说明程序中存在严重的错误,必需改正,双击某行出错信息,程序窗口中会指示对应出错位置,根据信息窗口的提示分别予以纠正;如果显示警告信息,说明这些错误并未影响目标文件的生成,但通常也应该改正。

⑥连接程序。执行"组建"菜单—"组建[test1. exe]"命令,开始连接,并在信息窗口中显示连接信息。如果信息窗口中出现"test1. exe-0 error(s),0 warning(s)",表示连接成功,并生成了可执行文件 test1. exe。

⑦运行程序。执行"组建"菜单—"执行[test1. exe]"命令,自动弹出运行窗口,如附图 1-5 所示,显示运行结果。其中"Press any key to continue"提示用户按任意键退出运行窗口,返回到 VC++编辑窗口。

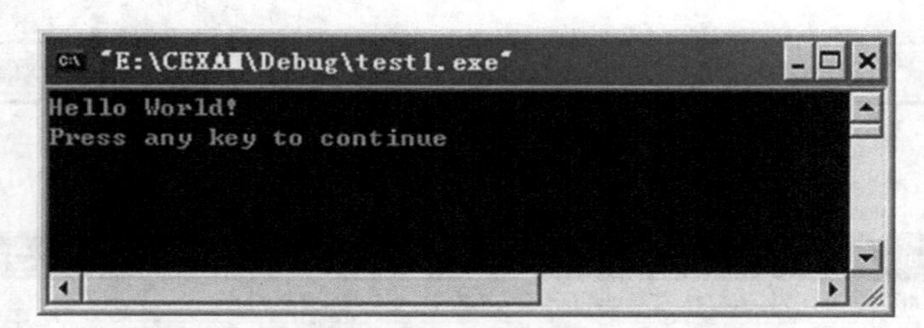

附图 1-5　显示运行结果

⑧关闭程序工作区。当一个程序编译连接后,VC++系统自动产生相应的工作区,以完成程序的运行和调试。若想执行第二个程序时,必需关闭前一个程序的工作区,然后通过新的编译连接,产生第二个程序的工作区。否则的话运行的将一直是前一个程序。

执行"文件"菜单—"关闭工作区命令",弹出的对话框如附图 1-6 所示,单击"是"按钮,关闭工作区。

附图 1-6　关闭所有文档窗口

⑨打开文件。如果要再次打开 C 源文件,可以执行“文件”菜单—“打开”命令,在查找范围中找到正确的文件夹,调入指定的程序文件。或是直接在文件夹中双击扩展名为 .c 或 . cpp 的 C 语言源程序。

⑩查看 C 源文件和可执行文件的存放位置。经过上面编辑、编译、连接和运行操作后,在文件夹 e:\cexam 和 e:\cexam\Debug 中存放着相关文件。其中,源文件 test1. cpp 在文件夹 e:\cexam 中,目标文件 test1. obj 和可执行文件 test1. exe 都在文件夹 e:\cexam\Debug 中。

(2)使用 Visual C++6. 0 环境调试示例。

改正下列程序中的错误,在屏幕上显示“Welcome to You!”。仔细体会编译过程,提高调试程序能力,下面是源程序(有错误的程序)。

```
# include <stdio. h>
int mian( void)
{
  printf( Welcome to You!  \n”)
  return 0;
}
```

运行结果(改正后程序的运行结果)如下:

Welcome to You!

①编辑并保存源程序,文件名为 e:\cexam\test4. c。

②编译程序。执行“组建”—“编译[test4. c]”命令,信息窗口中显示编译错误信息,如附图 1-7 所示。

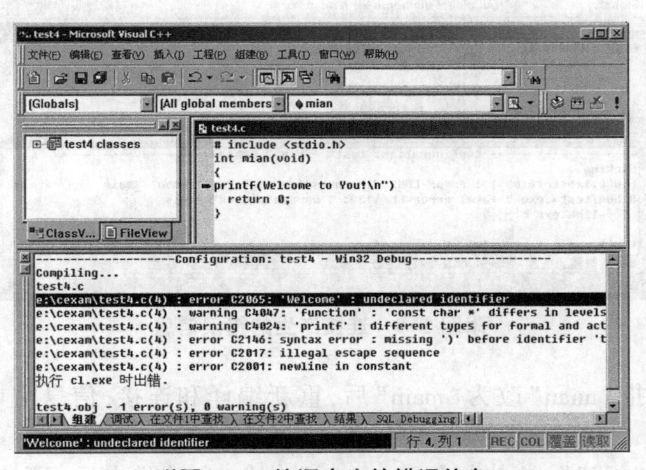

附图 1-7 编译产生的错误信息

③找出错误。在信息窗口中双击第一条错误信息,编辑窗口就会出现一个箭头指向程序出错的位置,如附图 1-7 所示。一般在箭头的当前行或上一行,可以找到出错语句。如附图 1-7 所示箭头指向第 4 行,错误信息指出“Welcome”是一个未定义的变量,但“Welcome”并不是变量,出错的原因是“Welcome”前少了前双引号。

④改正错误。在“Welcome”前加上前双引号。

⑤重新编译。信息窗口显示本次编译的错误信息,如附图 1-8 所示。双击该错误信息,箭头指向出错位置,错误信息指出在“return”前缺少分号。改正错误,在“return”前一条语句最后补上分号。

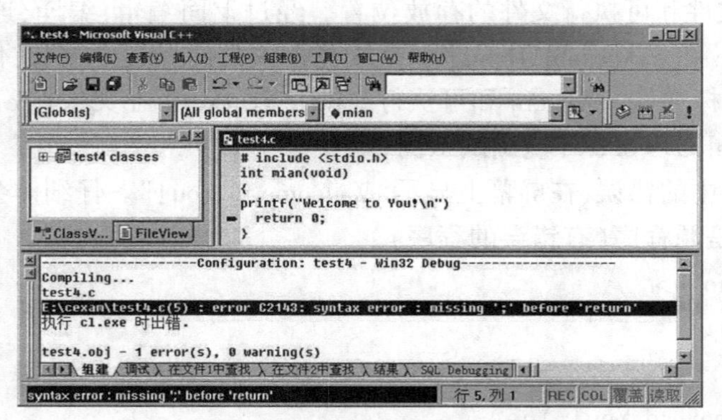

附图 1-8　重新编译后产生的错误信息

⑥再次编译。信息窗口中显示编译正确。

⑦连接。执行“组建”—“组建[test4. exe]”命令,信息窗口显示连接错误信息,如附图 1-9 所示。仔细观察后发现,主函数名“main”拼写错误,被误写为“mian”。

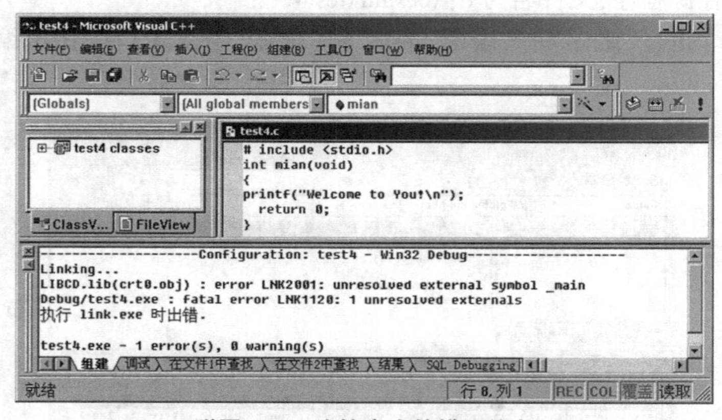

附图 1-9　连接产生的错误信息

⑧改正错误。把“mian”改为“main”后,重新编译和连接,信息窗口中没有出现错误信息。

⑨运行。执行“组建”—“执行[test4. exe]”命令,自动弹出运行窗口,如附图 1-10 所示。显示运行结果与题目要求的结果一致,按任意键返回。

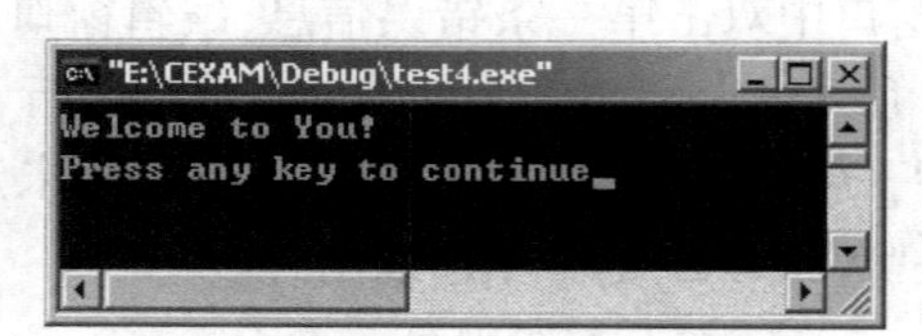

附图 1-10　程序运行窗口

(3)学习使用 Visual C++ 2010 环境开发 C 程序。

①首先,启动 Microsoft Visual Studio 2010。执行“开始”—“所有程序”—“Microsoft Visual Studio 2010 ”—“Microsoft Visual C++ 2010”命令,就会进入 VC++编程环境,显示起始页,如附图 1-11 所示。

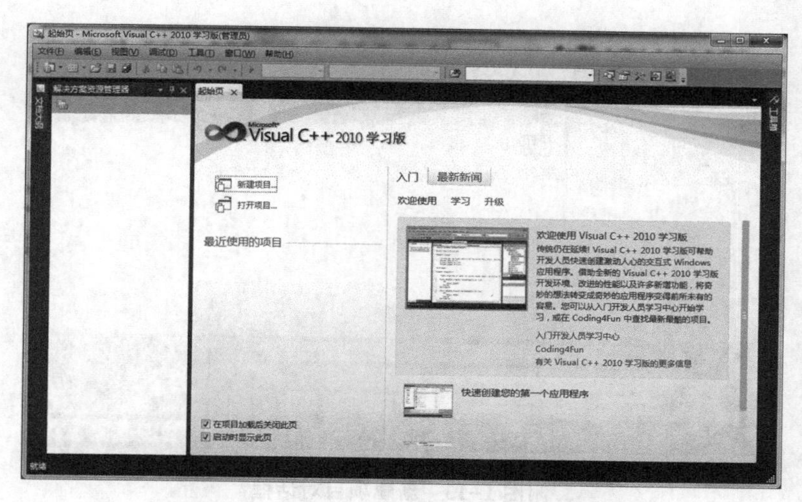

附图 1-11 Microsoft Visual C++ 2010 起始页

使用 VisualC++ 2010 编写和运行一个 C++程序,要比 Visual C++ 6.0 复杂一些。在 Visual C++ 6.0 中可以直接建立并运行一个文件,得到结果。而在 Visual C++ 2010 中,必需先建立一个项目,然后在项目中建立文件。因为 C++是为处理复杂的大程序而产生的,一个大程序中往往包括若干个 C++程序文件,把它们组成一个整体进行编译和运行。这就是一个项目(project)。即使只有一个源程序,也要建立一个项目,然后在此项目中建立文件。

②新建项目。在起始页找到【新建项目…】如上图所示,或在选择主菜单栏【文件】→【新建】→【项目】如附图 1-12 所示。会弹出如附图 1-13 所示的对话框。

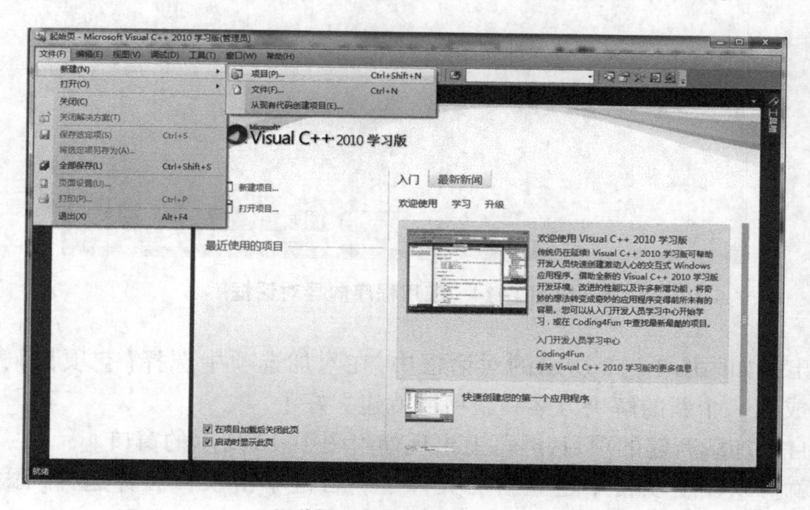

附图 1-12 新建项目

③在对话框左栏中选择【Visual C++】,在中间栏选择【Win32 控制台应用程序】,在下面的名称栏输入项目的名称(名称可以随自己的喜好任意命名),在位置栏选择项目存储在计算机里的位置(也可放在自己熟悉的位置)。然后单击【确定】弹出 Win32 应用程序向导对话框,如附图 1-14 所示,单击【下一步】。

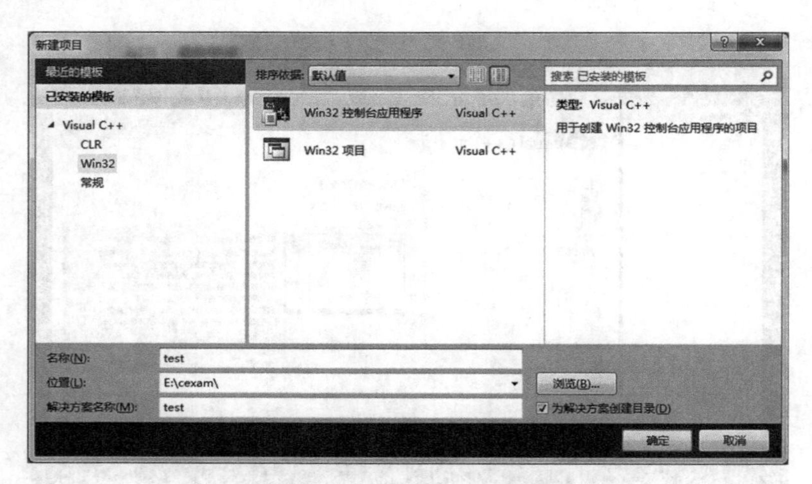

附图 1-13　新建项目对话框

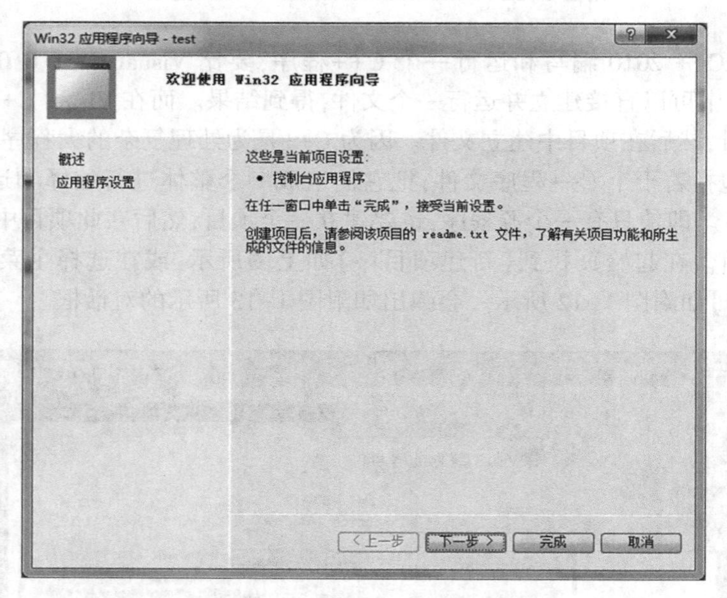

附图 1-14　应用程序向导对话框

④在弹出的如附图 1-15 所示的对话框中,在附加选项中选择【空项目】,其他保持默认,单击【完成】,一个新的解决方案和新项目就建立好了。

⑤系统自动加载新建的项目,屏幕上出现如附图 1-16 所示的窗口。

⑥现在就可以在新项目中建立新的文件了。右键单击项目名称选择【添加】→【新建项】,如附图 1-17 所示。此时弹出添加新项对话框,如附图 1-18 所示。

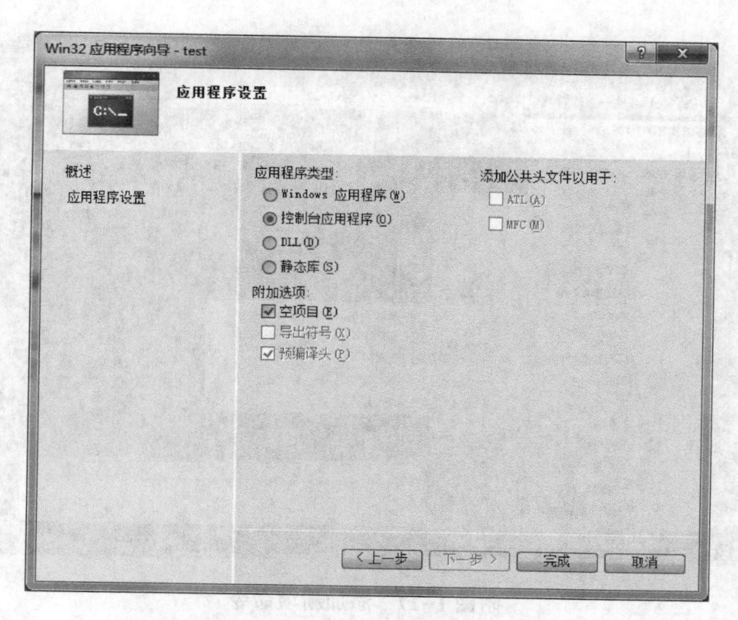

附图 1-15　应用程序设置对话框

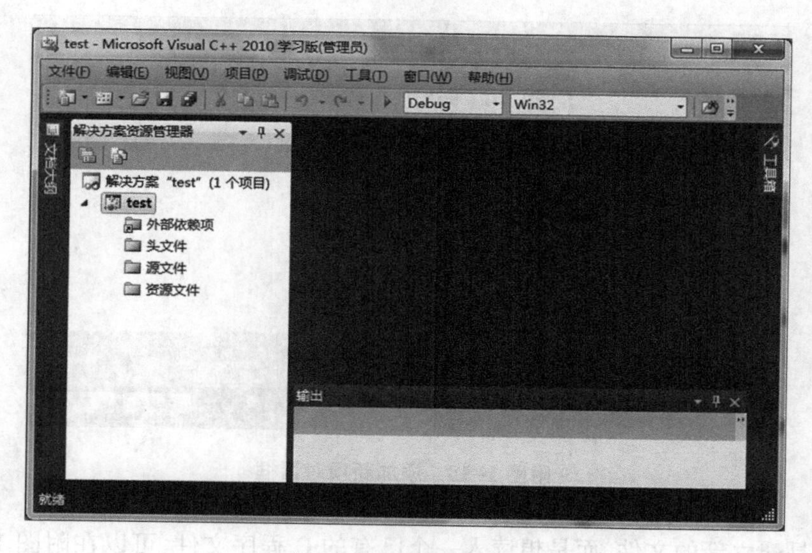

附图 1-16　新项目窗口

⑦编辑程序:在如附图 1-18 所示对话框左栏中单击【Visual C++】,在中间栏选择【C++文件】,在下面的名称栏里填写 C 语言程序的名称(注意:不要忘记加上文件的后缀名 .c),位置保持默认不变,单击【添加】按钮,出现编辑窗口(初始是空白的),可在窗口中输入源程序。现输入一个简单的 C 程序,如附图 1-19 所示。

已输入和编辑好的文件最好先保存起来,以备以后重新调出来修改或编译。保存的方法是:选择【文件】→【保存】,将程序保存在刚才建立的 test1. c 文件中。也可以用【另存为】保存在其他指定的文件中。

附图 1-17 添加新项命令

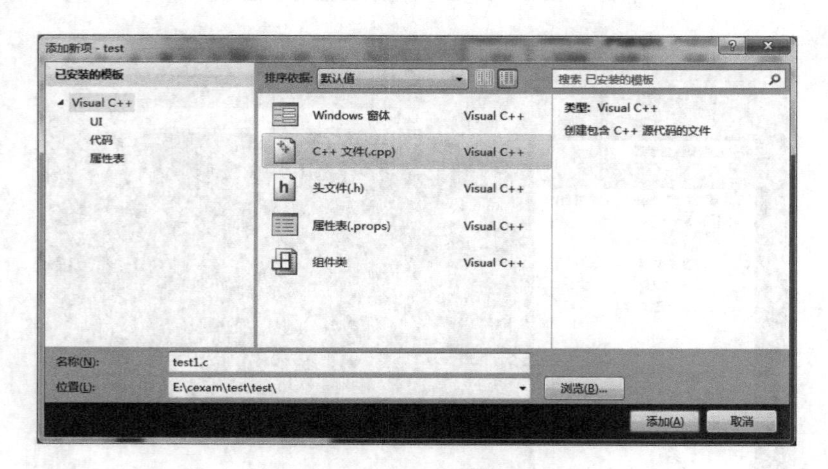

附图 1-18 添加新项对话框

如果不是建立新的文件,而是想读入一个已有的 C 程序文件,可以在附图 1-17 中选择【添加】→【现有项】,单击所需要的文件名,这时该文件即被读入(保持其原有文件名)添加到当前项目中,成为该项目中的一个源程序文件。

⑧编译程序:编辑好源程序后,可从主菜单选择【调试】→【生成解决方案】,如附图 1-19 所示。

此时系统就对源程序和其他资源(如头文件、函数库等)进行编译和连接,并显示编译的信息。在窗口下部显示了编译和连接过程中处理的情况,最后一行显示"生成成功"(如附图 1-20 所示),表示已经生成了一个可供执行的解决方案,可以运行了。如果编译和连接过程中出现错误,会显示出错的信息。用户检查并改正错误后重新编译,直到生成

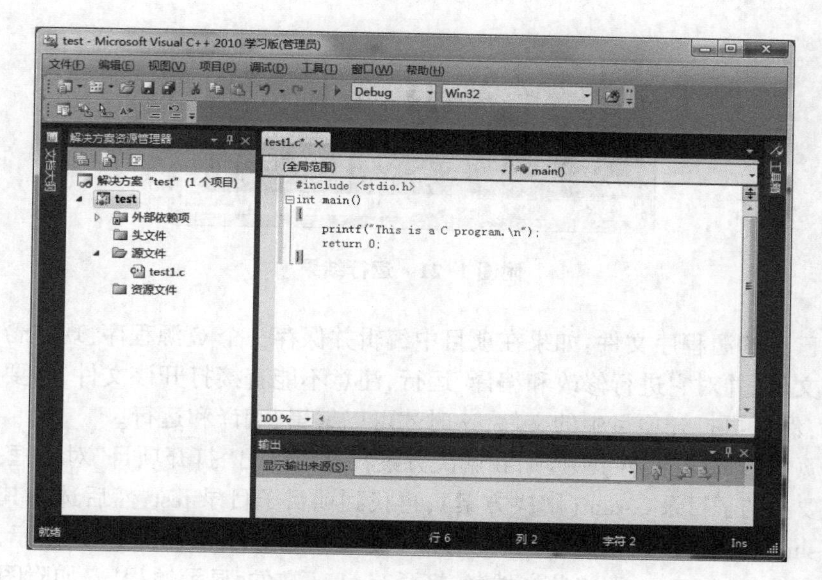

附图 1-19　编辑源程序

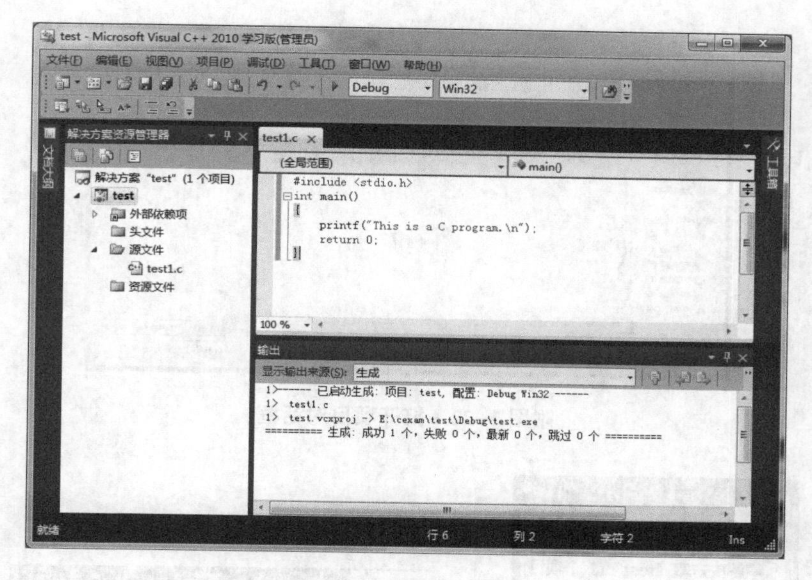

附图 1-20　编译源程序

成功。

⑨运行程序：选择【调试】→【启动调试】或单击 F5，程序开始运行显示运行结果，如附图 1-21 所示。但此时程序会一闪而过，不容易看清。解决办法：可以使用 Ctrl+F5［即执行开始执行(不调试)命令］调试运行；或是在源程序最后一行“return 0”之前加一个输入语句“getchar()；”即可避免这种情况；也可在程序中添加头文件#include <stdlib. h>，然后在 main 函数结尾加入一个语句：system(“pause”)；。

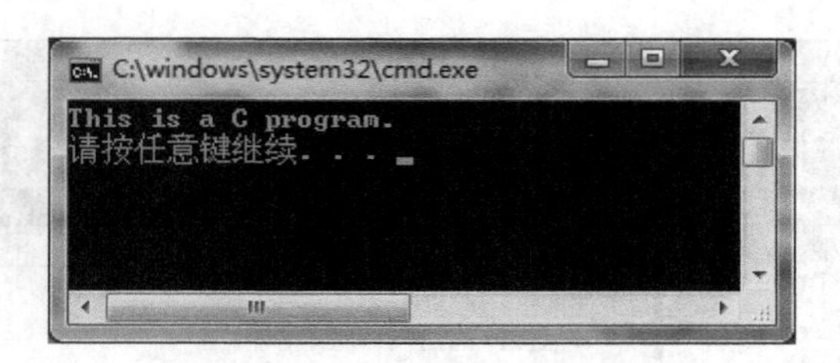

附图 1-21　运行结果

⑩打开已有的源程序文件：如果在项目中编辑并保存一个 C 源程序，现在希望打开项目中的源程序文件，并对它进行修改和编译、运行，注意不能直接打开该文件，需要先打开解决方案和项目，然后再打开项目中的文件，这时才可以编辑、编译和运行。

在起始页窗口选择【文件】→【项目/解决方案】，这时弹出"打开项目"对话框，根据已知路径找到你所要找的子目录 cexam(解决方案)，再找到项目子目录 test，然后选择其中的解决方案文件 test. sln，如附图 1-22 所示，单击"打开"按钮。屏幕显示如附图 1-23 所示，可以看到源文件下面有文件名 test1. c。双击此文件名，打开 test1. c 文件，显示源程序，如附图 1-24 所示，即可对它进行修改或编译运行。

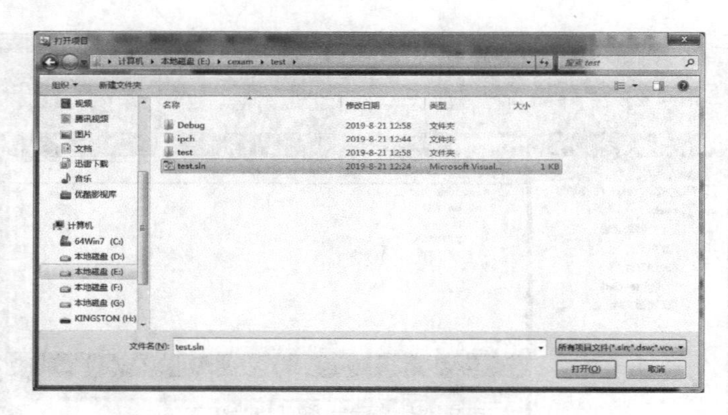

附图 1-22　打开项目对话框

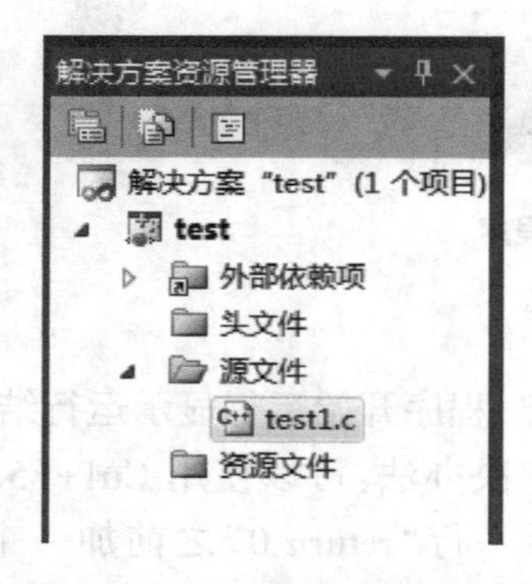

附图 1-23　解决方案资源管理器

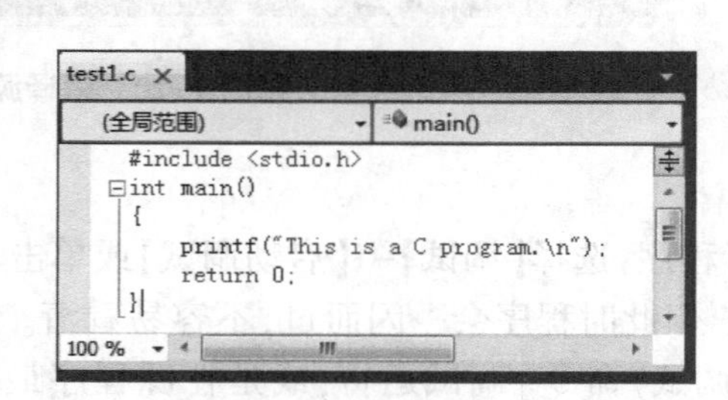

附图 1-24　源程序窗口

⑪上面运行程序的例子中只包含了一个文件单位,比较简单。如果一个程序包含若干个文件单位,如何运行?假设有一个程序,包含一个主函数,三个被主函数调用的函数。有两种处理方法:一是把它们作为一个文件单位来处理,比较简单;二是把这四个函数分别作为四个源程序文件,按前面介绍的方法分别添加到一个项目中,然后一起进行编译和连接,生成一个可执行的文件,可供运行。

(4)编写程序。

编写程序在屏幕上可输出以下信息:

```
* * * * * * * * * * * * * * * * * * * * * * * *
                 Very good!
* * * * * * * * * * * * * * * * * * * * * * * *
```

在集成环境中运行程序,检查是否符合要求。

(5)运行下面的程序。

```
/*这是块注释,如在本行内写不完,可以在下一行继续写。
  这部分内容均不产生目标代码*/
//这是行注释,注释范围从起至换行符止
#include <stdio.h>    //这是编译预处理指令
int main()            //定义主函数
{                     //函数开始
  int a,b,sum;        //本行是程序声明部分,定义 a,b,sum 为整型变量
  a=123;              //对变量 a 赋值
  b=456;              //对变量 b 赋值
  sum=a+b;            //进行 a+b 的运算,并把结果存放在变量 sum 中
  printf("sum is %d\n",sum);//输出结果
  return 0;           //函数结束
}
```

实验二　数据类型、运算符与表达式

一、实验目的

(1)掌握 C 语言数据类型,了解字符型数据和整型数据的内在关系。

(2)掌握对各种数值型数据的正确输入方法。

(3)学会使用 C 语言的有关算术运算符以及包含这些运算符的表达式,特别是++和--运算符的使用。

(4)学会编写和运行简单的应用程序。

(5)进一步熟悉 C 程序的编辑、编译、连接和运行的过程。

二、实验内容和步骤

(1)建立 C 程序文件,验证字符型数据和整型数据的使用,并分析运行结果。

源程序如下。

```
#include <stdio. h>
void main( )
{
char c1;
   int c2;
   c1=97;
   c2='d';
   printf(" %d    %d\n",c1,c2);
   printf(" %c    %c\n",c1,c2);
}
```

(2)建立C程序文件,验证字符常量的使用,并分析运行结果。

源程序如下。

```
#include <stdio. h>
void main( )
{
   printf("hello\tThis is a C program\nok!");
   printf("\141 \x61 b\n");
   printf("I say:\"How are you? \"\n");
}
```

(3)建立C程序文件,计算表达式m/2+n×a/b+a/3的值,其中m、n为整型变量,m=7,n=4;a、b、x为实型变量,a=8.4,b=4.2,理解算术运算符的使用,并分析运行结果。

源程序如下。

```
#include <stdio. h>
void main( )
{
   int m=7,n=4;
   float a=8. 4,b=4. 2,x;
   x=m/2+n * a/b+a/3;
   printf("%f\n",x);
}
```

(4)建立C程序文件,输入并运行下面的程序。

```
#include <stdio. h>
void main( )
{
   int i,j,m,n;
   i=15;
   j=6;
```

```
  m=++i;
  n=j++;
  printf("%d,%d,%d,%d",i,j,m,n);
}
```

①运行程序,注意 i、j、m、n 各变量的值,并分析运行结果。

②将第 4、5 行改为:

```
m=i++;
n=++j;
```

再运行此程序,并分析运行结果。

③将程序改为:

```
#include <stdio.h>
void main()
{
  int i,j;
  i=15;
  j=6;
  printf("%d,%d",i++,j++);
}
```

④在③的基础上,将 printf 语句改为 printf("%d,%d",++i,++j);。

⑤将 printf 语句改为 printf("%d,%d,%d,%d",i,j,i++,j++);。

⑥将程序改为:

```
#include <stdio.h>
void main()
{
  int i,j,m=0,n=0;
  i=15;
  j=6;
  m+=i++;
  n-=--j;
  printf("i=%d,j=%d,m=%d,n=%d",i,j,m,n);
}
```

(5)编写一个求圆的面积和周长的程序,要求输入半径,输出面积和周长,要求定义符号常量 PI。

输出示例:area is 28.26,circum is 18.84。

①在程序中使用 scanf 函数输入半径的值。

②在程序中使用 printf 函数提示输入什么数据,说明输出的是什么数据。

③输入自己编好的程序,编译并运行,分析运行结果。

实验三　顺序结构程序设计

一、实验目的

(1)掌握C语言中赋值语句的使用方法。

(2)掌握基本输入输出函数的使用。

(3)理解C语言程序的顺序结构。

(4)学会使用赋值语句和输入/输出函数进行顺序结构程序设计。

二、实验内容和步骤

(1)建立C程序文件,按格式要求输入、输出数据。

源程序如下。

```
#include <stdio.h>
void main()
{
   int x,y;
   float a,b;
   char num1,num2;
   scanf("x=%d,y=%d",&x,&y);
scanf("%f,%e",&a,&b);
   scanf("%c%c",&num1,&num2);
printf("x=%d,y=%d,a=%f,b=%f,num1=%c,num2=%c \n",x,y,a,b,num1,num2);
}
```

如果运行结果为:x=5,y=6,a=6.300000,b=9.710000,num1=b,num2=w应如何输入数据?

(2)编程实现以下功能:一件商品单价80.3元,甲、乙、丙三个店一天分别卖出21、26、22件,求一天共销售多少件商品及总销售额,总销售额保留1位小数。

程序提示如下。

①定义整型变量n,用来存放销售的总件数。

②定义单精度实型变量total,用来存放总销售额。

③计算总件数后存放在n变量中。

④计算总销售额后存放在total变量中。

⑤最后输出总件数及总销售额。

(3)编程实现以下功能:从键盘输入甲、乙两人的年龄,求两人的平均年龄,保留1位小数。如甲、乙两人的年龄分别是18、19岁,两人的平均年龄为18.5岁。

要求:输入时使用人机交互,输出结果保留1位小数。

(4)编写程序,输入一个大写字母,输出对应的小写字母。如输入'B',输出'b'。

要求:使用 getchar()函数输入,putchar()函数输出。

(5)编写程序,输入三个数字字符,将它们转换为对应的数字后生成一个整数并输出。如输入数字字符'1''3''5',转换为整数 135 输出。

要求:使用 getchar()函数输入。

程序提示如下。

①定义字符变量 c1、c2、c3,分别用来保存输入数字字符。

②定义基本整型变量 n1、n2、n3,分别用来保存数字字符转换后的数字。再定义基本整型变量 n,用来保存最后生成的整数。

③三次调用 getchar()函数,输入数字字符并赋给相应变量 c1、c2、c3。

④将输入的数字字符转换成对应的数字后分别赋给 n1、n2、n3。方法是数字字符减去数字字符'0'就是其对应的数字。

⑤计算并最后输出 n 的值。n=n1×100+n2×10+n3。

(6)编写程序:当 n 为 152 时,分别求出 n 的个位数字(digit1)、十位数字(digit2)和百位数字(digit3)的值。

输出示例:

整数 152 的个位数字是 2,十位数字是 5,百位数字是 1。

程序提示:n 的个位数字 digit1 的值是 n%10,十位数字 digit2 的值是(n/10)%10,百位数字 digit3 的值是 n/100。

(7)编写程序:假如我国国民生产总值的年增长率为 9%,计算 10 年后我国国民生产总值与现在相比增长多少百分比,计算公式为:

$$p=(1+r)^n$$

r 为年增长率,n 为年数,p 为与现在相比的倍数。

实验四 选择结构程序设计

一、实验目的

(1)理解 C 语言表示逻辑量的方法,学会正确使用逻辑运算符和逻辑表达式。

(2)掌握利用 if 结构实现选择结构的方法。

(3)掌握利用 switch 结构实现多分支选择结构。

(4)掌握 switch 语句中 break 语句的作用。

(5)结合程序掌握一些简单的算法

二、实验内容和步骤

(1)若有定义 int x=3,a=2,b=-3,c=4;,写出顺序执行下列表达式后 x 的值,然后通过程序验证。要求先写出运算结果,然后建立 C 程序文件,输入程序并验证。

①x/=(x+2,(a&&5+3))。

②x=((a=4%3,a!=1),a==10)。

③x=a>b&&b>c。

④x=b%=c+a-c/7。

⑤x=! c+1+c&&b+c/2。

(2)编程实现如下功能:从键盘输入一个字符,如果是大写字母,则输出对应的小写字母;如果是小写字母,则输出其对应的大写字母。

(3)编写程序计算下面分段函数的值:

$$f(x)=\begin{cases}2x+5 & (x<0)\\ x^2-x+3 & (0\leqslant x<10)\\ x^3-7x & (x\geqslant 10)\end{cases}$$

具体要求如下。

①用 if 语句实现分支,自变量和函数值均用双精度类型。

②自变量用 scanf 函数输入,给一些输入提示。

③分别输入三种区间中 x 的值,检查输出函数值是否正确。

输入输出示例:(运行 3 次)

第一次运行:

Enter x:-10

f(-10.00)=-15.00

第二次运行:

Enter x:5

f(5.00)=23.00

第三次运行:

Enter x:10

f(10.00)=930.00

(4)编写程序,用 scanf 函数输入一个年份,计算该年 2 月份有多少天。

闰年的条件为:年份能被 4 整除但不能被 100 整除,或者年份能被 400 整除。

输入输出示例:

请输入年份:2000

2 月份有 29 天!

(5)下面的程序,按颜色代码和颜色名称的对应关系,根据输入的颜色号,输出对应的颜色名称:0——Black,1——Blue,2——Green,3——Red,4——Yellow。

```
#include<stdio.h>
main()
{int color;             /* 用整型数表示颜色号 */
 printf("Entercolor number:");
 scanf("%d",&color);
 switch (color)
   {
   case 0:  printf(" Black\n");break;
```

```
    case 1:printf(" Blue\n");break;
    case 2:printf(" Green\n");break;
    case 3:printf(" Red\n");break;
    case 4:printf(" Yellow\n");break;
    default:   printf(" Error Input\n");
    }
```

运行程序,查看程序执行过程,体会 break 语句的作用。去掉若干个 break 语句,观察运行结果有什么变化。

(6)编写程序,输入百分制成绩,输出其对应的成绩等级。90~100 分对应 A 等,80~89 对应 B 等,70~79 对应 C 等,60~69 对应 D 等,0~59 对应 E 等。要求分别用 if 语句和 switch 语句实现。

实验五　循环结构程序设计

一、实验目的

(1)掌握 while 循环结构的用法。

(2)掌握 do-while 循环结构的用法。

(3)掌握 for 循环结构的用法。

(4)掌握跳转语句 break 和 continue 的用法。

(5)结合程序掌握用循环实现的一些常用算法,进一步学习调试程序。

二、实验内容和步骤

编程序并上机调试运行。

(1)编写程序求 1~m 以内整数之和(m>1),要求 m 的值从键盘输入。分别用 while 循环、for 循环和 do_while 循环编程。比较三个程序在循环控制上的特点。

(2)编写程序,输入一行字符,分别统计其中英文字母、空格、数字和其他字符的个数。

(3)编写程序,要求输入 n 个数(n>1),统计其中正数、负数和零的个数。

(4)编写程序输出 100 至 999 之间的所有"水仙花数","水仙花数"是指一个 3 位数其各位数字立方和等于该数本身,如 153。

(5)编程输出 100 到 200 之间不能被 3 和 5 整除的数,每 5 个数输出在一行上。

(6)编程输出乘法口诀表(理解循环的嵌套)。

(7)编程求满足不等式 $2^2+4^2+\cdots\cdots+n^2<1000$ 的最大 n 值,假定分别用 i 和 s 作为取偶数值和累加值的变量。

输入示例:1001

输出示例:n=16

(8)编写程序,输入一个正整数 n,计算下式的和(求 e 的值,保留 4 位小数)。

$$e=1+\frac{1}{1!}+\frac{1}{2!}+\frac{1}{3!}+\cdots\cdots+\frac{1}{n!}$$

输入输出示例:

Input n:10

e=2.7183

思考:如何计算出精度为0.000001的e值?

(9)编写程序,输入两个正整数m和n(m>=1,n<=500),输出m和n之间的所有素数,每行输出6个。素数是指只能被1和自身整除的正整数,最小的素数是2。

输入输出示例:

Input m:1

Input n:35

2 3 5 7 11 13

17 19 23 29 31

(10)猴子吃桃问题。猴子第一天摘下若干个桃子,当即吃了一半,还不过瘾,又多吃了一个。第二天早上又将剩下的桃子吃掉一半,又多吃了一个。以后每天早上都吃了前一天剩下的一半零一个。到第10天早上想吃时,就只剩一个桃子了。求第一天共摘多少桃子。编写程序得到正确的结果。

实验六　函数

一、实验目的

(1)掌握C语言中定义函数的方法。

(2)熟练掌握使用函数编写程序。

(3)掌握通过"值传递"调用函数的方法。

(4)理解变量作用域和存在期的概念,掌握全局变量和局部变量,动态变量和静态变量的定义、说明和使用方法。

(5)理解函数的递归调用和嵌套调用的执行过程。

二、实验内容和步骤

编程序并上机调试运行。

(1)编程实现如下功能:从键盘输入一个正整数n,计算n! 的值。要求定义和调用函数fac(n),计算n!。

(2)输入x,计算并输出下列分段函数sign(x)的值。要求定义和调用函数sign(x)实现该分段函数。

$$\mathrm{sign}(x)=\begin{cases}1 & (x>0)\\0 & (x=0)\\-1 & (x<0)\end{cases}$$

输入输出示例:

Enter x:10

sign(10)=1

(3)编写程序,设计一个判别素数的函数,在主函数中输入一个整数,调用这个判别函数,并输出是否为素数的信息。

准备5个以上测试数据。验证程序执行结果是否正确。

(4)编写程序,计算下面公式并输出结果。

$$C_n^m=\frac{n!}{(n-m)!\ m!}$$

要求:

①编写一个函数fact(n)计算n!

②编写主函数,由键盘输入n和m,调用①中的函数完成计算。

③输入n和m要给出提示,并检查n和m的合理性,不合理的输入应输出错误信息,并不再进行计算。

④运行程序并分别计算C_8^5、C_7^2、C_8^1、C_7^7、C_8^0,验证程序运行结果的正确性。

(5)输出所有的水仙花数。水仙花数是指一个3位数,其各位数字的立方和等于该数本身。例如,$153=1^3+5^3+3^3$。要求定义并调用函数is(number)判断number的各位数字之立方和是否等于其自身。

输出示例:

153　370　371　407

(6)输入两个正整数a和n,求a+aa+aaa+aa…a(n个a)之和。要求定义并调用函数fn(a,n),它的功能是返回aa…a(n个a)。例如,fn(3,2)的返回值是36。

输入输出示例:

Input a:8

Input n:5

sum=98760

(7)编程实现以下功能:已知一个数列的前三项均为1,以后各项为前三项之和。用递归函数输出此数列的前20项,每行输出10个数。

实验七　数组

一、实验目的

(1)熟练掌握一维数组编程的方法。

(2)熟练掌握二维数组编程的方法。

(3)掌握字符数组的使用方法。

(4)熟练掌握与数组有关的算法,进一步理解模块化程序设计的方法。

二、实验内容和步骤

编程序并上机调试运行。

(1)学生成绩统计。

从键盘输入一个班(全班最多不超过30人)学生某门课的成绩,当输入成绩为负值时,输入结束,分别实现下列功能。

①统计不及格人数并打印不及格学生名单。

②统计成绩在全班平均分及平均分之上的学生人数,并打印这些学生的名单。

③统计各分数段的学生人数及所占的百分比。

(2)输入一个正整数n(1<n<=10),再输入n个整数,输出最大值及其下标(设最大值唯一,下标从0开始)。

输入输出示例:

Input n:5

Input 5 integers:1 2 5 4 0

max=5,index=2(说明:最大值5的下标是2)

(3)输入一个正整数n(1<n<=10),再输入n个整数,将它们从大到小排序后输出。

输入输出示例:

Input n:4

Input 4 integers:5 1 7 6

After sorted:7 6 5 1

(4)设有下列矩阵:

$$A=\begin{bmatrix}1 & 2 & 3 & 4\\ 5 & 6 & 7 & 8\\ 9 & 10 & 11 & 12\\ 13 & 14 & 15 & 16\end{bmatrix}$$

编写程序,用二维数组存储矩阵元素,从键盘输入数据,将矩阵转置后按行输出。

(5)编写程序,输入日期(年、月、日),输出它是该年的第几天。

输入输出示例如下。

Input year,month,day:1981 3 1

Days of year:60

(6)输入一个以回车符结束的字符串(少于10个字符),它由数字字符组成,将该字符串转换成整数后输出。

输入输出示例如下。

Enter a string:123

Digit=123

(7)输入一个字符,再输入一个以回车符结束的字符串(少于80个字符),在字符串中查找该字符。如果找到,则输出该字符在字符串中所对应的最大下标(下标从0开始);否则输出"Not Found"。

输入输出示例如下。

第一次运行:

Input a character:m

Input a string:programming

index=7

第二次运行:

Input a character:a

Input a string:1234

Not Found

实验八　指针

一、实验目的

(1)掌握使用指针变量的方法。

(2)掌握带有指针形参的函数的定义及调用方法。

(3)掌握通过指针操作数组元素的方法。

(4)掌握数组名作为函数参数的编程方式。

二、实验内容和步骤

编程序并上机调试运行。

(1)编写程序,实现交换两个变量值的操作。要求如下。

①不使用函数完成交换功能。

②使用形参为指针的函数 swap 完成交换功能,主函数中,使用整型指针从键盘输入两个整数,通过调用 swap 完成交换,输出交换前后的变量值进行比较。

输入输出示例:

Input two number:3　4

Before change: a=3,b=4

After change: a=4,b=3

(2)定义函数 void sort(int a[ ],int n),用选择法对数组 a 中的元素升序排列。在 main 函数中调用 sort 函数。

输入输出示例:

Input n:6

Input array of 6 integer:1 5 -9 2 4 -6

After sorted the array is:-9　-6　1　2　4　5

(3)编写程序实现如下功能:在一行字符串中删去指定的字符。例如,要求在一行文字:"I have 50 Yuan ."中,删去字符"0",使其变为"I have 5 Yuan ."。

(4)编写程序,实现两个字符串拷贝的函数 void strcopy(char *s1,char *s2),该函数将字符串 s2 复制到 s1,直到遇到 s2 中的'\0'为止。

要求:

①不允许使用 C 语言的字符串函数 strcpy。

②主程序中从键盘输入两个字符串。调用 strcopy 函数实现字符串拷贝操作。

③输出拷贝前后两个字符串的内容。

(5)编写程序,实现两个字符串连接的函数 void stringcat(char *s1,char *s2),该函数将字符串 s2 连接到 s1 的后面。

要求:不允许使用 C 的字符串函数 strcat。

(6)编写一个函数 atoi,该函数的作用是将一个整数字符串转换成一个整数。函数调用的形式为 atoi(str),其中 str 是指向该字符串的指针变量或字符串的首地址。函数的返回值为求出的整数。如 atoi("123") 的返回值为整数 123。

具体要求如下。

①在主函数中输入一个整数字符串,在子函数 atoi(str)中完成转换操作。

②函数的返回类型必需定义成 int 类型。

③输出应在主函数中完成。

实验九 结构体

一、实验目的

(1)掌握使用指针变量的方法。

(2)掌握带有指针形参的函数的定义及调用方法。

(3)掌握通过指针操作数组元素的方法。

(4)掌握数组名作为函数参数的编程方式。

二、实验内容和步骤

(1)在屏幕上模拟显示一个电子计时器。按如下方法定义一个计时器结构体类型。

```
struct clock
{
    int hour;
    int minute;
    int second;
};
typedef struct clock CLOCK;
```

然后,将下列用全局变量编写的电子计时器模拟显示程序改成用 CLOCK 结构体变量类型重新编写。已知用全局变量编写的电子计时器模拟显示程序如下:

```
#include   <stdio.h>
#include   <stdio.h>
int hour,minute,second;           /* 全局变量定义 */
//函数功能:时、分、秒时间的更新
void Update(void)
```

```
{
  second++;
  if (second == 60)
  /*若 second 值为 60,表示已过 1 分钟,则 minute 值加 1 */
  {
    second = 0;
    minute++;
  }
  if (minute == 60)
  /*若 minute 值为 60,表示已过 1 小时,则 hour 值加 1 */
  {
    minute = 0;
    hour++;
  }
  if (hour == 24)/*若 hour 值为 24,则 hour 的值从 0 开始计时 */
  {
    hour = 0;
  }
}
//函数功能:时、分、秒时间的显示
void Display(void)/*用回车符'\r'控制时、分、秒显示的位置 */
{
  printf("%2d:%2d:%2d\r",hour,minute,second);
}
//函数功能:模拟延迟 1 秒的时间
void Delay(void)
{
  longt;
  for (t=0; t<50000000; t++)
  {
  /*循环体为空语句的循环,起延时作用 */
  }
}
void main()
{
  long i;
  hour = minute = second = 0;/*hour,minute,second 赋初值 0 */
  for (i=0; i<100000; i++)/*利用循环结构,控制计时器运行的时间 */
```

```
    {
        Update();          /* 计时器更新 */
        Display();         /* 计时器显示 */
        Delay();           /* 模拟延时1秒 */
    }
}
```

(2)编程实现如下功能:输入若干图书信息并输出。要求:建立图书记录,包括图书编号、作者、出版社、价格、出版日期,用指向结构体数组指针实现输出。

(3)编写程序,从键盘输入10本书的名称和单价并存入结构数组中,按照单价进行排序并输出排序后的结果。

要求:采用结构数组存储数据,使用冒泡或选择排序算法实现排序。

(4)输入10个学生的学号、姓名和成绩,计算并输出他们的平均成绩,并且将低于平均分学生的学号、姓名和成绩输出。

要求:建立学生的结构记录,包括学号、姓名和成绩。

实验十　文件操作

一、实验目的

(1)掌握文件与文件指针的概念。

(2)掌握文本文件的打开和关闭操作。

(3)掌握文本文件的顺序读写的方法。

二、实验内容和步骤

编写程序并上机调试运行。

(1)根据程序提示从键盘输入一个已存在的文本文件的完整文件名,再输入一个新文本文件的完整文件名,然后将已存在的文本文件中的内容全部复制到新文本文件中,利用文本编辑软件,通过查看文件内容验证程序执行结果。

(2)从键盘输入以下5个学生的学号、姓名,以及数学、语文和英语成绩,写到文本文件student.txt中;再从文件中取出数据,计算每个学生的总成绩和平均分,并将结果显示在屏幕上。

输出结果:

学号	姓名	数学	语文	英语	总成绩	平均分
100601	李娟	81	75	82	238	79
100602	王宾	87	68	85	240	80
100603	陈超	73	84	80	237	79
100604	赵东	76	81	74	231	77
100605	吕丽	83	75	71	229	76

附录B 常用字符与ASCII代码对照表

ASCII值	控制字符	ASCII值	控制字符	ASCII值	控制字符	ASCII值	控制字符
0	NUT	32	(space)	64	@	96	`
1	SOH	33	!	65	A	97	a
2	STX	34	"	66	B	98	b
3	ETX	35	#	67	C	99	c
4	EOT	36	$	68	D	100	d
5	ENQ	37	%	69	E	101	e
6	ACK	38	&	70	F	102	f
7	BEL	39	,	71	G	103	g
8	BS	40	(	72	H	104	h
9	HT	41	)	73	I	105	i
10	LF	42	*	74	J	106	j
11	VT	43	+	75	K	107	k
12	FF	44	,	76	L	108	l
13	CR	45	-	77	M	109	m
14	SO	46	.	78	N	110	n
15	SI	47	/	79	O	111	o
16	DLE	48	0	80	P	112	p
17	DC1	49	1	81	Q	113	q
18	DC2	50	2	82	R	114	r
19	DC3	51	3	83	S	115	s
20	DC4	52	4	84	T	116	t
21	NAK	53	5	85	U	117	u
22	SYN	54	6	86	V	118	v
23	TB	55	7	87	W	119	w
24	CAN	56	8	88	X	120	x

续表

ASCII 值	控制字符	ASCII 值	控制字符	ASCII 值	控制字符	ASCII 值	控制字符
25	EM	57	9	89	Y	121	y
26	SUB	58	:	90	Z	122	z
27	ESC	59	;	91	[	123	{
28	FS	60	<	92	/	124	|
29	GS	61	=	93	]	125	}
30	RS	62	>	94	^	126	`
31	US	63	?	95	_	127	DEL

说明：

(1)第 128~255 号为扩展字符(不常用)，此表就不一一列出。

(2)常见 ASCII 码的大小规则：0~9<A~Z<a~z。几个常见字母的 ASCII 码大小：“A”为 65，“a”为 97，“0”为 48。

附录 C　运算符和结合性

优先级	运算符	名称或含义	使用形式	结合方向	说明
1	[]	数组下标	数组名[常量表达式]	左到右	
	()	圆括号	(表达式) 函数名(形参表)		
	.	成员选择(对象)	对象.成员名		
	->	成员选择(指针)	对象指针->成员名		
2	-	负号运算符	-表达式	右到左	单目运算符
	(类型)	强制类型转换	(数据类型)表达式		
	++	自增运算符	++变量名 变量名++		单目运算符
	--	自减运算符	--变量名 变量名--		单目运算符
	*	取值运算符	*指针变量		单目运算符
	&	取地址运算符	&变量名		单目运算符
	!	逻辑非运算符	!表达式		单目运算符
	~	按位取反运算符	~表达式		单目运算符
	sizeof	长度运算符	sizeof(表达式)		
3	/	除	表达式/表达式	左到右	双目运算符
	*	乘	表达式*表达式		双目运算符
	%	余数(取模)	整型表达式%整型表达式		双目运算符
4	+	加	表达式+表达式	左到右	双目运算符
	-	减	表达式-表达式		双目运算符
5	<<	左移	变量<<表达式	左到右	双目运算符
	>>	右移	变量>>表达式		双目运算符

续表

优先级	运算符	名称或含义	使用形式	结合方向	说明
6	>	大于	表达式>表达式	左到右	双目运算符
	>=	大于等于	表达式>=表达式		双目运算符
	<	小于	表达式<表达式		双目运算符
	<=	小于等于	表达式<=表达式		双目运算符
7	==	等于	表达式==表达式	左到右	双目运算符
	!=	不等于	表达式!= 表达式		双目运算符
8	&	按位与	表达式 & 表达式	左到右	双目运算符
9	^	按位异或	表达式^表达式	左到右	双目运算符
10	|	按位或	表达式|表达式	左到右	双目运算符
11	&&	逻辑与	表达式 && 表达式	左到右	双目运算符
12	||	逻辑或	表达式||表达式	左到右	双目运算符
13	?:	条件运算符	表达式 1? 表达式 2: 表达式 3	右到左	三目运算符
14	=	赋值运算符	变量=表达式	右到左	双目运算符
	/=	除后赋值	变量/=表达式		双目运算符
	*=	乘后赋值	变量*=表达式		双目运算符
	%=	取模后赋值	变量%=表达式		双目运算符
	+=	加后赋值	变量+=表达式		双目运算符
	-=	减后赋值	变量-=表达式		双目运算符
	<<=	左移后赋值	变量<<=表达式		双目运算符
	>>=	右移后赋值	变量>>=表达式		双目运算符
	&=	按位与后赋值	变量 &=表达式		双目运算符
	^=	按位异或后赋值	变量^=表达式		双目运算符
	|=	按位或后赋值	变量|=表达式		双目运算符
15	,	逗号运算符	表达式,表达式,…	左到右	

说明：

(1)同一优先级的运算符,运算次序由结合方向决定。结合方向只有第 2 级的单目运算符、13 级条件运算符、14 级赋值运算符是从右往左,其余都是从左往右。所有双目运算符中只有赋值运算符的结合方向是从右往左。

(2)不同的运算符要求有不同的运算对象个数,如算术运算符+(加)和-(减)为双目运算符,要求在运算符两侧各有一个运算对象,C 语言的运算符有单目运算符、双目运算符、三目运算符。C 语言中有且只有一个三目运算符。

(3)对于优先级可大致归纳其优先级顺序:初等运算符>单目运算符>算术运算符(先乘除后加减)>关系运算符>逻辑运算符(不包括逻辑非!)>条件运算符>赋值运算符>逗号运算符。初等运算符优先级最高,逗号运算符的优先级最低。

附录D　C库函数

库函数并不是C语言的一部分,它是由人们根据需要编制并提供用户使用的。每一种C编译系统都提供了一批库函数,不同的编译系统所提供的库函数的数目和函数名,以及函数功能是不完全相同的。本书只分类列出一些常用的库函数,读者在编制C程序时可能要用到更多的函数,可查阅所用系统的手册。

(1)数学函数。调用数学函数时,要求在源文件中包含以下命令行。

```
#include <math. h>
```

函数原型说明	功　能	返回值	说　明
int abs(int x)	求整数x的绝对值	计算结果	
double fabs(double x)	求双精度实数x的绝对值	计算结果	
double acos(double x)	计算 $\cos^{-1}(x)$ 的值	计算结果	x在-1~1范围内
double asin(double x)	计算 $\sin^{-1}(x)$ 的值	计算结果	x在-1~1范围内
double atan(double x)	计算 $\tan^{-1}(x)$ 的值	计算结果	
double atan2(double x)	计算 $\tan^{-1}(x/y)$ 的值	计算结果	
double cos(double x)	计算cos(x)的值	计算结果	x的单位为弧度
double cosh(double x)	计算双曲余弦cosh(x)的值	计算结果	
double exp(double x)	求 e^x 的值	计算结果	
double fabs(double x)	求双精度实数x的绝对值	计算结果	
double floor(double x)	求不大于双精度实数x的最大整数	计算结果	
double fmod(double x,double y)	求x/y整除后的双精度余数	计算结果	
double frexp(double val, int * exp)	把双精度val分解尾数和以2为底的指数n,即 $val=x*2^n$,n存放在exp所指的变量中	返回位数x $0.5\leq x<1$	
double log(double x)	求lnx	计算结果	x>0
double log10(double x)	求 $\log_{10}x$	计算结果	x>0
double modf(double val,double * ip)	把双精度val分解成整数部分和小数部分,整数部分存放在ip所指的变量中	返回小数部分	
double pow(double x,double y)	计算 x^y 的值	计算结果	

续表

函数原型说明	功 能	返回值	说 明
double sin(double x)	计算 sin(x)的值	计算结果	x 的单位为弧度
double sinh(double x)	计算 x 的双曲正弦函数 sinh(x)的值	计算结果	
double sqrt(double x)	计算 x 的开方	计算结果	x≥0
double tan(double x)	计算 tan(x)	计算结果	
double tanh(double x)	计算 x 的双曲正切函数 tanh(x)的值	计算结果	

(2)字符函数。调用字符函数时,要求在源文件中包含以下命令行。

#include <ctype. h>

函数原型说明	功能	返回值
int isalnum(int ch)	检查 ch 是否为字母或数字	是,返回 1;否则返回 0
int isalpha(int ch)	检查 ch 是否为字母	是,返回 1;否则返回 0
int iscntrl(int ch)	检查 ch 是否为控制字符	是,返回 1;否则返回 0
int isdigit(int ch)	检查 ch 是否为数字	是,返回 1;否则返回 0
int isgraph(int ch)	检查 ch 是否为 ASCII 码值在 ox21 到 ox7e 的可打印字符(即不包含空格字符)	是,返回 1;否则返回 0
int islower(int ch)	检查 ch 是否为小写字母	是,返回 1;否则返回 0
int isprint(int ch)	检查 ch 是否为包含空格符在内的可打印字符	是,返回 1;否则返回 0
int ispunct(int ch)	检查 ch 是否为除了空格、字母、数字之外的可打印字符	是,返回 1;否则返回 0
int isspace(int ch)	检查 ch 是否为空格、制表或换行符	是,返回 1;否则返回 0
int isupper(int ch)	检查 ch 是否为大写字母	是,返回 1;否则返回 0
int isxdigit(int ch)	检查 ch 是否为 16 进制数	是,返回 1;否则返回 0
int tolower(int ch)	把 ch 中的字母转换成小写字母	返回对应的小写字母
int toupper(int ch)	把 ch 中的字母转换成大写字母	返回对应的大写字母

(3)字符串函数。调用字符串函数时,要求在源文件中包含以下命令行。

#include <string. h>

函数原型说明	功能	返回值
char * strcat(char * s1,char * s2)	把字符串 s2 接到 s1 后面	s1 所指地址

续表

函数原型说明	功能	返回值
char * strchr(char * s,int ch)	在 s 所指字符串中,找出第一次出现字符 ch 的位置	返回找到的字符的地址,找不到返回 NULL
int strcmp(char * s1,char * s2)	对 s1 和 s2 所指字符串进行比较	s1<s2,返回负数;s1= =s2,返回 0;s1>s2,返回正数
char * strcpy(char * s1,char * s2)	把 s2 指向的串复制到 s1 指向的空间	s1 所指地址
unsigned strlen(char * s)	求字符串 s 的长度	返回串中字符(不计最后的'\0')个数
char * strstr(char * s1,char * s2)	在 s1 所指字符串中,找出字符串 s2 第一次出现的位置	返回找到的字符串的地址,找不到返回 NULL

(4)输入输出函数。调用字符函数时,要求在源文件中包含以下命令行。

#include <stdio. h>

函数原型说明	功能	返回值
void clearer(FILE * fp)	清除与文件指针 fp 有关的所有出错信息	无
int fclose(FILE * fp)	关闭 fp 所指的文件,释放文件缓冲区	出错返回非 0,否则返回 0
int feof (FILE * fp)	检查文件是否结束	遇文件结束返回非 0,否则返回 0
int fgetc (FILE * fp)	从 fp 所指的文件中取得下一个字符	出错返回 EOF,否则返回所读字符
char * fgets(char * buf,int n,FILE * fp)	从 fp 所指的文件中读取一个长度为 n-1 的字符串,将其存入 buf 所指存储区	返回 buf 所指地址,若遇文件结束或出错返回 NULL
FILE * fopen(char * filename,char * mode)	以 mode 指定的方式打开名为 filename 的文件	成功,返回文件指针(文件信息区的起始地址),否则返回 NULL
int fprintf(FILE * fp,char * format,args,…)	把 args,…的值以 format 指定的格式输出到 fp 指定的文件中	实际输出的字符数
int fputc(char ch,FILE * fp)	把 ch 中字符输出到 fp 指定的文件中	成功返回该字符,否则返回 EOF
int fputs(char * str,FILE * fp)	把 str 所指字符串输出到 fp 所指文件	成功返回非负整数,否则返回-1(EOF)
int fread (char * pt, unsigned size, unsigned n,FILE * fp)	从 fp 所指文件中读取长度 size 为 n 个数据项存到 pt 所指文件	读取的数据项个数

续表

函数原型说明	功能	返回值
int fscanf (FILE * fp, char * format, args, …)	从 fp 所指的文件中按 format 指定的格式把输入数据存入到 args,…所指的内存中	已输入的数据个数,遇文件结束或出错返回 0
int fseek (FILE * fp, long offer, int base)	移动 fp 所指文件的位置指针	成功返回当前位置,否则返回非 0
long ftell (FILE * fp)	求出 fp 所指文件当前的读写位置	读写位置,出错返回-1L
int fwrite (char * pt, unsigned size, unsigned n, FILE * fp)	把 pt 所指向的 n * size 个字节输入到 fp 所指文件	输出的数据项个数
int getc (FILE * fp)	从 fp 所指文件中读取一个字符	返回所读字符,若出错或文件结束返回 EOF
int getchar(void)	从标准输入设备读取下一个字符	返回所读字符,若出错或文件结束返回-1
char * gets(char * s)	从标准设备读取一行字符串放入 s 所指存储区,用'\0'替换读入的换行符	返回 s,出错返回 NULL
int printf(char * format, args, …)	把 args,…的值以 format 指定的格式输出到标准输出设备	输出字符的个数
int putc (int ch, FILE * fp)	同 fputc	同 fputc
int putchar(char ch)	把 ch 输出到标准输出设备	返回输出的字符,若出错则返回 EOF
int puts(char * str)	把 str 所指字符串输出到标准设备,将'\0'转成回车换行符	返回换行符,若出错,返回 EOF
int rename (char * oldname, char * newname)	把 oldname 所指文件名改为 newname 所指文件名	成功返回 0,出错返回-1
void rewind(FILE * fp)	将文件位置指针置于文件开头	无
int scanf(char * format, args, …)	从标准输入设备按 format 指定的格式把输入数据存入到 args,…所指的内存中	已输入的数据的个数

(5)动态存储分配函数。调用动态存储分配函数时,要求在源文件中包含以下命令行。

#include <stdlib. h>

函数原型说明	功能	返回值
void * calloc (unsigned n, unsigned size)	分配 n 个数据项的内存空间,每个数据项的大小为 size 个字节	分配内存单元的起始地址;如不成功,返回 0

续表

函数原型说明	功能	返回值
void *free(void *p)	释放p所指的内存区	无
void *malloc(unsigned size)	分配size个字节的存储空间	分配内存空间的地址;如不成功,返回0
void *realloc(void *p,unsigned size)	把p所指内存区的大小改为size个字节	新分配内存空间的地址;如不成功,返回0
int rand(void)	产生0~32767的随机整数	返回一个随机整数
void exit(int state)	程序终止执行,返回调用过程,state为0正常终止,非0非正常终止	无

参 考 文 献

[1]K. N. King. C 语言程序设计现代方法[M]. 吕秀锋,译. 北京:人民邮电出版社,2016.
[2]谭浩强. C 程序设计[M]. 5 版. 北京:清华大学出版社,2017.
[3]谭浩强. C 程序设计学习辅导[M]. 5 版. 北京:清华大学出版社,2017.
[4]苏小红. C 语言大学实用教程[M]. 2 版. 北京:电子工业出版社,2010.
[5]张曙光. C 语言程序设计[M]. 北京:人民邮电出版社,2014.